"十二五"职业教育国家规划教材
经全国职业教育教材审定委员会审定

电子测量技术

第3版

主　编　孟凤果　王　晗
参　编　滑　洁　魏冰雁
主　审　崔　嵬

机械工业出版社
CHINA MACHINE PRESS

本书是"十二五"职业教育国家规划教材修订版，是根据《高等职业学校专业教学标准（试行）》，参考电子行业特有工种——广电和通信设备电子装接工职业资格标准，参照中华人民共和国第一届职业技能大赛"电子技术"项目相关技术文件，在第2版的基础上修订而成的。

本书针对高职学生的特点，从电子测量技术的实际应用出发，简明扼要地介绍了电子测量技术及常用电子测量仪器的使用技术，并且重点讨论了相关仪器的正确操作方法和典型应用。章后附有相关实训项目，对提高学生实际操作能力和知识综合应用能力具有实际意义。为增强青年学生热爱伟大祖国、爱岗敬业的精神，培养良好的职业岗位能力，每章节结合相关内容适时增加了科学家或时代奋斗者典型励志故事。

全书共分为9章，主要包括电子测量的基本知识，信号发生器，电子示波器及其测量技术，万用表及其测量技术，电压测量技术，时间与频率测量技术，扫频仪、晶体管特性图示仪和数字集成电路测试仪，计算机仿真测量技术及电子仪器的发展趋势和自动测试系统。

本书可作为高等职业院校电子信息类专业教材，也可作为电子产品组装、维护、维修等岗位培训教材。

为方便教学，本书配套PPT课件、电子教案及拓展阅读与操作视频（二维码），凡选用本书作为授课教材的教师可登录www.cmpedu.com注册并免费下载。

图书在版编目（CIP）数据

电子测量技术/孟凤果，王晗主编．—3版．—北京：机械工业出版社，2023.12（2025.3重印）

"十二五"职业教育国家规划教材

ISBN 978-7-111-74312-5

Ⅰ.①电… Ⅱ.①孟… ②王… Ⅲ.①电子测量技术-高等职业教育-教材 Ⅳ.①TM93

中国国家版本馆CIP数据核字（2023）第225035号

机械工业出版社（北京市百万庄大街22号　邮政编码100037）
策划编辑：赵红梅　　　　　责任编辑：赵红梅　苑文环
责任校对：韩佳欣　李小宝　　封面设计：张　静
责任印制：邓　博
北京盛通数码印刷有限公司印刷
2025年3月第3版第3次印刷
184mm×260mm · 14.5印张 · 357千字
标准书号：ISBN 978-7-111-74312-5
定价：45.00元

电话服务　　　　　　　　　网络服务
客服电话：010-88361066　　机　工　官　网：www.cmpbook.com
　　　　　010-88379833　　机　工　官　博：weibo.com/cmp1952
　　　　　010-68326294　　金　书　网：www.golden-book.com
封底无防伪标均为盗版　机工教育服务网：www.cmpedu.com

前 言

本书为"十二五"职业教育国家规划教材修订版。

本书主要介绍电子测量技术的基本理论、常用电子测量仪器的使用技术技能和典型应用实例，紧跟现代电子信息技术发展步伐及时增添新的测量技术内容，使学生能更好地了解现代电子测量的基本原理和方法，熟悉最新电子测量仪器应用技术，为正确选用测量仪器和制订科学、合理的测试方案奠定基础。第8章计算机仿真测量技术增加了Multisim10.0仿真软件操作讲解视频，方便读者自主学习。修订过程中改写了第2章、第6章的全部内容及第7章的大部分内容，使之更加适应现代电子测量技术发展的要求。

本书在编写过程中力求体现职业教育的特点和职业岗位的需求，重视知识的应用能力，突出基本技能训练。在编写模式上力求创新，为响应职业教育思政课程全程化号召，结合每章具体内容，选取了职业素养基本要求和中外闻名科学家的故事，以及励志人物事迹，激励学生树立良好的职业操守和科学探索精神，拓展学生认知面，培养学生爱国、爱科学的情怀。

本书内容突出以下几个特点。

1. 注重对学生综合能力的培养，把分析问题、解决问题的能力融入课程内容中。

2. 注重学生知识面的拓展，适时地增加了新知识、新技术、新测量仪器的介绍。

3. 重视电子测量技术中误差分析及减小误差的措施，提高测量的精度和数据处理能力。

本书内容共分为9章，孟凤果编写了第1、3、4章；滑洁编写了第2、5章；魏冰雁编写了第6、9章；王晗编写了第7、8章。全书由孟凤果统稿，由崔嵬担任本书主审。

在本书编写过程中，优利德科技（中国）股份有限公司相关技术人员给予了极大支持和帮助，在此对他们表示衷心的感谢！编写过程中编者参阅了国内外出版的有关教材和资料，得到了各位同仁有益指导，在此一并表示感谢！

由于编者水平有限，书中不妥之处在所难免，恳请读者批评指正。

编　者

二维码索引

页码	名称	二维码	页码	名称	二维码
1	第1章延伸阅读		193	界面介绍	
18	第2章延伸阅读		196	元件选择与删除	
43	第3章延伸阅读		196	属性修改	
89	第4章延伸阅读		196	布局与连线	
120	第5章延伸阅读		210	测静态工作点	
144	第6章延伸阅读		210	放大倍数测量	
163	第7章延伸阅读		216	第9章延伸阅读	
192	第8章延伸阅读				

目 录

前言
二维码索引

第1章 电子测量的基本知识 …………… 1
1.1 概述 ………………………………… 1
1.1.1 电子测量的内容 ……………… 2
1.1.2 电子测量的特点 ……………… 2
1.2 电子测量的分类 …………………… 3
1.2.1 按测量手段分类 ……………… 3
1.2.2 按测量性质分类 ……………… 3
1.3 电子测量仪器及其主要技术指标 … 4
1.3.1 电子测量仪器 ………………… 4
1.3.2 电子测量仪器的主要技术指标 … 4
1.4 电子测量实验室常识 ……………… 5
1.4.1 电子测量实验室的环境条件 … 5
1.4.2 电子测量仪器的组成 ………… 6
1.4.3 电子测量仪器的接地 ………… 6
1.5 计量的基本概念 …………………… 7
1.5.1 计量器具 ……………………… 7
1.5.2 单位制 ………………………… 8
1.6 测量误差的基本概念 ……………… 9
1.6.1 测量误差的表示方法 ………… 10
1.6.2 测量误差的来源与分类 ……… 12
1.7 误差的合成 ………………………… 13
1.7.1 和、差函数的合成误差 ……… 13
1.7.2 积函数的合成误差 …………… 14
1.7.3 商函数的合成误差 …………… 14
1.7.4 和、差、积、商函数的合成误差 … 14
1.8 测量结果的处理 …………………… 15
1.8.1 数据处理 ……………………… 15
1.8.2 图解分析法 …………………… 15
本章小结 ………………………………… 16
习题 ……………………………………… 16

第2章 信号发生器 …………………… 18
2.1 概述 ………………………………… 18
2.1.1 信号发生器的分类 …………… 19
2.1.2 信号发生器的一般组成 ……… 20
2.1.3 信号发生器的主要技术指标 … 21
2.2 低频信号发生器 …………………… 22
2.2.1 低频信号发生器的组成与原理 … 23
2.2.2 低频信号发生器的应用 ……… 25
2.3 高频信号发生器 …………………… 25
2.3.1 高频信号发生器的组成原理 … 26
2.3.2 高频信号发生器在收音机中频调节时的应用 …………………… 27
2.4 函数信号发生器 …………………… 28
2.4.1 模拟式函数信号发生器 ……… 28
2.4.2 数字式函数信号发生器 ……… 29
本章小结 ………………………………… 39
综合实训 ………………………………… 39
实训一 低频信号发生器的使用 ……… 39
实训二 高频信号发生器的使用 ……… 40
实训三 函数信号发生器的使用 ……… 41
习题 ……………………………………… 42

第3章 电子示波器及其测量技术 …… 43
3.1 概述 ………………………………… 43
3.1.1 电子示波器的特点 …………… 44
3.1.2 电子示波器的类型 …………… 44
3.2 示波管及波形显示原理 …………… 44
3.2.1 示波管 ………………………… 44

3.2.2 波形显示原理 …………………… 47
3.3 通用电子示波器 ……………………… 50
    3.3.1 通用电子示波器的基本
          组成 …………………………… 50
    3.3.2 示波器的垂直系统(Y 轴
          系统) ………………………… 51
    3.3.3 示波器的水平系统(X 轴
          系统) ………………………… 54
    3.3.4 主机系统(Z 轴系统) ………… 57
3.4 通用电子示波器的使用 ……………… 57
    3.4.1 示波器的选择 ………………… 57
    3.4.2 示波器的正确使用 …………… 58
3.5 SR8 型双踪示波器的面板图 ………… 58
    3.5.1 主要技术指标 ………………… 59
    3.5.2 面板布置 ……………………… 59
    3.5.3 示波器的使用方法 …………… 61
3.6 示波器的基本测量方法 ……………… 62
    3.6.1 电压的测量 …………………… 62
    3.6.2 时间、频率和相位的测量 …… 64
3.7 电子示波器的发展概况 ……………… 67
3.8 数字示波器 …………………………… 68
    3.8.1 组成原理 ……………………… 68
    3.8.2 主要技术指标 ………………… 69
    3.8.3 面板功能介绍 ………………… 70
    3.8.4 用户界面 ……………………… 73
    3.8.5 菜单特殊符号说明 …………… 75
    3.8.6 设置垂直通道 ………………… 75
    3.8.7 设置水平系统 ………………… 76
    3.8.8 应用实例 ……………………… 78
本章小结 ……………………………………… 84
综合实训 ……………………………………… 85
    实训一 用示波器观测正弦波信号
          的幅度 ………………………… 85
    实训二 用李萨育图形法观测频率 … 85
    实训三 使用示波器观测电路的
          波形 …………………………… 86
    实训四 数字示波器的应用 ………… 86
习题 …………………………………………… 87

第 4 章 万用表及其测量技术 ……… 89

4.1 概述 …………………………………… 89
4.2 模拟式万用表 ………………………… 90
    4.2.1 模拟式万用表的基本原理 …… 90
    4.2.2 MF500 型万用表 ……………… 93
    4.2.3 模拟式万用表的使用 ………… 94
    4.2.4 模拟式万用表应用实例……… 100
4.3 数字式万用表…………………………102
    4.3.1 数字式万用表的结构图 ……102
    4.3.2 数字式万用表的分类 ………103
    4.3.3 数字式万用表的性能特点 …103
    4.3.4 DT830 型数字式万用表 ……104
    4.3.5 数字式万用表应用实例 ……107
4.4 台式数字万用表………………………109
    4.4.1 基本原理 ……………………109
    4.4.2 主要技术指标 ………………110
    4.4.3 台式万用表的使用 …………111
本章小结 ……………………………………116
综合实训 ……………………………………117
    实训一 电压、电阻和电容的测量 …117
    实训二 半导体器件的测量 ………118
习题 …………………………………………119

第 5 章 电压测量技术 ………………120

5.1 概述 ……………………………………120
    5.1.1 电子电路中电压的特点 ……121
    5.1.2 交流电压的基本参数 ………121
    5.1.3 电子电压表的分类 …………123
5.2 模拟式电子电压表……………………125
    5.2.1 均值型电子电压表 …………125
    5.2.2 峰值型电子电压表 …………128
    5.2.3 有效值型电子电压表 ………130
    5.2.4 应用实例 ……………………131
5.3 数字式电子电压表……………………132
    5.3.1 数字式电子电压表的基本
          原理 …………………………132
    5.3.2 多用型 DVM 的工作原理 …135
    5.3.3 DVM 的主要性能指标与测量
          误差 …………………………137
5.4 电子电压表的使用方法………………138
本章小结 ……………………………………139
综合实训 ……………………………………140
    实训一 电子电压表波形响应的
          研究 …………………………140

实训二　变压器电压比及直流稳压
　　　　电源纹波系数的测量 ············ 141
习题 ·· 142

第6章　时间与频率测量技术 ········· 144
6.1　概述 ·· 144
　6.1.1　时间的概念 ······················· 144
　6.1.2　频率的定义 ······················· 145
6.2　常用测频方法 ······························ 146
6.3　电子计数器 ··································· 146
　6.3.1　电子计数器的分类 ············ 146
　6.3.2　电子计数器的组成 ············ 147
　6.3.3　电子计数器的主要技术指标 ···· 148
　6.3.4　时基信号的产生与变换单元 ···· 149
6.4　电子计数器的测量原理 ·············· 149
　6.4.1　频率的测量 ······················· 150
　6.4.2　量化误差 ·························· 151
　6.4.3　周期的测量 ······················· 151
　6.4.4　电子计数器的其他功能 ····· 152
6.5　电子计数器的测量误差 ·············· 153
　6.5.1　测量误差的分类 ··············· 153
　6.5.2　测量频率的误差分析 ········ 154
　6.5.3　测量周期的误差分析 ········ 155
　6.5.4　中界频率的确定 ··············· 156
6.6　电子计数器的应用 ······················ 156
　6.6.1　提高测频性能的方法 ········ 157
　6.6.2　NFC-1000C-1型多功能频率
　　　　　计数器 ······························ 157
本章小结 ··· 160
综合实训 ··· 161
　实训　电子计数器的应用 ··············· 161
习题 ·· 162

第7章　扫频仪、晶体管特性图示仪和数字集成电路测试仪 ······ 163
7.1　扫频仪 ·· 163
　7.1.1　频率特性测试方法 ············ 164
　7.1.2　扫频仪的基本概念 ············ 165
　7.1.3　扫频仪的电路组成及原理 ···· 165

　7.1.4　BT-3型频率特性测试仪 ········ 167
7.2　晶体管特性图示仪 ······················ 172
　7.2.1　晶体管特性图示仪的测试
　　　　　原理 ·································· 172
　7.2.2　晶体管特性图示仪的组成 ···· 173
　7.2.3　XJ4810型晶体管特性
　　　　　图示仪 ······························ 174
　7.2.4　晶体管特性图示仪应用实例 ···· 178
7.3　数字集成电路测试仪 ·················· 181
　7.3.1　ICT-33数字集成电路测试仪
　　　　　介绍 ·································· 181
　7.3.2　ICT-33数字集成电路测试仪
　　　　　应用实例 ·························· 182
本章小结 ··· 187
综合实训 ··· 188
　实训一　BT-3型频率特性测试仪的
　　　　　　使用练习 ························ 188
　实训二　用BT-3型频率特性测试仪测
　　　　　　试高频头 ························ 188
　实训三　二极管的测量 ···················· 189
　实训四　晶体管的测量 ···················· 189
　实训五　数字集成电路测试仪的
　　　　　　应用 ································ 190
习题 ·· 190

第8章　计算机仿真测量技术 ········· 192
8.1　概述 ·· 192
8.2　Multisim10.0的工作界面 ············ 193
　8.2.1　Multisim10.0的主窗口 ······ 193
　8.2.2　Multisim的常用工具栏 ····· 194
8.3　Multisim的操作方法 ··················· 195
　8.3.1　电路的创建 ······················· 195
　8.3.2　仪器的操作 ······················· 197
　8.3.3　电子电路的仿真操作过程 ···· 206
8.4　电路仿真测试举例 ······················ 208
　8.4.1　电路基础应用举例 ············ 208
　8.4.2　模拟电路应用举例 ············ 210
　8.4.3　数字电路应用举例 ············ 211
本章小结 ··· 214
综合实训 ··· 214

实训　计算机仿真电路测试 …………… 214
　　习题 …………………………………… 215

第9章　电子仪器的发展趋势和自动测试系统 …………… 216

9.1　概述 …………………………………… 216
9.2　智能仪器 ……………………………… 217
　　9.2.1　智能仪器及其发展 ……………… 217
9.2.2　智能仪器的特点 ………………… 217
9.2.3　智能仪器的基本结构 …………… 218
9.3　自动测试系统简介 …………………… 219
　　9.3.1　自动测试系统的基本概念 ……… 219
　　9.3.2　自动测试系统的发展趋势 ……… 219
本章小结 …………………………………… 221
习题 ………………………………………… 221

参考文献 ………………………………… 222

第1章　电子测量的基本知识

引　言

本章主要介绍电子测量的基本概念、内容、特点；电子测量的分类、电子测量实验室的常识、测量结果的表示方法和测量误差的基本分析方法；认识计量基本知识和国际单位制。

学习目标

应知：电子测量的含义；
　　　电子测量的内容；
　　　电子测量的分类；
　　　电子测量仪器的主要技术指标；
　　　计量的意义、计量标准的使用及国际单位制的内容；
　　　测量误差分析的意义；
　　　测量误差合成方法；
　　　测量结果数据处理的方法。
应会：电子测量仪器在实验室内的组成；
　　　电子测量仪器的接地处理；
　　　测量误差的计算、分析及应用；
　　　测量误差合成的计算及分析；
　　　测量结果的数据处理。

延伸阅读

第1章
延伸阅读

1.1　概述

测量是人类对客观事物取得数量概念的认识过程。人们认识客观世界，首先是对具体事物进行观察，形成定性认识，其次进行测量，获得定量的概念，在此基础上才可以总结出各种客观规律，形成定理和定律。所以，测量是打开自然科学"未知"知识的钥匙。

测量的实现是通过物理实验的方法获取被研究对象定量信息的过程。测量技术主要研究测量原理、方法和仪器等方面的内容。电子测量是测量学的一个重要分支。从广义上讲，凡是利用电子技术进行的测量都可以称为电子测量；从狭义而言，电子测量是特指对各种电参量和电性能的测量，这正是我们要讨论的范畴。在电子技术领域中，正确的分析只能来自正确的测量。电子测量已成为一门发展迅速、应用广泛、精确度越来越高、对科学技术发展起着巨大推动作用的独立学科。电子测量的水平，是衡量一个国家科技水平的重要标志之一。

1.1.1 电子测量的内容

随着电子技术的不断发展，电子测量的内容越来越丰富。本课程中电子测量的内容是指对电子学领域内电参量的测量。

1. 电能量的测量

例如，电流、电压、功率和电场强度等的测量。

2. 电信号特征量的测量

例如，频率、相位、周期和波形参数等的测量。

3. 电路元件参数的测量

例如，电阻或电导、电抗或电纳、阻抗或导纳、电感、电容、品质因数、介电常数和磁导率等的测量。

4. 电路性能特性量的测量

例如，增益或衰减、谐波失真度、灵敏度和通频带等的测量。

5. 特性曲线的显示

例如，幅频特性、器件特性等的显示。

以上并非严格的分类法，一个参量从不同角度看，既可以把它归入某一类，也可以将其归入另一类。如电压既是电能的一个属性，同时又是电信号的一个重要特征。

1.1.2 电子测量的特点

与其他测量相比，电子测量主要具有以下几个特点。

1. 测量频率范围宽

除测量直流电量外，还可以测量交流电量，其频率值下限为 10^{-4} Hz，上限为 THz（1THz = 10^{12} Hz，读作太赫）数量级。但要注意的是，不同频段的测量，即使测量同一种电量，也需要采用不同的测量方法与测量仪器。

2. 仪器的量程宽

量程是测量范围上限值与下限值之差。由于被测量范围相差悬殊，因此要求测量仪器应有足够宽的量程。例如，一台数字电压表，要求测出从纳伏（nV）级到千伏（kV）级的电压，量程达 12 个数量级。用于测量频率的电子计数器，其量程可达 17 个数量级。量程宽是电子测量仪器的突出优点。

3. 测量准确度高

电子测量的准确度比其他测量方法高很多，特别是对频率和时间的测量。例如，长度测量的准确度最高为 10^{-8} 数量级；而用电子测量方法测量频率和时间，其准确度可达到 10^{-13} 数量级，这是目前人类在测量准确度方面达到的最高标准。

4. 测量速度快

由于电子测量是通过电子技术实现的，因而测量速度很快。只有高速度的测量，才能测出实时变化的物理量，这正是它在现代科技领域得到广泛应用的重要原因。例如，载人飞船发射过程中，就需要由电子测量系统快速测出它的运行参数，通过对这些参数的处理，再对它的运动下达控制信号去进行调整，使其运行正常。

5. 易于实现遥测

电子测量的一个突出优点是可以通过各种类型的传感器实现遥测。例如，环境恶劣的、人体不便于接触或无法达到的区域（深海、地下、高温炉子、核反应堆内等），都可以通过电磁辐射等方式进行测量。

6. 易于实现测量的自动化

由于微电子技术的发展和微处理器的应用，使电子测量呈现了崭新的局面。电子测量同计算机相结合，使测量仪器智能化，可以实现测量的自动化。例如，在测量中能实现程控、自动校准、自动转换量程、自动诊断故障和自动修复，对测量结果可以自动记录、自动进行数据处理等。

由于电子测量具有以上特点，所以被广泛应用于自然科学的一切领域。电子测量技术的水平往往是科学技术最新成果的反映，一个国家电子测量技术的水平往往标志着这个国家科学技术的水平。这就使得电子测量技术在现代科学技术中的地位十分重要，也是使得电子测量技术日新月异发展的原因。

1.2 电子测量的分类

根据测量方法的不同，电子测量有不同的分类方法，这里仅介绍常用的分类方法。

1.2.1 按测量手段分类

按测量手段分类，有直接测量、间接测量和组合测量三种。

1. 直接测量

用测量仪器直接测得被测量量值的方法称为直接测量。例如，用电压表测量电路元器件两端的工作电压等。

2. 间接测量

利用直接测量得到的量值以及被测量的量值之间已知的函数关系，得到被测量量值的测量方法称为间接测量。例如，测量电阻 R 上的消耗功率 $P = UI = I^2R = U^2/R$，可以通过直接测量电压、电流，电流、电阻或电压、电阻等方法求出。

当被测量不便于直接测量或者间接测量的结果比直接测量的更为准确时，多采用间接测量法。例如，测量晶体管集电极电流，多采用直接测量集电极电阻（R_C）上的电压，再通过公式 $I = U_{RC}/R_C$ 计算出其值，而不再使用断开电路串联接入电流表的方法。

3. 组合测量

将被测量和另外几个量组成联立方程，通过直接测量这几个量后求解联立方程，从而得到被测量的量值。组合测量是兼用直接测量与间接测量的一种测量方法。

1.2.2 按测量性质分类

尽管被测量的种类繁多，但它们总是遵循一定规律。按被测量的量值变化规律分类，可分为时域测量、频域测量、数据域测量等。

1. 时域测量

时域测量是测量被测量随时间变化的特性，被测量是一个时间函数。例如，用示波器显示电压、电流的瞬时波形，测量它的幅度、上升沿和下降沿等参数。

2. 频域测量

频域测量是测量被测量随频率变化的特性，被测量是一个频率函数。例如，用频率特性图示仪可以观测放大器的增益随频率变化的规律等。

3. 数据域测量

数据域测量是对数字系统逻辑特性进行测量。例如，用逻辑分析仪可以同时观测由多个离散信号组成的数据流等。

1.3 电子测量仪器及其主要技术指标

1.3.1 电子测量仪器

测量仪器是用来测量并能得到被测对象量值的一种技术工具或装置，它的主要特点：用于测量；本身是一种技术工具或装置。测量仪器又称为计量器具，可单独地或同辅助设备一起用以进行测量。如体温计、电压表、直尺等可以单独地用于完成某物理量的测量；砝码、热电偶、标准电阻等则需要与其他测量仪器或辅助设备一起使用才能完成测量。

利用电子技术对被测量进行测量的仪器、仪表或设备，统称为电子测量仪器。

1.3.2 电子测量仪器的主要技术指标

电子测量仪器的技术指标是用数值、误差范围等表征仪器性能的量。下面介绍电子测量仪器的主要技术指标。

1. 测量误差

电子测量仪器的测量误差可以用各种误差形式表示。例如，仪器固有误差、使用误差、环境误差、方法误差等。根据 ISO 9001：2015《质量管理体系认证》或 GB/T 19001—2016《质量管理体系要求》批量生产的电子测量仪器都应给出工作误差极限。这一原则对仪器制造厂提出了更高的要求，有利于提高产品质量，为测量仪器的使用者提供了方便，免去了使用者根据单项误差估算总误差的困难。

2. 稳定性

在工作条件恒定的情况下，在规定时间内，测量仪器保持其指示值不变的能力称为仪器的稳定性。稳定性与时间有关，稳定性的高低用稳定误差表征。因此，在给出稳定误差的同时，必须指定相应的时间间隔，否则，所给出的稳定误差就没有任何实际意义。

通常，时间间隔应从下列数值中选取：15 分钟（min）、1 小时（h）、3 小时（h）、7 小时（h）、24 小时（h）、10 天（d）、30 天（d）、3 个月（m）、6 个月（m）、1 年（a）等。

3. 分辨率

分辨率是指测量仪器可能测得的被测量最小变化的能力。通常，模拟式测量仪器的分辨率是指示值最小刻度的一半；数字式仪器的分辨率是显示器最后一位的单位数值。

4. 量程

电子测量仪器的量程是指在满足误差要求的情况下，被测量的上限值与下限值之差。量程范围的大小是仪器通用性的重要标志。

为了使测量仪器能有足够宽的量程，通用仪器常常需要分档位。一般按 1-2-5 或 1-3 或 10 进位的序列划分档级。测量仪器的分辨率可能随量程的换档而变化。

5. 测试速率

测试速率是指单位时间内仪器读取被测量数值的次数。数字直读式仪器较指针式仪器的测试速率快得多。随着仪器的自动化程度越来越高，测试速率将越来越成为电子测量仪器的重要工作特性。

6. 可靠性

可靠性是指产品在规定条件下完成规定任务的概率，它是反映产品是否耐用的一个综合质量指标。所谓规定条件，是指规定的时间、规定的工作条件和维护条件。对可靠性的研究，包括产品设计、制造、使用和维护各个阶段。

1.4 电子测量实验室常识

电子测量是在一定环境条件下进行的。作为电子测量的基本场所——电子测量实验室，对测量的准确度起至关重要的作用，因此，首先应该熟悉实验室内的一些基本常识。

1.4.1 电子测量实验室的环境条件

电子测量仪器是进行电参量测量必备的硬件设施，在仪器使用过程中，如何高效使用、避免人为损坏，从而延长仪器的使用寿命，是使用者应关心的一个重要课题。

电子测量仪器是由各种电子元器件构成的。它们往往不同程度地受到诸如温度、湿度、大气压强、振动、电网电压、电磁场干扰等外界环境的影响。因此，在同一环境条件下，用同一台仪器及同样的测量方法去测量同一个物理量，也会出现不同的测量结果。

电子器件在工作过程中要散发热量，电子仪器本身也有一定的工作温度范围，环境温度越接近仪器工作温度的上限，电子器件的性能指标就越呈现几何级数的变化。换句话说，在温度为25℃的环境下可以正常工作10年的仪器，在温度为45℃的环境下仅能正常工作3年。适宜的工作温度是仪器"长寿"的必要条件。

根据电子测量的任务及各种电子测量仪器技术要求的不同，电子测量应具备的环境条件也是不同的。仪器的使用应在生产厂家规定的范围内进行，以保证一定的测量精度。特别要注意电网电压、环境温度和湿度必须符合要求。

> **▶▶ 小常识**
>
> 电子测量仪器的安装直接影响仪器的性能和使用寿命。电子测量仪器安装注意事项：
>
> 1. 仪器安装后应有足够的空间，便于操作者使用。同时，仪器的前后左右也应有足够的散热空间。
> 2. 放置仪器应避免阳光直接照射。
> 3. 地面禁止铺设地毯，以减少静电对仪器的影响。

1.4.2 电子测量仪器的组成

在实验室完成一次测量，常常需要数台测量仪器及辅助设备。例如，要测量放大器的增益，就需要低频信号发生器、电子示波器、电子电压表及直流稳压电源等仪器。电子测量仪器的放置方式、连接方法等都会对测量过程、测量结果及仪器自身的安全产生影响。

1. 电子测量仪器的放置

在测量前应安排好各仪器的位置。实际操作时要注意以下两点。

1）在摆放仪器时，尽量使仪器的指示电表或显示器与操作者的视线平行，以减少视觉误差；对那些在测量中需要频繁操作的仪器，其位置的安排应便于操作者的使用。

2）在测量中，当需要两台或多台仪器重叠放置时，应把重量轻、体积小的仪器放在上层；对于散热量较大的仪器，还要注意其自身散热及对相邻仪器的影响。

2. 电子测量仪器之间的连线

电子测量仪器之间的连线，原则上要求尽量短，尽量减少或消除交叉，以免引起信号的串扰和寄生振荡。例如，图1-1a、c所示是正确的连线方法；图1-1b所示连接线太长；图1-1d所示连接线有交叉。

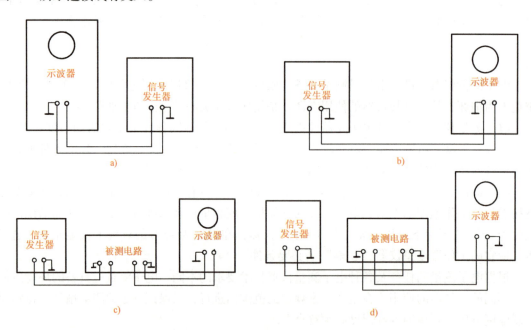

图1-1 仪器的连线

1.4.3 电子测量仪器的接地

电子测量仪器的接地有两层含义，即以保障操作者人身安全为目的的安全接地和以保证电子测量仪器正常工作为目的的技术接地。

1. 安全接地

安全接地即将机壳和大地连接。这里所说的"地"是指真正的大地。安全接地的目的：一是防止机壳上积累电荷，产生静电放电而危及设备和人身安全；二是防止当设备的绝缘损坏而使机壳带电时危害操作者的安全。为了消除隐患，一般可采取以下措施。

1）在实验室的地面上铺设绝缘胶。

2）仪器的电源插头应采用"单相三极"插头。其中，"一极"为保护接地端（另一端连接在仪器的外壳上）。

3）电子实验室的总地线可以用大块金属板或金属棒深埋在附近的地下，并撒些食盐以减少接触电阻，再用粗导线引入实验室。通过接地线，泄漏电流就会流入大地这个巨大的导体。

2. 技术接地

技术接地是一种防止外界信号串扰的方法。这里所说的"地"，并非大地，而是指等电位点，即测量仪器和被测电路的基准电位点。技术接地一般有一点接地和多点接地两种方式。前者适用于直流或低频电路的测量，即把测量仪器的技术接地点与被测电路的技术接地点连在一起，再与实验室的总地线（大地）相连；多点接地则应用于高频电路的测量。

在电子测量过程中，由于被测对象工作频率较高、阻抗较大且信号较弱，容易受外界因素影响，从而使测量误差增大，稳定性降低。为避免干扰，大多数电子测量仪器的两个输入端中一端为接地端，与仪器的外壳相连，并与连接被测对象的电缆引线外层屏蔽线连接在一起，这个端点通常用"⊥"表示。在一次测量过程中，如果同时使用多台仪器，则需要将它们的"⊥"端均接在一起，即"共地"。仪器外壳则可通过电源插头中的接地端与大地相连，这样就组成了测试系统的屏蔽网络，可避免外界电磁场的干扰，提高测量的稳定性，减少测量误差。因此，在电子测量中，一定注意不要将接地端与非接地端任意调换。

1.5 计量的基本概念

计量是为了保证量值的统一性、准确性和法制性，是生产发展、商品交换和国内国际交流的需要。计量学是研究测量、保证测量统一和准确的科学。计量学研究计量单位及基准，标准的建立、保存和使用，测量方法和计量器具，测量的准确度以及计量法制和管理等。计量学也包括研究物理常数、标准物质及材料特性的准确测定等。

计量是企业生产管理的重要依据，计量对提高产品质量，为实现产品标准化提供科学数据等方面都起着重要的作用。计量科学技术的发展水平一般也可以标志一个国家科学技术发展的水平。计量工作是国民经济的一项基础性的重要工作，需要一定的法制管理。

计量工作对电子产品的质量管理尤为重要，产品出厂前必须经过严格的计量检定，仪器仪表在使用过程中也要定期进行检验和校准，以确保测量的准确性。

计量和测量既联系密切，又有所不同。测量是用已知的标准单位量与同类物质进行比较以获得该物质数量的过程，在测量过程中，认为被测量的真实值是客观存在的，其误差是由测量仪器和测量方法等引起的。计量学把测量技术和测量理论加以完善和发展，对测量起着推动作用，在计量过程中，认为使用的仪器是标准的，误差是由受检仪器引起的，它的任务是确定测量结果的可靠性。计量是测量发展的客观需要，没有测量就谈不上计量。

1.5.1 计量器具

凡是用以直接或间接测得被测对象量值的量具、计量仪器和计量装置统称为计量器具。它包括计量基准、计量标准和工作用计量器具三类。

1. 计量基准

计量基准包括国家基准、副基准和工作基准。

（1）国家基准 国家基准也称为主基准，它是用来复现和保存计量单位，具有现代科学技术所能达到的最高精确度的计量器具，经国家鉴定并批准，作为统一全国计量单位量值的最高依据的计量器具。

（2）副基准 副基准是通过直接或间接与国家基准比对确定其量值并经国家鉴定批准的计量器具。它在全国作为复现计量单位的地位仅次于国家基准，建立副基准的目的主要是代替国家基准的日常使用，也可以用于验证基准的变化。

（3）工作基准 工作基准是经与国家基准或副基准校准或比对，并经国家鉴定，实际用以检定计量标准的计量器具。它在全国作为复现计量单位的地位仅在国家基准及副基准之下。设立工作基准的目的是避免国家基准或副基准由于使用频繁而丧失其应有的准确度或遭到损坏。

2. 计量标准

计量标准是按国家规定的准确度等级，作为检定依据用的计量器具或物质。

3. 工作用计量器具

不用于检定工作而只用于日常测量的计量器具称为工作用计量器具，工作用计量器具要定期用计量标准检定，即由计量标准评定它的计量性能（包括准确度、稳定度、灵敏度等）是否合格。

量具是以固定形式复现量值的计量器具。量具可用或不用其他计量器具而进行测量工作，一般没有指示器，在测量过程中也没有运动的测量元件。例如，砝码、标准电池、固定电容器等。

应当指出，量具本身的数值并不一定刚好等于一个计量单位。例如，标准电池复现的是1.0186V，而不是1V。

上述有关计量学方面的基本知识，从事电子测量技术的工作者应当进行了解，并应能正确使用这些专业术语。

1.5.2 单位制

计量单位的确定和统一是非常重要的，必须采用公认的而且是固定不变的单位。只有这样，测量才有意义。

计量单位是有明确定义和名称并命其数值为1的一个固定的量。例如1米（m）、1秒（s）等。

单位制是经过国际或国家计量部门以法律形式规定的。1977年，中国明确规定要逐步采用国际单位制（代号SI）；1984年，中国颁布的《中华人民共和国法定计量单位》就是以国际单位制为基础制定的。在国际单位制中包括了整个自然科学的各种物理量的单位。

国际单位制（SI）中规定了7个基本单位，它们分别是米（m）、千克（kg）、秒（s）、安培（A）、开尔文（K）、坎德拉（cd）、摩尔（mol）。

SI辅助单位有2个：弧度（rad）、球面度（sr）。

SI导出单位有19个，它们为常用物理量的基本单位。比如，赫兹（Hz）、牛顿（N）、帕斯卡（Pa）、库仑（C）、法拉（F）、焦耳（J）、瓦特（W）、伏特（V）、欧姆（Ω）、西门子（S）、韦伯（Wb）、特斯拉（T）、亨利（H）、摄氏度（℃）、流明（lm）、勒克斯（lx）、贝可勒尔（Bq）、戈瑞（Gy）、希沃特（Sv）。

> **>> 小常识**
>
> 1948年召开的第九届国际计量大会做出了决定，要求国际计量委员会创立一种简单而科学的、供所有米制公约组织成员国均能使用的实用单位制。1954年，第十届国际计量大会决定采用米（m）、千克（kg）、秒（s）、安培（A）、开尔文（K）和坎德拉（cd）作为基本单位。1960年，第十一届国际计量大会决定将以这6个单位为基本单位的实用计量单位制命名为"国际单位制"，并规定其符号为"SI"。1974年第十四届国际计量大会又决定将物质的量的单位——摩尔（mol）作为基本单位。因此，国际单位制共有7个基本单位。
>
> 1）长度的基本单位：米（m）。
>
> 米是光在真空中（1/299792458）s时间间隔内所经路径的长度。
>
> 2）质量的基本单位：千克（kg）。
>
> 千克是质量单位，等于国际千克原器的质量。
>
> 3）时间的基本单位：秒（s）。
>
> 秒为铯-133原子基态两个超精细能级值间跃迁所对应辐射的9192631770个周期的持续时间。
>
> 4）电流的基本单位：安培（A）。
>
> 在真空中，截面积可忽略的两根相距1m的无限长平行圆直导线内通以等量恒定电流时，若导线间相互作用力为 2×10^{-7} N/m，则每根导线中的电流为1A。
>
> 5）热力学温度的基本单位：开尔文（K）。
>
> 开尔文是水三相点热力学温度的1/273.16。
>
> 6）物质的量的基本单位：摩尔（mol）。
>
> 摩尔是一系统的物质的量，该系统中所包含的基本单元数与0.012kg碳-12的原子数目相等。在使用摩尔时，基本单元应予指明，可以是原子、分子、离子、电子及其他粒子，或是这些粒子的特定组合。
>
> 7）光强度的基本单位：坎德拉（cd）。
>
> 坎德拉是一光源在给定方向上的发光强度，该光源发出频率为 540×10^{12} Hz的单色辐射，且在此方向上的辐射强度为（1/683）W/sr。

1.6 测量误差的基本概念

一个量在被测量时，其本身所具有的真实大小，称为该量的真值。测量的目的是希望获得被测量的真值。然而，由于测量设备、测量方法、测量环境和测量人员素质等条件的限制，都会使测量结果与被测量的真值不同，这个差异称为测量误差。当测量误差过大时，则根据测量工作或测量结果所得出的结论或发现将是毫无意义的，甚至会给工作带来危害。研究测量误差的目的，就是要了解产生误差的原因及其产生的规律，从而寻找减小测量误差的方法，使测量结果准确可靠。

1.6.1 测量误差的表示方法

测量误差有两种表示方法：绝对误差和相对误差。

1. 绝对误差

（1）定义　设被测量的真值为 A_0，测量值为 x，则绝对误差 Δx 为

$$\Delta x = x - A_0$$

> **》 小提示**
> 这里所说的测量值是指仪器的示值。

这里，当 $x > A_0$ 时，Δx 是正值；当 $x < A_0$ 时，Δx 是负值。所以，Δx 是具有大小、正负和量纲的数值。它的大小和符号分别表示测量值偏离真值的程度和方向。

例 1.1　一个被测电压，其真值 U_0 为 100V，用一只电压表测量，其指示值 U_x 为 101V，则绝对误差为

$$\Delta U = U_x - U_0 = 101\text{V} - 100\text{V} = 1\text{V}$$

这是正误差，表示以真值为参考基准，测量值大了 1V。

在某一时间及环境条件下，被测量的真值是客观存在的，但无法获得。因此，在实际测量中常以高一级标准仪器的示值 A 代替真值 A_0，A 称为实际值，即

$$\Delta x = x - A$$

这是通常使用的绝对误差表达式。

（2）修正值　与绝对误差的绝对值大小相等、符号相反的量值，称为修正值，用 C 表示，即

$$C = -\Delta x = A - x$$

测量仪器在使用前都要经过高一级标准仪器的校正，校正量用修正值 C 表示，它通常以表格、曲线或公式的形式给出。

在日常测量中，使用该受检仪器测量所得到的结果应加上修正值，以求得被测量的实际值，即

$$A = x + C$$

例 1.2　用电流表测电流，其示值为 4.56mA，已知修正值为 -0.02mA，则被测电流为

$$A = x + C = 4.56\text{mA} - 0.02\text{mA} = 4.54\text{mA}$$

2. 相对误差

绝对误差可以说明测得值偏离实际值的程度。但是，它不能说明测量的准确程度。因此，除绝对误差外，误差的另一种表示是相对误差。

（1）定义　测量的绝对误差 Δx 与被测量的真值 A_0 之比（用百分数表示），称为相对误差，用 γ_0 表示，即

$$\gamma_0 = \frac{\Delta x}{A_0} \times 100\%$$

因为一般情况下不容易得到真值，所以，可以用绝对误差 Δx 与被测量的实际值 A 之比

来表示相对误差，称为实际相对误差，用 γ_A 表示，即

$$\gamma_A = \frac{\Delta x}{A} \times 100\%$$

例 1.3 两个电压的实际值分别为 $U_{1A} = 100\text{V}$，$U_{2A} = 10\text{V}$；测量值分别为 $U_{1x} = 99\text{V}$，$U_{2x} = 9\text{V}$。求两个电压的绝对误差和相对误差。

解：

$$\Delta U_1 = U_{1x} - U_{1A} = 99\text{V} - 100\text{V} = -1\text{V}$$

$$\Delta U_2 = U_{2x} - U_{2A} = 9\text{V} - 10\text{V} = -1\text{V}$$

$$\gamma_{1A} = \frac{\Delta U_1}{U_{1A}} \times 100\% = \frac{-1}{100} \times 100\% = -1\%$$

$$\gamma_{2A} = \frac{\Delta U_2}{U_{2A}} \times 100\% = \frac{-1}{10} \times 100\% = -10\%$$

$|\Delta U_1| = |\Delta U_2|$，但 $|\gamma_{1A}| < |\gamma_{2A}|$。可见，用相对误差可以恰当地表征测量的准确程度。相对误差是一个只有大小和符号，而没有量纲的数值。

在误差较小、要求不太严格的场合，也可用测量值 x 代替实际值 A。因此得到的相对误差称为示值相对误差，用 γ_x 表示，即

$$\gamma_x = \frac{\Delta x}{x} \times 100\%$$

式中的 Δx 由所用仪器的准确度等级定出。由于 x 中含有误差，所以 γ_x 只适用于近似测量。

（2）满度相对误差　绝对误差 Δx 与仪器满度值 x_m 的比值，称为满度相对误差（或引用相对误差），用 γ_m 表示，即

$$\gamma_m = \frac{\Delta x}{x_m} \times 100\%$$

因仪器仪表刻度线上各点示值的绝对误差并不相等，为了评价仪表的准确度，取最大的绝对误差 Δx_m。这里有

$$\gamma_m = \frac{\Delta x_m}{x_m} \times 100\%$$

γ_m 是仪器在工作条件下不应超过的最大相对误差，这种误差表示方法较多地用在电工仪表中。按 γ_m 值划分电工仪表的准确度等级有 0.1、0.2、0.5、1.0、1.5、2.5、5.0 七级。上述等级值在仪表上通常用 s 表示。$s=1$，说明仪表的满刻度相对误差 $-1\% \leq \gamma_m \leq 1\%$。

由上述内容可知，测量的绝对误差为

$$\Delta x \leq x_m s\%$$

测量的相对误差为

$$\gamma_0 \leq \frac{x_m s\%}{A_0}$$

由式 $\Delta x \leq x_m s\%$ 可知，当一台仪表的等级 s 选定后，测量中绝对误差的最大值与仪表刻度的上限 x_m 成正比。因此，所选仪表的满刻度值不应比测量值 x 大太多。同样，在式 $\gamma_0 \leq \frac{x_m s\%}{A_0}$ 中，总是满足 $x \leq x_m$。可见，当仪表等级 s 选定后，x 越接近 x_m，测量中相对误差的最大值越小，测量越准确。因此，在用这类仪表测量时，一般情况下应使被测量的值

尽可能在仪表满刻度的 2/3 以上。

(3) 分贝误差　用对数表示的相对误差称为分贝误差。在电子测量中,常用分贝(dB)来表示相对误差。

对电流、电压类参量,有

$$\gamma_{dB} = 20\lg(1 + \gamma_x) \approx 8.69\gamma_x \text{dB}$$

对于功率类参量,有

$$\gamma_{dB} = 10\lg(1 + \gamma_x) \approx 4.3\gamma_x \text{dB}$$

1.6.2　测量误差的来源与分类

1. 误差来源

由上述知识可知,一切实际测量中都存在一定的误差。误差的产生是各种综合因素作用的结果,主要来源见表1-1。

表1-1　误差来源

误差名称	来源说明
仪器误差	由于仪器本身设计上的不完善(如校准不好,刻度不准等)造成的误差
使用误差	在仪器使用过程中,由于安装、调节、放置或使用不当造成的误差
人为误差	由操作者个人习惯(如读数时偏大或偏小)引起的误差
环境误差	由各种外界环境,如温度、电磁场等影响而产生的误差
方法误差	由于测量时所依据的理论不严密或应用不当的简化及近似公式引起的误差

2. 误差的分类

根据测量误差的性质和特点,可将它们分为系统误差、随机误差和过失误差。

(1) 系统误差　在一定条件下,对某一物理量进行重复测量时,若误差值保持恒定或按某种确定规律变化,这种误差就称为系统误差。如电表零点不准,测量方法引起的误差,温度、电源电压等变化引起的误差均属系统误差范畴。

系统误差具有一定的规律性。根据系统误差产生的原因,采取一定的技术措施,可以消除或减弱它。

>> **小提示**

如用电压表测电压值,发现所有测量值均比实际值偏大 0.2V,最可能的原因是未调零,即系统误差。解决办法是通过计算进行修正,减去 0.2V。自动测试系统往往通过软件进行自动修正。

(2) 随机误差　在一定条件下,对某一物理量进行重复测量时,若误差发生不规则的变化,则这种误差就称为随机误差或偶尔误差。例如,外界干扰或操作者感觉器官无规则的微小变化等引起的误差。

在多次测量中,随机误差具有有界性、对称性、抵偿性。所以,可以通过多次测量取平均值的办法来减小随机误差。

(3) 过失误差　在一定条件下,测量值显著偏离其实际值的误差称为过失误差或粗大误差。这种误差主要是操作者粗心大意造成操作失误或读错数据等引起的。

过失误差明显歪曲了测量结果。因此，对应的测量结果（称坏值）就应剔除不用。

1.7 误差的合成

前述是直接测量的误差计算方法，在很多场合，由于进行直接测量很困难或直接测量难以保证准确度，而需要采用间接测量。

通过直接测量与被测量有一定函数关系的其他参数，再根据函数关系计算出被测量。在这种测量中，测量误差是各个测量值误差的函数。

已知被测量与各参数之间的函数关系及各测量值的误差，求函数的总误差，这就是误差的合成。例如，功率、增益等电参数的测量，一般是通过电压、电流、电阻等直接测量值计算出来的，如何用各分项误差求出总误差是经常遇到的问题。所以，了解常用的误差合成方法是有必要的。

下面是常用函数的合成误差公式，这里略去了推算过程。

1.7.1 和、差函数的合成误差

设 $y = A \pm B$，A 与 B 的绝对误差分别为 ΔA 与 ΔB，则 y 的绝对误差为

$$\Delta y = \pm(|\Delta A| \pm |\Delta B|)$$

和函数的相对误差为

$$\gamma_y = \pm\left(\frac{A}{A+B}|\gamma_A| + \frac{B}{A+B}|\gamma_B|\right)$$

差函数的相对误差为

$$\gamma_y = \pm\left(\frac{A}{A-B}|\gamma_A| + \frac{B}{A-B}|\gamma_B|\right)$$

例 1.4 有两个电阻（R_1 和 R_2）串联，$R_1 = 5\text{k}\Omega$，$R_2 = 10\text{k}\Omega$，其相对误差均等于 $\pm 5\%$，求串联后的总误差。

解： 串联后的总电阻 $R = R_1 + R_2$，有

$$\gamma_R = \pm\left(\frac{R_1}{R_1+R_2}|\gamma_{R_1}| + \frac{R_2}{R_1+R_2}|\gamma_{R_2}|\right)$$

当 $\gamma_{R_1} = \gamma_{R_2}$ 时，有

$$\gamma_R = \pm\frac{R_1+R_2}{R_1+R_2}|\gamma_{R_1}| = \gamma_{R_1} = \gamma_{R_2}$$

实际计算结果为

$$\gamma_R = \pm\left(\frac{5}{5+10}\times 5\% + \frac{10}{5+10}\times 5\%\right) = \pm 5\%$$

可见，相对误差相同的电阻串联后总的相对误差与单个电阻的相对误差相同。

通过本例可知，误差合成时不要想当然给出结果。例 1.4 中的和函数的相对误差并不等于两个变量的相对误差之和。

1.7.2 积函数的合成误差

设 $y = A \cdot B$，A 与 B 的绝对误差分别为 ΔA 与 ΔB，则 y 的绝对误差为

$$\Delta y = B\Delta A + A\Delta B$$

y 的相对误差为

$$\gamma_y = \gamma_A + \gamma_B$$

此式说明，用两个直接测量值的积求第三个量值时，其总的相对误差等于各分项误差相加。当 γ_A 和 γ_B 分别都有正、负时，有

$$\gamma_y = \pm(|\gamma_A| + |\gamma_B|)$$

例 1.5 已知电阻上的电压、电流的相对误差分别为 $\gamma_U = \pm 3\%$，$\gamma_I = \pm 2\%$，问：电阻消耗功率 P 的相对误差是多少？

解： 因为电阻消耗功率为 $P = UI$

所以，电阻消耗功率的相对误差为

$$\gamma_P = \pm(|\gamma_U| + |\gamma_I|) = \pm(3\% + 2\%) = \pm 5\%$$

1.7.3 商函数的合成误差

设 $y = \dfrac{A}{B}$，A 与 B 的绝对误差分别为 ΔA 与 ΔB，则 y 的绝对误差为

$$\Delta y = \frac{1}{B}\Delta A + \left(-\frac{A}{B^2}\right)\Delta B$$

y 的相对误差为

$$\gamma_y = \gamma_A - \gamma_B$$

此式说明，用两个直接测量值的商求第三个量值时，其总的相对误差等于两个分项误差相减。但是，当分项相对误差的符号不能确定时，取其最大误差，即

$$\gamma_y = \pm(|\gamma_A| + |\gamma_B|)$$

例 1.6 已知电阻及其两端的电压降相对误差分别为 ±3%、±5%，求流过该电阻电流的相对误差。

解： 因为流过电阻的电流为

$$I = \frac{U}{R}$$

所以，电流的相对误差为

$$\gamma_I = \pm(3\% + 5\%) = \pm 8\%$$

1.7.4 和、差、积、商函数的合成误差

设 $y = \dfrac{AB}{A+B}$，A 与 B 的绝对误差分别为 ΔA 与 ΔB，则

y 的绝对误差为

$$\Delta y = \left(\frac{B}{A+B}\right)^2 \Delta A + \left(\frac{A}{A+B}\right)^2 \Delta B$$

y 的相对误差为

$$\gamma_y = \frac{B}{A+B}\gamma_A + \frac{A}{A+B}\gamma_B$$

用这组公式可以求得并联电阻、串联电容等总电阻、总电容的误差。

1.8 测量结果的处理

测量结果的处理是电子测量的重要组成部分，其处理方式通常有数据处理和图解分析两种形式。

1.8.1 数据处理

首先要认真如实地记录测量结果，对那些与理论值或估计值相差甚远的数据，在未查明原因前，不要轻易舍去或改动，这些数据可能反映了测量仪器存在的故障或某种科学新发现的信号。在此基础上，就可以对测量的数据进行去粗取精的整理和分析，从而得出合理的结论。

1. 有效数字

所谓有效数字，是指从左边第一个非零数字开始，直至右边最后一个数字为止的所有数字。如某电压值为 0.0350V，其中 3、5、0 三个数字就是有效数字，左边的两个"0"是非有效数字，而数字右边（或中间）的"0"是有效数字；最末位的有效数字"0"是估测的，称为欠准数字，它左边的有效数字均为准确数字。需要特别注意的是，像这样的数字不能任意把它改写成 0.035 或 0.03500，因为这意味着准确程度的变化。

此外，对于 219 000Hz 这样的数字，若实际上在百位数上就包含了误差，即只有四位有效数字。这时，百位数字上的零是有效数字不能去掉，但十位和个位数上的零虽然不再是有效数字，可是它们要用来表示数字的位数，也不能随意去掉。这时，为了区别右面三个零的不同，通常采用有效数字乘上 10 的幂的形式表示。如上述 219 000Hz，若写成四位有效数字，则应写为 2.190×10^5 Hz。

2. 数字的舍入规则

如果给出的数字位数超过保留位数的有效数字，应予删略。删略多余的有效数字应按"四舍五入"的原则进行，即遇到大于 5 的数，则前一位加 1，遇到小于 5 的数，舍去；若遇到等于 5 的数，则有两种处理方法：若 5 前面的数字为偶数或零则舍掉；若 5 前面的数字为奇数则前一位加 1。

例 1.7 将下列数字保留三位有效数字。

24.54，56.251，48.065，47.15，18 450，45 150

解： 将原数字列于箭头左面，要求的结果列于右面：

24.54 ⟶ 24.5　　　　　　56.251 ⟶ 56.2
48.065 ⟶ 48.1　　　　　 47.15 ⟶ 47.2
18 450 ⟶ 1.84×10^4　　4 5150 ⟶ 4.52×10^4

1.8.2 图解分析法

图解分析法就是根据测量数据作出一条或一组反映参数变化的曲线，以对结果进行定量分析。它具有形象、直观的特点，如放大器的幅频特性曲线。在进行图解分析时，应注意以下几点：

1）除特殊情况外，一般应选用直角坐标系。

2）坐标的比例可根据需要合理选择，且纵横坐标的比例不一定相同。

3）由于测量误差的存在，各数据点不会刚好同时处在同一条平滑的曲线上，因此，在连接各数据点作曲线时，要进行曲线修匀工作。为了能使修匀的曲线不失真，要进行多组数据测量。

本 章 小 结

本章介绍了电子测量和电子测量仪器的基本知识。

1. 电子测量的意义、内容、特点和分类。

2. 电子测量要注意实验室内的测量环境；要了解电子测量仪器的基本概念、电子测量仪器的主要技术指标；要注意电子测量仪器的正确放置和连接；电子测量仪器的接地方式有安全接地和技术接地。

3. 计量学是研究测量、保证测量统一和准确的科学；计量器具是指用以直接或间接测出被测量量值的量具、计量仪器和计量装置，包括计量基准和计量标准；计量单位是经过国际或国家计量部门以法律形式规定的国际单位制。

4. 测量结果是有误差的。测量误差的表示方法有绝对误差和相对误差。

绝对误差有大小、符号和量纲；修正值是和绝对误差大小相等，而符号相反的量值。

相对误差确切反映了测量的准确程度，它只有大小及符号，没有量纲。通常用最大引用相对误差确定电工测量仪表的准确度等级。根据最大引用相对误差理论得出：在用电工仪表测量时，一般情况下应使被测量的值尽可能在仪表满刻度的 2/3 以上。

分贝误差是用对数表示的相对误差。

5. 常用函数合成误差如和、差、积和商函数的误差是电子测量中常用的合成形式。

6. 误差的主要来源：仪器误差、使用误差、人为误差、环境误差和方法误差。

根据误差的性质，将测量误差分为系统误差、随机误差和过失误差。

7. 测量结果的表示通常用有效数字法和图解分析法，不可随意改变测量结果的有效数字位数。数字的舍入规则遵循"四舍五入"法则。

习　题

1. 什么叫电子测量？电子测量具有哪些特点？

2. 在测量电流时，若测量值为 100mA，实际值为 97.8mA，则绝对误差和修正值分别为多少？若测量值为 99mA，修正值为 4mA，则实际值和绝对误差又分别为多少？

3. 若测量 10V 左右的电压，有两块电压表可用。其中一块量程为 150V、0.5 级；另一块是 15V、2.5 级。问选用哪一块电压表测量更准确？

4. 用 0.2 级 100mA 的电流表与 2.5 级 100mA 的电流表串联测量电流。前者示值为 80mA，后者示值为 77.8mA。

1）如果把前者作为标准表校验后者，问被校表的绝对误差是多少？应当引入的修正值是多少？测得值的实际相对误差为多少？

2）如果认为上述结果是最大误差，则被校表的准确度等级应定为几级？

5. 什么是计量？计量具有什么意义？国际单位制中包含哪些基本单位？
6. 实验中，仪器放置应遵从什么原则？
7. 根据误差理论，在使用电工仪表时如何选用量程？为什么？
8. 已测定两个电阻：$R_1 = (10.0 \pm 0.1)\Omega$，$R_2 = 150(1 \pm 0.1\%)\Omega$，试求两电阻串联及并联时的总电阻和相对误差。
9. 图 1-1b、d 所示仪器的连线有误，请绘出正确的连线图。
10. 将下列数据进行舍入处理，要求保留三位有效数字。
    7 248   81.64   20.75   3.165
11. 写出下列数据中的有效数字，并指出准确数字和欠准数字。
    1 356   1 900 008   0.120 009   0.000 98   000 819

第2章　信号发生器

🔍 引　言

本章主要介绍常用信号发生器的组成原理及其使用方法。要求熟悉信号发生器的主要技术指标，了解低频、高频、函数信号发生器的组成原理，掌握低频、高频、函数信号发生器的使用方法。

📚 学习目标

应知：信号发生器的作用；
　　　信号发生器的分类；
　　　信号发生器的基本组成原理；
　　　信号发生器的主要技术指标；
　　　锁相环的构成及应用。
应会：低频信号发生器的使用；
　　　高频信号发生器的使用；
　　　函数信号发生器的使用。

📝 延伸阅读

第2章
延伸阅读

2.1　概述

凡是能产生测试信号的仪器，统称为信号发生器，也称为信号源。信号发生器是为电子测量系统提供符合一定技术指标要求的电信号设备。在电子产品研发、生产、测试和维修中，都需要由信号发生器提供测试用信号。信号发生器可产生不同频率、不同幅度、不同波形的各类信号，用于观察被测电路的性能参数。信号发生器功能示意图如图2-1所示。

图2-1　信号发生器功能示意图

信号发生器是电子测量领域最基本、应用最广泛的一类电子测量仪器，几乎所有电参量的测量都需要或可以借助信号发生器进行测量，它具有通用性和准确性。

2.1.1 信号发生器的分类

信号发生器种类、型号繁多，性能各异，分类方法也不尽相同，下面介绍几种常见的分类。

1. 按频率范围分类

根据工作频率的不同，信号发生器可分为超低频、低频、视频、高频、甚高频、超高频几大类，见表2-1。

表2-1 信号发生器按频率范围分类

类型	频率范围	主要应用领域
超低频信号发生器	0.001Hz～1kHz	电声学、声呐、地震等
低频信号发生器	1Hz～1MHz	音频、通信设备、家用电器等
视频信号发生器	20Hz～10MHz	无线电广播
高频信号发生器	200kHz～30MHz	短波等广播、电视设备
甚高频信号发生器	30～300MHz	超短波等电视、调频广播、导航
超高频信号发生器	300MHz以上	雷达、导航、气象

频率范围的划分不是绝对的，各类信号发生器频率范围存在重叠的情况，这与它们的不同应用范围有关。例如，有的低频信号发生器频率上限高于1MHz；有时也将300kHz～6MHz划分为视频信号发生器的频率范围等。

2. 按输出波形分类

根据使用要求，信号发生器可以输出不同波形信号。按照输出信号波形的不同，信号发生器可分为正弦信号发生器和非正弦信号发生器。非正弦信号发生器包括脉冲信号发生器、函数信号发生器等。

其中，正弦信号发生器最常见。正弦信号在线性系统的测试中应用最广，正弦波形不受线性系统的影响，即作为正弦输入信号，经线性系统运行之后，其输出仍为同频率的正弦信号，不会产生畸变，只是幅值和相位有差别。

脉冲信号发生器主要用来测量脉冲数字电路的工作性能和模拟电路的瞬态响应。

函数信号发生器也比较常用，它可以产生多种波形，可以满足不同测量的需要，而且信号频率范围较宽。函数信号发生器具有较全面的输出和多种功能，具有任意函数的输出功能，使用较多。

>> **小常识**

频段的划分

随着电子技术的发展，使用的频率范围日益扩展。国际上规定30kHz以下为甚低频、超低频段，30kHz以上每10倍频程依次划分为低频、中频、高频、甚高频、特高频、超高频等频段。在一般电子技术中，把20Hz～20kHz范围称为音频，20Hz～10MHz称为视频，30kHz～几十GHz称为射频。

在电子测量技术中，以30kHz为界，以下称为低频测量，以上称为高频测量；也有另一种说法是以100kHz（或1MHz）为界，以下称为低频测量，以上称为高频测量。通常，正弦波信号发生器是依后一种分法划分。

电磁波中各波段的基本划分如图2-2所示。

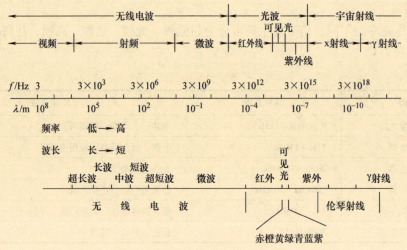

图2-2 电磁波波段划分示意图

2.1.2 信号发生器的一般组成

信号发生器产生信号的方法和功能各不相同，但其基本结构一般相同，如图2-3所示。信号发生器主要由主振级、变换器、输出电路、电源和指示器五部分构成。

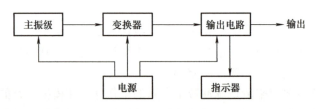

图2-3 信号发生器结构框图

1. 主振级

主振级是信号发生器的核心，由它产生不同频率、不同波形的信号。不同频率、不同波形信号的振荡电路原理、结构是不一样的。信号发生器的重要技术指标（如工作频率、频率的稳定度等）主要是由主振级的性能决定。

2. 变换器

变换器是用于完成对主振级产生的信号进行放大、整形及调制等工作，也就是说，变换器可以是电压放大器、功率放大器、整形电路或调制器。一般情况下，主振级输出的信号都比较微弱，需进行放大、整形。

对高频信号发生器而言，它还具有对正弦信号进行调制的作用。

3. 输出电路

输出电路的基本功能是调节输出信号的电平和变换输出阻抗,可以是衰减器、射极跟随器和匹配变压器等,以提高带负载能力。

4. 指示器

指示器用以监测输出信号的电压、频率及调制度,可以是电子电压表、功率计、频率计或调制度测量仪等。使用时,通过指示器调整输出信号的频率、幅度及其他特性。

> **▶▶ 小提示**
>
> 指示器本身的准确度一般不高,其指示值仅供使用时参考。输出信号的实际特性需要通过其他更准确的电子仪器测量。

5. 电源

电源提供信号发生器各部分的工作电压。通常是将 50Hz 的市电经过变压、整流、滤波及稳压后得到的直流电压。

2.1.3 信号发生器的主要技术指标

技术指标是指向被测电路提供符合要求的测试信号。信号发生器的技术指标较多,由于各种仪器的用途不同,准确度等级不同,并不需要熟悉它们的全部指标。这里仅介绍信号发生器最常用的技术指标。

1. 频率特性

频率特性通常包括频率范围、频率准确度和频率稳定度。

(1) 频率范围　频率范围是指信号发生器所产生的信号频率范围。在该频率范围内,有的要求频率连续可调,有的分波段连续调节,有的则由一系列离散频率覆盖。

例如,UTG8000D 系列信号发生器的频率范围为 1μHz ~ 80MHz、1μHz ~ 120MHz、1μHz ~ 160MHz 或 1μHz ~ 200MHz(不同机型的频率范围不同)。

(2) 频率准确度　频率准确度是信号发生器输出信号的频率实际值 f_0 与其标称值 f_x 的相对偏差,其表达式为

$$\alpha = \frac{f_x - f_0}{f_0} = \frac{\Delta f}{f_0}$$

频率准确度实际上是信号发生器输出信号频率的工作误差。采用频率合成技术且具有数字显示的信号发生器,其输出频率具有基准频率(一般由晶体振荡器产生)的准确度。

(3) 频率稳定度　频率稳定度指标要求与频率准确度相关。频率稳定度是指其他外界条件恒定不变的情况下,在规定时间内频率准确度的变化。它表征信号发生器维持工作于某一恒定频率的能力,即频率准确度是由主振级输出的频率稳定度保证的。频率稳定度可分为短期稳定度和长期稳定度。

1) 频率短期稳定度:信号发生器经过规定时间内(15min)预热后,输出频率的最大变化,即

$$\delta = \frac{f_{max} - f_{min}}{f_0}$$

其中，f_{max}、f_{min} 分别为在任何一个规定时间段内信号频率的最大值和最小值；f_0 为输出频率。

一般来说，主振级输出的频率稳定度应比所要求的频率准确度高 1~2 个数量级。

2）频率长期稳定度：信号发生器经过规定的预热时间后，信号频率在任意长时间内（如 3h，24h 等）频率的最大变化。

2. 输出特性

（1）输出阻抗　输出阻抗因信号发生器的类型不同而不同。低频信号发生器的电压输出端阻抗一般为 600Ω（或 1kΩ），功率输出端一般有匹配变压器，通常有 50Ω、75Ω、150Ω、600Ω、5kΩ 等不同的输出阻抗。高频率信号发生器一般仅有 50Ω 或 75Ω 两种输出阻抗。

>> **小提示**
在使用高频信号发生器时，应使输出阻抗与负载相匹配。

（2）输出电平　输出电平是指信号发生器输出电压幅度的有效范围，即产品标准规定的最大输出电压、最大输出功率及其衰减范围内所得到输出幅度的有效范围。输出幅度可以是电压值或分贝值。

（3）输出波形及其非线性失真　输出波形是指信号发生器所能产生信号的波形（函数信号发生器可以输出正弦波、三角波、方波、锯齿波等）。正弦信号发生器应输出单一频率的正弦信号，由于非线性失真、噪声等因素的影响，其输出信号中往往含有谐波等成分，即信号的频谱不纯。通常用谐波失真度表示信号频谱纯度，它表征高频信号发生器输出波形的质量；用非线性失真度表征低频信号发生器输出波形的好坏，一般为 0.1%~1%。

3. 调制特性

高频信号发生器在输出正弦波信号的同时，一般还能输出调幅波和调频波，有的还带有调相和脉冲调制等功能。当调制信号由信号发生器内部产生时，称为内调制。当调制信号由外部电路或低频信号发生器提供时，称为外调制。高频信号发生器的调制特性包括调制方式、调制频率、调制深度等。例如，UTG8000D 系列函数信号发生器同时具有调幅、调频、调相等特性。

1）调制类型包括调幅（AM 调制）、调频（FM 调制）、脉冲调制（PM 调制）、视频调制（VM 调制）。

2）调制频率可以是固定值，也可以连续可调。可以是内调制，也可以是外调制。调幅的频率通常为 400Hz、1000Hz，调频的调制频率为 10Hz~110kHz。

3）调幅系数的范围为 0~80%，调频的频偏通常不小于 75Hz。

4）寄生调制是指不加调制时，信号载波的残余调幅、残余调频或调幅时感生的调频、调频时感生的调幅等，寄生调制应低于 -40dB。

2.2　低频信号发生器

低频信号发生器输出频率范围约为 20Hz~20kHz（或 200kHz）的正弦波信号，具有一定的电压和功率输出,也称为音频信号发生器。目前低频信号发生器产生频率范围已延伸到 1Hz~1MHz 频段,主要用于测量低频电路、广播和音响等电声设备,也可为高频信号发生器提供外部调制信号。

2.2.1 低频信号发生器的组成与原理

低频信号发生器主要由主振级、电压放大器、输出衰减器、功率放大器、阻抗变换器和指示电压表等组成,如图 2-4 所示。

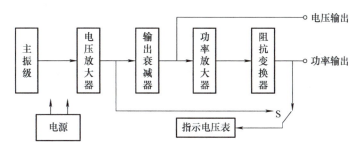

图 2-4 低频信号发生器组成框图

从主振级产生的低频正弦信号,经过电压放大器输出至衰减器,在输出端可以根据需要获得不同的电压信号;也可以经过功率放大器对信号进行功率放大,再经过阻抗变换器输出不同功率信号。指示电压表监视输出电压和输出功率的大小。

1. 主振级

主振级是低频信号发生器电路的核心,产生频率可调的正弦波信号,常见的电路形式有 RC 振荡器或差频式振荡器两类。主振级决定了输出信号的频率范围和稳定度。

(1) RC 文氏桥式振荡器 在低频信号发生器中,RC 文氏桥式振荡器由于具有输出波形失真小、振幅稳定、频率调节方便和频率可调范围宽等特点,常被用作低频信号发生器的主振级。RC 文氏桥式振荡器的电路原理图如图 2-5 所示。其中,RC 串并联网络构成选频网络,调整 R、C 值可改变主振器的频率;R_3、R_f 构成负反馈桥臂,可实现自动稳幅。电路频率的调节通过改变桥路电阻 R_1、R_2 值和电容 C_1、C_2 值实现,即用波段开关改变 R_1、R_2 进行频率粗调;在同一波段中利用改变电容 C_1、C_2 的值实现频率的连续调节(频率细调)。由此可见,主振级产生与低频信号发生器频率一致的低频正弦波信号。

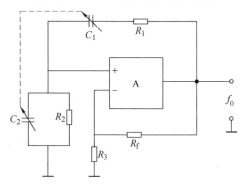

图 2-5 RC 文氏桥式振荡器电路原理图

为便于利用电阻器和双连电容器调节振荡频率，常选 $R_1 = R_2 = R$、$C_1 = C_2 = C$。此时，当振荡器输出频率 $f = f_0 = \dfrac{1}{2\pi RC}$ 时，RC 选频网络才呈纯阻性，反馈系数 $F = 1/3$，达到最大。此时，RC 文氏桥式振荡器满足正反馈条件，从而产生一个频率为 f_0 的稳幅正弦波信号。

（2）差频式振荡器　文氏桥式振荡器每个波段的频率覆盖系数常为 10（最高频率与最低频率之比），要覆盖 1Hz～1MHz 的频率范围，需要五个波段。为了在不分波段的情况下得到较宽的频率覆盖范围，可以采用差频式低频振荡器。差频式低频振荡器组成框图如图 2-6 所示。

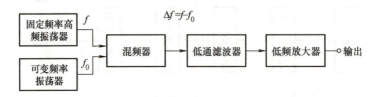

图 2-6　差频式低频振荡器组成框图

例如，假设固定频率振荡器的输出频率 $f = 3.4\mathrm{MHz}$，可变频率振荡器的输出频率 f_0 的可调范围为 $3.3999\mathrm{MHz} \sim 5.1\mathrm{MHz}$，两者进入混频器发生混频，混频器中输出的信号频率 $\Delta f = f - f_0$，即振荡器输出差频信号频率范围为 100Hz（即 $3.4\mathrm{MHz} - 3.3999\mathrm{MHz}$）～1.7MHz（即 $5.1\mathrm{MHz} - 3.4\mathrm{MHz}$），从而达到调节输出信号频率的目的。

差频式振荡器产生的低频正弦波信号频率覆盖范围较宽，无须转换波段就可在整个高频频段内实现连续可调。其缺点是电路复杂，频率稳定度差，f 和 f_0 接近时易产生干扰。

2. 放大器

放大器兼具缓冲、电压和功率放大的作用。缓冲是为了隔离后级电路对主振器的影响，保证主振级输出频率的稳定。放大作用包括电压放大器和功率放大器，实现输出一定幅度的电压和功率参数。电压放大器一方面对振荡器产生的微弱信号进行放大，另一方面还用于阻抗变换，要求输入阻抗高、输出阻抗低、通频带宽、波形失真小；功率放大器要求满足一定的输出功率，非线性失真小。

3. 输出衰减器

输出衰减器的作用是调节输出电压的大小，常采用步进调节器和连续调节器组成。输出衰减器的原理图如图 2-7 所示。图中电位器 RP 为连续调节器（细调），电阻 $R_1 \sim R_8$ 与开关 S 构成步进衰减器，开关 S 为步进调节器（粗调）。调节 RP 或变换开关 S 的档位，均可使衰减器输出不同的电压。步进衰减器各档一般以分贝（dB）值，即 $20\lg(U_o/U_i)$ 标注刻度。合理选择 $R_1 \sim R_8$ 的阻值可以使衰减量按一定规律递增。

4. 输出级

输出级包括功率放大器、阻抗变换器和指示电压表。

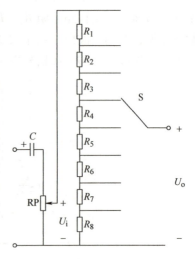

图 2-7　输出衰减器原理图

功率放大器对衰减器输出的电压信号进行功率放大，使信号发生器实现额定功率输出。功率放大器之后与阻抗变换器相接，可以得到失真较小的波形和最大功率输出，实现与不同负载匹配。阻抗变换器只有在功率输出时使用。指示电压表用于监测输出电压。

2.2.2 低频信号发生器的应用

1. 放大电路放大倍数的测量

低频信号发生器的主要应用是为各类放大器提供所需要的激励信号。放大倍数是放大电路的重要性能指标之一，包括电压放大倍数、电流放大倍数、功率放大倍数等。

在低频电子线路中，放大电路放大倍数的测量实质上是对电路电压和电流的测量。放大电路放大倍数测量示意图，如图 2-8 所示。

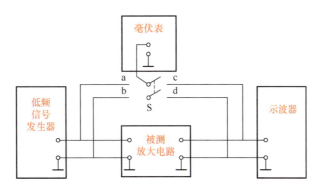

图 2-8　放大电路放大倍数测量示意图

低频信号发生器输出某一频率（音频放大器可选 1kHz 左右）信号给被测低频放大器。放大器的输入信号幅度由毫伏表监测，不要过大，否则，输出会失真。放大器输出用毫伏表和示波器测试，使输出信号在基本不失真的情况下进行定量测试。电压放大倍数为

$$A_U = U_o / U_i$$

其中，U_o——低频放大器输出电压有效值；U_i——低频放大器输入电压有效值。

2. 放大电路频率响应的测量

低频放大电路频率响应测量原理框图如图 2-9 所示。调节低频信号发生器依次输出不同的频率值，用电子电压表测出相应的输出电压。根据测得的数据描绘出放大器的频率响应曲线。

图 2-9　低频放大电路频率响应测量原理框图

2.3　高频信号发生器

高频信号发生器和甚高频信号发生器统称为高频信号发生器，也称为射频信号发生器，频率范围通常为 200kHz～30MHz。输出信号一般有正弦波、调制波信号（调幅、调频与脉

冲调制等），在高频电子线路工作特性（如各类高频接收机的灵敏度、选择性等）的调整测试中广泛应用。输出信号的频率、电平和调制度在一定范围内可以调节，并且具有准确读数，特别是具有微伏级的小信号输出，以满足接收机测试的需要。

2.3.1　高频信号发生器的组成原理

高频信号发生器的组成主要包括主振级、缓冲级、调制级、内调制振荡器、输出级、可变电抗器、监测器和电源等部分。高频信号发生器的组成框图如图 2-10 所示。

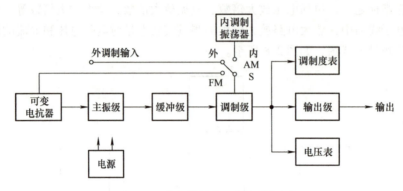

图 2-10　高频信号发生器组成框图

1. 主振级

主振级是高频振荡器，其作用是产生高频振荡信号，是高频信号发生器的核心。一般采用可调频率范围宽、频率准确度高（优于 10^{-3}）和稳定度好（优于 10^{-4}）的 LC 振荡器。通常通过切换振荡回路中的不同电感改变频段；通过调节振荡回路的电容实现对振荡频率的连续调节。

为了提高信号发生器的工作频率范围，可在主振级之后加入倍频器、分频器和混频器等。

2. 缓冲级

缓冲级主要起隔离、放大作用，用于隔离调制级对主振级可能产生的不良影响，以保证主振级工作的稳定性。

3. 调制级

调制级用于完成调制信号对载波（主振级输出的信号）的调制。高频信号发生器主要采用正弦幅度调制（AM）、正弦频率调制（FM）、脉冲调制（PM）、视频幅度调制（VM）等几种调制方式。在输出载波或调频时，调制级实际上是一个带宽放大器；在输出调幅波时，调制级可以实现振幅调制和信号放大。

各种接收机的灵敏度、失真度和选择性等参数在进行测试时，需要与之相应的、已调制的正弦信号作为测试信号。

4. 内调制振荡器

内调制振荡器为调制级提供频率为 400Hz 或 1kHz 的内调制正弦波信号，该方式称为内调制。调制信号由外部电路提供时，称为外调制。

5. 输出级

输出级主要由功率放大器、滤波电路、输出衰减器和阻抗匹配等组成。高频信号发生器必须工作在阻抗匹配的条件下（其输出阻抗一般为50Ω或75Ω），否则，不仅影响衰减系数，还可能影响前一级电路的正常工作，降低信号发生器的输出功率，或者在输出电缆中出现驻波等。

6. 可变电抗器

可变电抗器与主振级的谐振回路相耦合，在调制信号的作用下，控制谐振回路电抗的变化实现调频功能。

7. 监测器

高频信号发生器的监测器包括电压表和调制度表，用以监测输出信号的载波幅度和调制系数。

8. 电源

电源部分为信号发生器各部分电路提供工作所需的电压和电流。

2.3.2 高频信号发生器在收音机中频调节时的应用

超外差式调幅收音机的中频放大器是收音机的重要组成部分，中频放大级的作用是将465kHz信号进行放大，输出一个幅度足够大的中频已调波信号。

超外差式调幅收音机能将不同频率的输入信号变换成固定的中频，也就是各个中频变压器（中周）应正确地调节到这个中频频率。否则，收音机的灵敏度、选择性等主要性能将无法得到保证。我国规定收音机的中频频率为465kHz，465kHz信号可以由高频信号发生器提供。高频信号发生器调试收音机中周原理框图如图2-11所示。

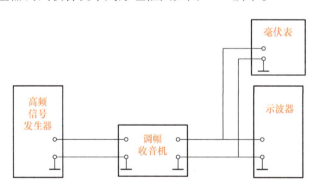

图2-11　高频信号发生器调试收音机中周原理框图

超外差式调幅收音机的中频调整方法：

1）将收音机的音量电位器调至最大音量处；使本机振荡电路停振（本振回路的可变电容动片、定片短路）；调双联电容器使收音机位于中波段的低端（电容器全部旋入）。

2）将高频信号发生器的输出频率调至载波465kHz、调幅度为30%。把此信号输送至收音机的天线调谐回路。将示波器、电子电压表接入前置低放级的输出端，分别观测输出信号幅度和频率的变化。

3）从小到大慢慢调节高频信号发生器输出信号的幅度，直至从扬声器听到音频声。

4）用无感旋具自后向前反复调节各级中周的磁心，直到扬声器的声音最响或毫伏表的指示值最大（控制在300mV以内），示波器显示的波形不失真为止。

至此，超外差式调幅收音机的中频调整完毕。

2.4 函数信号发生器

函数信号发生器实际上是一种能产生正弦波、方波、三角波等多种波形的信号发生器（频率范围约几毫赫兹至几百兆赫兹），由于其输出波形均为数学函数，故称为函数信号发生器。现代函数信号发生器一般具有调频、调幅等调制功能和压控频率（VCF）特性，被广泛应用于生产设备的测试、维护维修和实验室等工作中，是一种不可缺少的通用信号发生器。

函数信号发生器按组成原理分为两种基本类型：一种是通过模拟电路完成波形变换，根据需要输出相关波形信号，这类信号发生器可以称为模拟式函数信号发生器；另一种是由微处理器进行数据处理，根据需要完成各类波形信号输出，这类信号发生器称为数字式函数信号发生器。

2.4.1 模拟式函数信号发生器

模拟式函数信号发生器由模拟电路完成波形变换，有多种方式，主要有方波-三角波-正弦波方式（脉冲式）、正弦波-方波-三角波方式（正弦式）等。

1. 方波-三角波-正弦波方式（脉冲式）

脉冲式函数信号发生器由施密特电路产生方波，经变换得到三角波和正弦波。脉冲式函数信号发生器的组成原理框图，如图 2-12 所示。它包括双稳态触发器、积分器和正弦波形成电路等部分。双稳态触发器通常采用施密特触发器，积分器则采用密勒积分器。

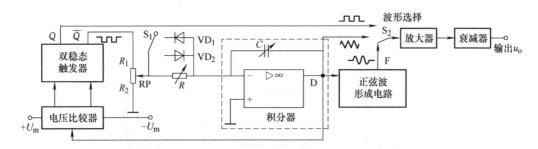

图 2-12 脉冲式函数信号发生器组成原理框图

脉冲式函数信号发生器无独立的主振器，它是由施密特触发器、积分器和比较器组成的闭合回路构成的自激振荡器，产生的最基本波形是方波和三角波。调节积分器电容 C 或改变电位器 RP 可以改变输出信号的频率。如果在电阻 R 两端并接二极管 VD_1（或 VD_2），可使积分器充放电时间常数不等，由此得到矩形波和反向锯齿波（或正向锯齿波），如果再改用电位器调整比较器参考电压 U_m，则可以改变矩形波的占空比。

2. 正弦波-方波-三角波方式（正弦式）

正弦式函数信号发生器是由正弦振荡器输出正弦波，经变换得到方波和三角波。正弦式函数信号发生器的组成结构框图，如图 2-13 所示。它包括正弦振荡器、缓冲器、方波形成器、积分器、放大器和输出级等部分。其工作过程：正弦振荡器输出正弦波，经缓冲器隔离后，分为两路信号，一路送放大器输出正弦波；另一路作为方波形成器的触发信号。方波形成器通常是施密特触发器,它输出两路信号,一路送放大器,经放大后输出方波;另一路作为积分器的输入信号。积分器通常为密勒积分器,积分器将方波变换为三角波,经放大后输出。三种波形的输出由选择开关进行控制。

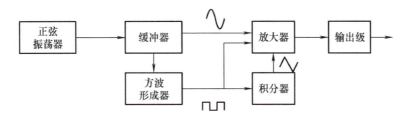

图 2-13　正弦式函数信号发生器组成结构框图

3. 主要技术指标

(1) 输出波形　有正弦波、方波、三角波和脉冲等,具有 TTL 同步输出及单次脉冲输出等。

(2) 频率范围　一般分为若干频段,如 1~10Hz、10~100Hz、100Hz~1kHz、1~10kHz、10~100kHz、100kHz~1MHz 六个波段。

(3) 输出电压　一般指输出电压的峰-峰值。

(4) 输出阻抗　函数波形输出 500Ω;TTL 同步输出模拟 600Ω。

(5) 波形特性　正弦波形特性一般用非线性失真系数表示,一般要求 ≤3%;三角波形特性用非线性系数表示,一般要求 ≤2%;方波的特性参数是上升时间,一般要求 ≤100ns。

2.4.2　数字式函数信号发生器

以 UTG8162D 函数/任意波形信号发生器为例来介绍数字式函数信号发生器。

UTG8162D 函数信号发生器使用直接数字合成技术产生精确、稳定的波形输出,有低至 1μHz 的分辨率。UTG8162D 函数信号发生器的组成框图如图 2-14 所示。UTG8162D 函数信号发生器以 ARM 微处理为核心,对设置参数进行处理,控制输出结果、USB 设备和上位机通信等。FPGA(现场可编程门阵列)将 ARM 传输给它的数据变换为各种频率、幅度和相位的基波,实现调制、扫频和脉冲功能。高速 DAC(数/模转换器)将 FPGA 输出的数字信号转换成模拟信号,而直流偏置 DAC 是将 FPGA 产生的直流电压数字信号转换成模拟信号。DAC 后面的运算放大器将输出的差分信号转换为单端信号并对信号进行放大;衰减器后级的运算放大器对信号进行放大,并进行直流偏置叠加。低通滤波器根据机型带宽设计,将低于带宽频率的信号通过,阻止高于带宽频率的信号通过,保证输出信号波段。衰减器对输出信号根据实际需要进行衰减,保证输出达到 1mV$_{pp}$ 的信号。锁相环把晶体振荡器的 10MHz 时钟信号或外部 10MHz 时钟信号变换为多路时钟,分别为 FPGA、DAC、ADC 提供稳定的高速时钟源。

UTG8162D 函数信号发生器不但能输出各种类型的波形信号,还具有信号存储、通信等功能。

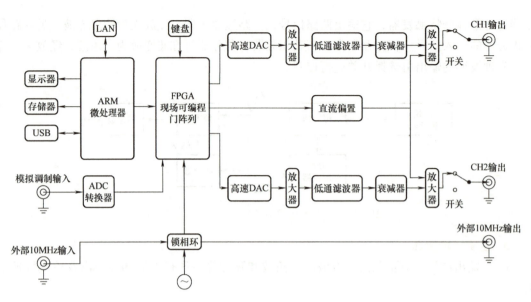

图 2-14　UTG8162D 函数信号发生器的组成框图

>> 小常识

锁相环技术

锁相环是高频信号合成常用的技术。锁相原理是利用外部输入的参考信号控制环路内部振荡信号的频率和相位，即输出信号频率对输入信号频率的自动跟踪。利用锁相技术，输出频率稳定度和准确度大大提高，可以实现与基准频率具有相同技术指标的输出信号。

锁相环的原理框图如图 2-15 所示。它主要是由基准频率源、鉴相器（PD）、低通滤波器（LPF）和压控振荡器（VCO）构成的一个闭环负反馈系统，习惯上又称之为锁相环电路。

图 2-15　锁相环原理框图

锁相环电路的工作过程（锁相原理）：利用鉴相器（PD）比较 f_i 与 f_o 的相位差 $\Delta\phi$，输出与 $\Delta\phi$ 成正比的误差电压 U_d，U_d 经 LPF 滤波后送至压控振荡器（VCO），改变压控振荡器（VCO）的固有振荡频率 f_o，并使 f_o 向基准频率源输入频率 f_i 靠拢，这个过程称为频率牵引。当 $f_o = f_i$ 时，环路稳定下来。此时，鉴相器（PD）的两个输入信号的相位差为一个恒定值，即 $\Delta\phi = C$（C 为常量），这种状态称为环路的相位锁定状态。

可见，当环路锁定时，输入信号频率 f_i 等于输出信号频率 f_o，输出频率 f_o 具有与 f_i 相同的频率特性，即锁相环能够使压控振荡器（VCO）输出频率的指标与基准频率的指标相同。

锁相技术在频率合成中的应用非常广泛。

1. 主要技术指标

（1）输出波形　输出任意波形，包括正弦波、方波、谐波、噪声、锯齿波动、脉冲波、脉冲串、扫频及任意波形等。且方波、脉冲波的上升、下降及占空比时间可调。支持频率扫描和脉冲串输出。

（2）频率范围　正弦波：1μHz～160MHz；方波：1μHz～50MHz；锯齿波：1μHz～4MHz；任意波：1μHz～40MHz。全频段 1μHz 的分辨率。

（3）输出电压　$2mV_{pp}$～$20V_{pp}$ 连续可调。

（4）输出阻抗　0Ω～1MΩ 连续可调。

（5）采样与分辨率　具有 500MSa/s 采样速率；16bits 垂直分辨率。

（6）通道数　双通道，具有独立输出。

（7）显示器　8in（1in＝0.0254m）TFT 液晶显示，可同时显示两路频率、幅值等信息。

（8）存储容量　8～32M 点任意波存储器，7GB 非易失波形存储。

（9）数字协议编码类型　I2C、SPI、RS232（TTL 电平），具有功能强大的上位机软件系统。

（10）标准配置接口　USB Device、US Host（支持 U 盘存储，系统升级）、LAN 接口、支持 NeptuneLab 实验室管理系统、10MHz 时钟输入/输出；内置 7 位高精度、宽频带频率计、频率范围为 100mHz～800MHz。

> **>> 小常识**
> NeptuneLab 实验室管理系统主要是电工电子类实验室将各种实验仪器设备与 PC 通过网络相连，系统自动采集设备数据并生成实验报告，做到单台监控、集中配置，界面直观、操作方便。

2. UTG8162D 函数信号发生器面板

（1）前面板　UTG8162D 函数信号发生器前面板如图 2-16 所示。

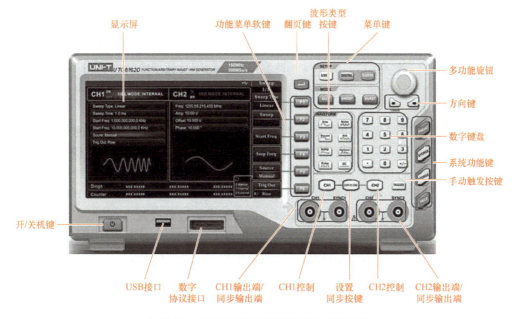

图 2-16　UTG8162D 函数信号发生器前面板

1) 开/关机键。电源的供电电压为 AC100 ~ 240V（国内选用 220V），频率为 45 ~ 440Hz。

2) USB 接口。支持 FAT16、FAT32 格式的 U 盘，支持最大容量 32G。通过 USB 接口可以读取已存入 U 盘中的任意波形数据文件，存储或读取仪器当前状态文件。通过此 USB 接口，可以对系统程序进行升级。

3) 数字协议接口。包含 RS232、I^2C、SPI 协议和 16bit 数字任意波的接口，能够进行相应的通信协议输出功能，配合 DIGITAL 菜单使用。

4) CH1 输出端/同步输出端。输出通道 1 的波形信号以及同步信号。输出信号的开关由 CH1 按键或 UTILITY 按键下的子菜单控制。

5) CH1 控制端。快速切换在屏幕上显示的当前通道（CH1 信息标签高亮表示为当前通道，此时参数列表显示通道 1 相关信息，以便对通道 1 的波形参数进行设置）。

6) 设置同步按键。快速设置 CH1 和 CH2 配置之间的关系，按下此键可以使得 CH1 的输出信号与此时的 CH2 相同，或者 CH2 的输出信号与此时的 CH1 相同，亦或者交换两个通道的输出信号。

7) CH2 控制端。快速切换在屏幕上显示的当前通道（CH2 信息标签高亮表示为当前通道，此时参数列表显示通道 2 相关信息，以便对通道 2 的波形参数进行设置）。

8) CH2 输出端/同步输出端。输出通道 2 的波形信号以及同步信号。输出信号的开关由 CH2 按键或 UTILITY 按键下的子菜单控制。

9) 手动触发按键。设置触发，闪烁时执行手动触发。

10) 系统功能按键。用于进行系统设置。

11) 数字键盘。用于输入所需参数的数字键 0 ~ 9、小数点（.）、符号键（+/-）。

12) 方向键。在使用多功能旋钮和方向键设置参数时，用于切换数字的位或移动（向左或向右）光标的位置。

13) 多功能旋钮。旋转多功能旋钮改变数字（顺时针旋转数字增大）或作为菜单键选择使用，按多功能旋钮可选择功能或确定设置的参数。

14) 菜单键。通过按键 USER、DIGITAL、COUNTER、MOD、SWEEP、BURST 分别控制相应的用户按键、数字接口、频率计、调制模式、扫频及脉冲串输出功能。

15) 波形种类选择按键。通过该按键快速选择需要输出的波形类型，快速产生所需要的波形。

16) 翻页键。屏幕右侧的功能菜单键总计 6 个，F1 ~ F6。当某项功能的菜单软键个数较多，不能在一页中显示完全时，系统将功能菜单软键在多页上排列，按此键可以在多个菜单软键功能页面间进行切换。

17) 功能菜单软键。通过软键标签的标识对应地选择或查看标签（位于功能界面的右方）的内容，配合数字键盘或多功能旋钮或方向键对参数进行设置。

18) 显示屏。8in（1in = 2.54cm）高分辨率 TFT 彩色液晶显示屏，通过不同的色调，明显地区分通道 1 和通道 2 的输出状态、功能菜单和其他重要信息。

(2) 后面板　UTG8162D 函数信号发生器后面板如图 2-17 所示。

1) 散热孔。为确保仪器有良好的散热，请不要堵住这些小孔。

2) 内部 10MHz 输出端。实现多个函数/任意波形发生器之间建立同步或向外部输出参

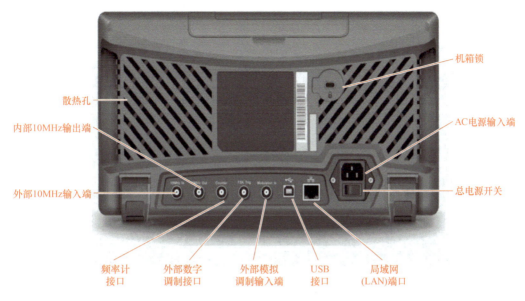

图 2-17　UTG8162D 函数信号发生器后面板

考频率为 10MHz 的时钟信号。当仪器时钟源选择内部时，内部 10MHz 输出端输出一个来自内部的 10MHz 时钟信号。

3）外部 10MHz 输入端。实现多个函数/任意波形发生器之间建立同步或与外部 10MHz 时钟信号的同步。当仪器时钟源选择外部时，外部 10MHz 输入端接收一个来自外部的 10MHz 时钟信号。

4）频率计接口。使用频率计功能时，通过此接口输入信号（兼容 TTL 电平）。

5）外部数字调制接口。在 ASK、FSK、PSK、OSK 信号调制时，当调制源选择外部时，通过外部数字调制接口输入调制信号（TTL 电平），对应的输出幅度、输出频率、输出相位由外部数字调制接口的信号电平决定。

6）外部模拟调制输入端。在 AM、FM、PM、SUM 或 PWM 信号调制时，当调制源选择外部时，通过外部模拟调制输入端输入调制信号，对应的调制深度、频率偏差、相位偏差或占空比偏差由外部模拟调制输入端的 ±5V 信号电平控制。

7）USB 接口。通过 USB 接口与上位机软件连接，实现计算机对本仪器的控制。

8）局域网（LAN）端口。局域网（LAN）端口可以将此仪器连接至局域网，以实现远程控制。

9）总电源开关。置 "I" 时，给仪器通电；置 "O" 时，断开 AC 输入（前面板的开/关机键不起作用）。

10）AC 电源输入端。本函数/任意波形发生器支持的交流电源规格为 100～240V，45～440Hz，电源熔断器规格为 250V，T2A。

11）机箱锁。打开机箱锁可以布置仪器防盗措施。

（3）功能界面　UTG8162D 函数信号发生器功能界面如图 2-18 所示。

1）CH1 信息：高亮显示（标签的正中央显示红色）时，表示显示屏显示通道 1 的信息。标签右边会显示当前输出情况："ON" 高亮表示通道输出打开，"OFF" 高亮表示通道

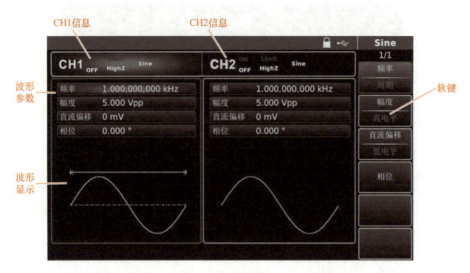

图 2-18 UTG8162D 函数信号发生器功能界面

输出关闭;"HighZ"表示高阻输出。

2) CH2 信息:高亮显示(标签的正中央显示红色)时,表示显示屏显示通道 2 的信息。标签右边会显示当前输出情况:"ON"高亮表示通道输出打开,"OFF"高亮表示通道输出关闭;"HighZ"表示高阻输出。

3) 软键:屏幕右方的标签用于标识功能菜单软键及其当前的功能。最上面的字符为当前子菜单名称,名称下的数字表示子菜单页数和当前页指示,例如,"1/2"表示当前子菜单一共有两页,现在显示为第一页,如需翻页,使用显示区域右边最上面的翻页按键即可。

4) 波形参数:波形参数以列表的方式显示当前波形的各种参数,如果列表中某一项显示为高亮,则可以通过菜单操作软键、数字键盘、方向键、多功能旋钮的配合进行参数设置。如果当前字符底色为深蓝色(系统设置时为白色),说明此字符进入编辑状态,可用方向键或数字键盘或多功能旋钮来设置参数。

5) 波形显示:波形显示区显示该通道当前设置的波形形状。

3. UTG8162D 函数信号发生器的应用

(1) 输出正弦波信号　在接通电源时,系统默认输出频率为 1kHz、幅度为 100mV 峰-峰值的正弦波(接 50Ω 端)。现将 CH1 输出频率改为 2.5kHz,具体步骤如下。

按下仪器面板上功能键 F1,此时显示区中 CH1 "频率"项显示为高亮,显示颜色与该通道背景颜色一致。右侧软键"频率"以高亮显示,如图 2-19 所示,"周期"标签为灰色。再次按 F1 键,可以在"频率"和"周期"之间进行切换。

使用数字键盘输入所需数字"2.5",在输入过程中,左方向键可作为退格功能键使用,如图 2-20 所示。

按下显示区右侧显示的相应单位软键选择频率单位。本例中按下 kHz 单位对应软键,显示频率值为 2.5kHz,如图 2-21 所示。若启用了输出功能,将以显示的频率值输出波形。

在默认状态下,旋转多功能旋钮可以在多个功能菜单软键间进行切换。需要进行某个参数的设置时,可以在选中对应参数的情况下按下多功能旋钮,选中参数中的某一位,此时该

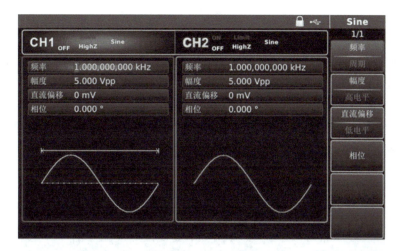

图 2-19　频率值操作界面

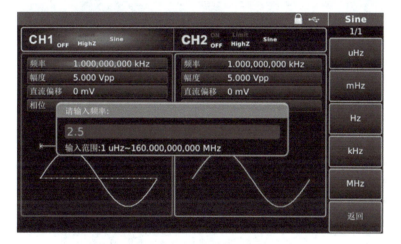

图 2-20　设置频率值操作界面

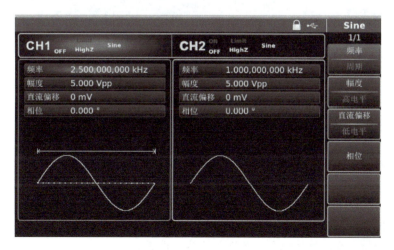

图 2-21　2.5kHz 频率值显示界面

参数位的显示为高亮蓝色,旋转多功能旋钮可以进行数字大小调节。按下左、右方向键可以选择不同的位。设置完成后再次按下多功能旋钮,可退出参数编辑状态。

(2)设置输出幅度　在接通电源时,默认配置波形幅度为 100mV 峰-峰值的正弦波(接 50Ω 端)。现将 CH1 输出波形幅度改为 300mVpp,具体操作步骤如下。

按下仪器面板上功能键 F2,此时显示区中 CH1"幅度"项以高亮度显示,显示颜色与该通道背景色一致。使用数字键盘输入所需数字"300",在编辑窗口显示输入参数,如图 2-22 所示。

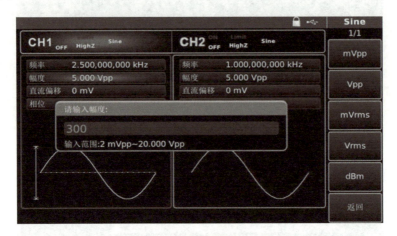

图 2-22　设置信号幅度值操作界面

按下显示屏右侧软键相应的单位,本例中选 mVpp,幅度参数设置完成,如图 2-23 所示。若启用了输出功能,将以显示的幅度值输出波形。

图 2-23　300mVpp 幅度值设置界面

>> 小提示

多功能旋钮和方向键的配合也可进行此参数设置。

(3)设置 DC 偏移电压　在接通电源时,默认波形是 DC 偏移电压为 0V 的正弦波(接

50Ω 端）。若将 DC 偏移电压改为 –150mV，具体步骤如下。

按下仪器面板上功能键 F3，此时显示区中 CH1 "直流偏移"项以高亮度显示，显示颜色与该通道背景色一致。使用数字键盘输入设置值 "–150"，在编辑窗口显示输入参数，如图 2-24 所示。

图 2-24　设置直流偏移电压值操作界面

按下显示屏右侧软键相应的单位，本例中选 mV，直流偏移电压参数设置完成，如图 2-25 所示。若启用了输出功能，将以显示的直流偏移电压值输出波形。

图 2-25　–150mV 直流偏移电压值设置界面

>> **小提示**

多功能旋钮和方向键的配合也可进行此参数设置。

（4）输出方波信号　在接通电源时，方波默认的占空比是 50%，占空比受最低脉冲宽度规格 10ns 的限制。设置频率为 1kHz、幅度为 $1.5V_{pp}$、直流偏移为 0V、占空比为 70% 的方波具体步骤如下。

分别按 Square、频率、幅度、占空比键进行对应功能设置，要设置某项参数先按对应的软键，再输入所需数值，然后选择单位即可。进行占空比设置，可以选择对应数值快速设置，如图 2-26 所示。

图 2-26　占空比设置界面

（5）频率测量　该函数信号发生器可以测量兼 TTL 电平信号的频率及占空比，测量频率的范围为 100mHz ~ 200MHz。

使用频率计功能时，是通过外部频率计接口（Counter 连接器）输入兼容 TTL 电平的信号；然后按 COUNTER 键在参数列表中读取信号"频率""周期""占空比""正脉宽""负脉宽"值。在没有信号输入时，频率计参数列表始终显示上一次测量的值，只有向频率计接口（Counter 连接器）输入兼容 TTL 电平的信号，频率计才刷新显示。频率测量界面如图 2-27 所示。

图 2-27　频率测量界面

> **>> 小提示**
>
> 设置脉冲波按 Pulse 键、设置斜波按 Ramp 键、设置噪声波按 Noise 键。它们的幅度、直流偏移等参数的设置同正弦波。

有关仪器调制波形、扫频波形、任意波及数字协议编码等功能，因篇幅有限不再介绍。

本 章 小 结

信号发生器是电子测量中最基本的电子仪器，主要用来提供电参量测量时所需的各种激励电信号，其输出幅值和频率按需要可以进行调节。

1. 正弦信号发生器广泛应用于线性系统的测试中。按其产生的信号频段，可分为超低频、低频、视频、高频、甚高频和超高频信号发生器。

2. 衡量信号发生器的主要性能指标：频率准确度、频率稳定度、输出特性、输出形式和非线性失真度等。

3. 低频信号发生器的主振器为 RC 振荡器，以产生 1Hz～1MHz 的正弦波信号为主，也可输出脉冲波形。它主要用于测试调整低频放大器、传输网络等，还可用于调制高频信号发生器或标准电子电压表等，是一种实际工程上应用广泛的多功能仪器。

4. 高频信号发生器常以 LC 振荡器为主振器，通常频率范围为 200kHz～30MHz，可输出调幅波、载波等多种波形。主要用于调试各类接收机的选择性、灵敏度、调幅等特性，其输出信号的频率和电平在一定范围内可调节并能准确读数，特别是能输出微伏级的小信号，以满足接收机测试的需要。高频信号发生器中可采用锁相环技术，以提高输出信号频率的稳定度和准确度。

5. 函数信号发生器是一种多波形发生器，可以输出正弦波、方波、三角波等多种波形。函数信号发生器按组成原理可以分为模拟式函数信号发生器与数字式函数信号发生器。数字式函数信号发生器由于应用微处理器进行数据处理，其输出信号精度高、频率范围高、测量速度快，具有自动选择量程、信号存储、通信等功能，便于组成自动测试系统。

频率合成常采用锁相环技术以提高输出信号频率的稳定度和准确度。

6. 熟悉数字式函数信号发生器使用方法，能够使用数字式函数信号发生器进行正弦信号、方波等波形幅值、频率等参数的测试。

综 合 实 训

实训一　低频信号发生器的使用

1. 实训目的

1）熟悉低频信号发生器面板上各开关旋钮的名称与作用。

2）掌握低频信号发生器的基本使用方法。

3）利用低频信号发生器进行实际测量。

2. 实训器材

1）低频信号发生器一台（低频信号发生器型号不尽相同，它的使用比较简单）。

2）示波器一台。

3）电子电压表一台。

3. 实训过程

1）了解低频信号发生器面板结构与各开关旋钮的名称与作用。

2）低频信号发生器的使用。

① 将低频信号发生器的输出端与示波器及电子电压表相连，如图 2-28 所示。注意各仪器必须共地。

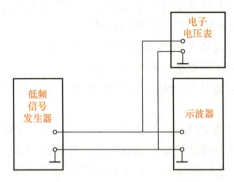

图 2-28　低频信号发生器应用示意图

② 调节幅度调节旋钮（置于 0dB 衰减）和频率波段、倍乘、细调旋（按）钮，输出正弦波信号幅度为 5V、频率按表 2-2 要求调节。

用电子频率调节示波器，使屏幕上显示稳定的正弦波形，并用示波器测周法验证输出频率。逐步增加输出幅度衰减（dB），用电子电压表测试输出端电压并填入表 2-2。

表 2-2　低频信号发生器的基本使用

输出幅度（0dB 衰减）	$U_o = 5V$				
信号发生器输出频率	50Hz	100Hz	1kHz	100kHz	500kHz
电子电压表的读数/V					
示波器测得周期值					
示波器测得频率值					

4. 实训报告

1）请画出所使用的低频信号发生器面板结构简图，并注明其型号以及主要开关旋钮、接线柱的作用。

2）认真分析测量中的数据、测量中波形情况，是否产生异常现象？如有异常，分析产生的原因。

3）分析产生误差的主要原因及减少误差的方法。

实训二　高频信号发生器的使用

1. 实训目的

1）熟悉高频信号发生器面板结构及各开关旋钮的名称与作用。

2）掌握高频信号发生器的基本使用方法及其应用。

3）熟悉利用高频信号发生器实现对调幅收音机中周的调节。

2. 实训器材

1）高频信号发生器一台（高频信号发生器型号不尽相同，它们的使用方法基本相同）。

2）示波器一台。

3）电子电压表一台。

4）超外差式调幅收音机一台。

3. 实训过程

1）了解高频信号发生器的面板结构及其各开关旋钮的名称与作用。

2）掌握高频信号发生器的操作方法。

3）收音机中频调试。

① 按图 2-11 所示方法连接好仪器。

② 调节高频信号发生器输出频率为 465kHz，调幅度 30%，输出电压不超过 300mV，用电子电压表监测。

③ 用无感旋具反复调节各中周（从后级到前级的次序），直至收音机的输出最大。

4. 实训报告

1）请画出所使用高频信号发生器的面板结构简图，并注明其型号以及主要开关旋钮、接线柱的作用。

2）写出超外差式调幅收音机中周的调试过程。

3）在调试超外差式调幅收音机中周时，出现的问题是什么？请分析原因。

实训三　函数信号发生器的使用

1. 实训目的

1）熟悉 UTG8162D 函数信号发生器的面板结构及各开关旋钮的名称与作用。

2）掌握 UTG8162D 函数信号发生器的基本使用方法及应用。

3）能够利用 UTG8162D 函数信号发生器输出基本电参量并可以对其参数进行设置。

2. 实训器材

1）UTG8162D 函数信号发生器一台（任意波函数信号发生器应用越来越多，应重点掌握）。

2）示波器一台。

3）电子电压表一台。

3. 实训过程

1）了解 UTG8162D 函数信号发生器的面板结构及其各开关旋钮的名称与作用。

2）熟悉 UTG8162D 函数信号发生器功能面板的使用。

3）利用 UTG8162D 函数信号发生器选择一个通道输出一定频率的正弦波信号，见表 2-3。把信号发生器输出的第一组参数修改为第二组参数，并用电子电压表和示波器测试进行对比。

表 2-3　函数信号发生器的基本应用

操作	第一组		第二组	
输出正弦波信号	1kHz	$5V_{pp}$	1MHz	$20V_{pp}$
电子电压表的读数/V				
示波器测得周期值				
示波器测得频率值				

4. 实训报告

1）请写出正弦波信号输出及参数设置过程。

2）分析函数信号发生器输出的参数与电子电压表、示波器测试结果。

习 题

1. 根据不同的划分方式，信号发生器可分为几大类？
2. 信号发生器一般由几部分组成？请简述各部分的作用。
3. 信号发生器的主要技术指标有哪些？输出频率的准确度如何保证？
4. 高、低频正弦信号发生器输出阻抗一般为多少？使用时，若阻抗不匹配会产生什么影响？
5. 高频信号发生器的主振级有什么特点？为什么高频信号发生器在输出与负载之间需采用阻抗匹配器？
6. 模拟函数信号发生器的主要构成方式有哪些？
7. 如何根据测试需要合理选择信号发生器？
8. 在调试调幅收音机中周时，高频信号发生器应输出载频信号还是调幅信号？为什么调幅度表在30%处都有红线标出？
9. 图2-29是常用的基本锁相环路，图中倍频器的倍频系数或分频器的分频系数 n，能在频率预置时设计，以使这些锁相环路中的压控振荡器处于锁相环的捕捉范围内。在环路的输出端可得到输入信号的分频、倍频或差频等信号。若 $f_i = 1\text{MHz}$，$f_i = 0.5\text{MHz}$，$n = 1 \sim 10$，求 f_o 的频率范围。

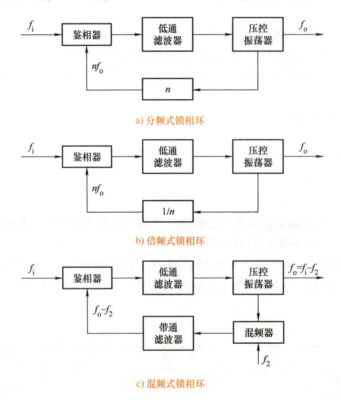

图 2-29 基本锁相环原理框图

第3章 电子示波器及其测量技术

引　言

本章主要介绍电子示波器的类型；示波管及波形显示原理，通用电子示波器的组成及原理；示波器的双踪显示原理；通用电子示波器的正确选择与使用；通用示波器的基本测量方法；电子示波器的发展；数字示波器及其应用等。

学习目标

应知：电子示波器的作用；

　　　电子示波器的类型；

　　　示波管及波形显示原理；

　　　电子枪、偏转系统及荧光屏的作用；

　　　时间基线的产生；

　　　扫描的过程及作用；

　　　通用示波器的组成及主要技术指标；

　　　双踪示波器显示方法中的交替显示、断续显示方式；

　　　通用示波器的选择及基本使用方法；

　　　示波器的发展趋势。

应会：通用示波器各单元的操作；

　　　示波器对电压、电流的测量；

　　　示波器对相位的测量；

　　　示波器对频率、周期的测量；

　　　李萨育图形法测频率的方法及其应用；

　　　数字示波器对时间、电压的测量；

　　　数字示波器波形存储与回调。

延伸阅读

第3章
延伸阅读

3.1　概述

电子示波器（简称示波器）是一种以阴极射线管作为显示器的显示信号波形的测量仪器。它对电信号的分析是按时域法进行的，即研究信号的瞬时幅度与时间的函数关系。

电子示波器不仅能定性观察电路的动态过程，如电压、电流或经过转换的非电量等的变化过程；还可以定量测量各种电参数，如测量脉冲幅度、上升时间等；测量被测信号的电压、频率、周期、相位等。利用传感技术，示波器还可以测量各种非电量，甚至人体的某些生理现象。所以，在科学研究、工农业生产、医疗卫生等方面，示波器已成为广泛使用的电子仪器。

3.1.1 电子示波器的特点

作为广泛使用的电子测量仪器，电子示波器具有以下主要特点。
1) 具有良好的直观性，可直接显示信号的波形，也可测量信号的瞬时值。
2) 灵敏度高、工作频带宽、速度快，为观测瞬变信号的细节带来了很大的便利。
3) 输入阻抗高（兆欧级），对被测电路的影响小。

3.1.2 电子示波器的类型

电子示波器种类型号繁多，根据其用途及特点的不同，可分为以下几大类。
（1）通用示波器 应用了基本显示原理，可对电信号进行定性和定量观测。
（2）取样示波器 采用取样技术将高频信号转换成模拟的低频信号，再应用通用示波器的基本显示原理观测信号。取样示波器一般用于观测频率高、速度快的脉冲信号。
（3）记忆示波器和存储示波器 这两种示波器均具有存储信息功能，前者采用记忆示波管存储信息，后者采用数字存储器存储信息。它们能对单次瞬变过程、非周期现象、低重复频率信号进行观测。
（4）数字示波器 被测信号经模-数转换器送入数据存储器，应用微处理器以数字形式处理并记录波形，自动显示测量结果，测量速度更快、重复性更高。
（5）逻辑示波器 又称为逻辑分析仪，主要用于分析数字系统的逻辑关系。

3.2 示波管及波形显示原理

3.2.1 示波管

示波管（或称阴极射线管 CRT）是示波器的核心组件，是一种将被测电信号转换成光信号的显示器件（真空电子管）。它分为静电偏转式和磁偏转式两大类，在电子示波器中应用最广的是静电偏转式，其结构如图 3-1 所示。它主要由三部分构成，即电子枪、偏转系统和荧光屏。整个示波管密封在玻璃壳内，成为大型的电子真空器件。

> **》 小常识**
>
> **显示器原理**
>
> 通常所说的 CRT 纯平显示器，用的即是阴极射线管原理。CRT 的特点是：可视角度大、无坏点、色彩还原度高、色度均匀、分辨率可调节、响应时间极短、价格便宜等。
>
> LCD（Liquid Crystal Display）即液晶显示器。液态的晶体是一种特殊的有机化合物，处于固态和液态之间，兼具固态物质和液态物质的双重特性。与传统的 CRT 相比，LCD 功耗低、无辐射、无频闪，能够降低视觉疲劳。

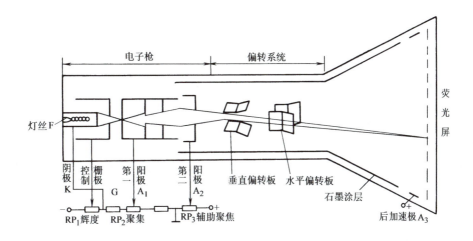

图 3-1 示波管结构示意图

1. 电子枪

电子枪的作用是发射电子并形成很细的高速电子束,去轰击荧光屏使之发光。电子枪由灯丝 F、阴极 K、栅极 G、第一阳极 A_1 和第二阳极 A_2 组成。除灯丝之外,其余电极的结构均为金属圆筒形,且所有电极的轴心都保持在同一条轴线上。灯丝用于加热阴极。阴极表面涂有氧化物,在灯丝加热下可以发射电子。栅极是一个顶端有小孔的圆筒,套在阴极外边,其电位比阴极低,对阴极发射出来的电子起控制作用,它控制射向荧光屏的电子流密度,从而改变荧光屏亮点的辉度。调节电位器 RP_1 改变栅、阴极之间的电位差,即可达到此目的,故 RP_1 在面板上的旋钮标为"辉度"。

第一阳极和第二阳极对电子束有加速作用,同时和控制栅极构成对电子束的控制系统,起聚焦作用。调节 RP_2 可改变第一阳极的电位,调节 RP_3 可改变第二阳极的电位,使电子束恰好在荧光屏上汇聚成细小的亮点,以保证显示波形的清晰度。因此,把 RP_2 和 RP_3 分别称为"聚焦"和"辅助聚焦"电位器,仪器面板上对应的旋钮分别是"聚焦"和"辅助聚焦"旋钮。

> **>> 小提示**
>
> 调节"辉度"旋钮时会影响聚焦效果,因此,示波管的"辉度"与"聚焦"并非相互独立,要配合调节。

2. 偏转系统

如图 3-1 所示,在第二阳极的后面,两对相互垂直的偏转板组成偏转系统。垂直(Y 轴)偏转板在前(靠近第二阳极),水平(X 轴)偏转板在后,两对极板间各自形成静电场,分别控制电子束在垂直方向和水平方向的偏转。

从电子枪射出的电子束,若不受电场的作用,将沿直线向荧光屏方向运行,在荧光屏中心轴线位置显示出静止的光点。若电子束受到电场的作用,其运动方向就会偏离中心轴线,即荧光屏上的光点位置就会产生位移。如果电场是周期性交变的,则荧光屏上将显示出一条光点的轨迹。

电子束在偏转电场作用下的运动规律可用图 3-2 分析,其偏转位移 y(cm)可用下式表示：

$$y \approx \frac{Ll}{2dU_{A2}}U_y \tag{3-1}$$

式中　l——偏转板长度（cm）；
　　　L——偏转板右侧边缘到荧光屏之间的距离（cm）；
　　　d——两偏转板之间的距离（cm）；
　　　U_{A2}——第二阳极与阴极间的电压（V）；
　　　U_y——Y轴两偏转板间的电压之和（V）。

式3-1中，L、l、d均为常数，当亮点聚焦调整好以后，U_{A2}也基本不变，则荧光屏上的亮点偏转距离y与加于偏转板上的电压U_y成正比。

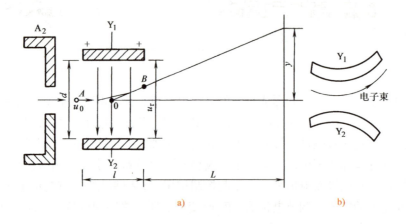

图 3-2　电子束的偏转规律

设

$$S_y = \frac{2dU_{A2}}{Ll}$$

则

$$y = \frac{1}{S_y}U_y, \quad S_y = \frac{U_y}{y}$$

称S_y为示波管Y轴偏转灵敏度，表示亮点在荧光屏上偏转1cm所需加于偏转板上的电压值（峰-峰值）。此值越小，表示灵敏度越高。偏转灵敏度是与外加偏转电压大小无关的常数。

同理，X轴偏转板的灵敏度可表示为

$$S_x = \frac{U_x}{x}$$

3. 荧光屏

荧光屏一般为圆形或矩形，其内壁沉积有磷光物质，形成荧光膜，面向电子枪的一侧。在受到高速运动着的电子轰击后，将其动能转换为光能，产生亮点。当电子束随信号电压偏转时，这个亮点的移动轨迹就形成了信号的波形。

当电子束停止作用后，光点仍能在屏幕上保持一定的时间才消失。激励过后，亮点辉度下降到原始值的10%所延续的时间称为余辉时间。不同荧光材料的余辉时间不一样，小于10μs 的为极短余辉；10μs～1ms 为短余辉；1ms～0.1s 为中余辉；0.1～1s 为长余辉；大于

1s 为极长余辉。由于荧光物质有一定的余辉时间,同时由于人眼的惰性(视觉暂留现象),所以,尽管电子束在某一瞬间只能使荧光屏上一点发光,但我们看到的却是光点在荧光屏上移动的效果。

> **小常识**
>
> **视觉暂留效应**
>
> 人眼在观察景物时,光信号传入大脑神经需经过一段短暂的时间,视觉影像并不立即消失,这种残留的视觉影像称为视觉暂留。即物体在快速运动时,影像消失后,人眼仍能继续保留该影像 0.1~0.4s 左右。
>
> 这种现象是人特有的生理现象,常应用于电影、动画的拍摄和放映中。将一帧帧画面快速连续播放,就会由于视觉暂留效应使观看者产生画面连续变化的动态效果。

要根据示波器用途的不同选用不同余辉的示波管,显示高频信号的示波器宜采用短余辉管;观察生物及自动控制等缓慢信号的超低频示波器宜采用长余辉管;一般用途的示波器均采用中余辉管。

电子打在荧光屏上,只有少部分能量转换为光能,大部分则转换成热能。所以不应使亮点长时间停留在一处,以免荧光粉损坏而形成斑点。另外,在使用示波器时,也不要把亮点调到最亮,调节亮点的亮度便于观察波形即可。

圆形荧光屏承受压力性能较好,但屏幕利用率不高,线性度较差。中间比较平整的部分称为有效面积。矩形荧光屏比较平整,有效面积较大。使用示波器时应尽量使波形显示在有效面积内,减少测量误差。

为了测量波形的高度或宽度,荧光屏上常设置有刻度线。刻度线可以刻在屏外一块有机玻璃内侧,制成外刻度片,标有垂直和水平方向的刻度,并且易于更换。但是,其波形与刻度片不在同一平面上,会造成较大的视差。另一种是内刻度线,分度刻在荧光屏玻璃内侧,以消除视差,测量准确度较高。

3.2.2 波形显示原理

用示波器显示被测信号的波形,基本上有两种类型:一种是显示任意两个信号 x 与 y 的关系;另一种是显示随时间变化的信号。

1. 电子束沿 u_y 与 u_x 作用的合成方向运动

因为电子束沿垂直和水平两个方向的运动是互相独立的,打在荧光屏上亮点的位置取决于同时加在垂直和水平偏转板上的电压。当示波管的两对偏转板上不加任何信号时,亮点打在荧光屏的中心位置。

若仅在 Y 轴偏转板加一个随时间变化的电压,例如,$u_y = U_m \sin\omega t$,则电子束沿垂直方向运动,任一瞬间的偏转距离正比于该瞬间 Y 偏转板上的电压,其轨迹为一条垂直直线,如图 3-3a 所示,因为光束水平方向未受到偏转。同理,若仅在 X 轴偏转板上加正弦波电压 u_x,则电子束沿水平方向运动,轨迹为一条水平线,如图 3-3b 所示。在 Y 轴和 X 轴同时加同一正弦波电压时,亮点在荧光屏上的位置由电压 u_y 和 u_x 共同决定。如果 $u_x = u_y$,在同一时刻,X、Y 方向偏转的距离相同,则在荧光屏上显示一条直线,这条直线与水平轴呈 45°角,如图 3-3c 所示。

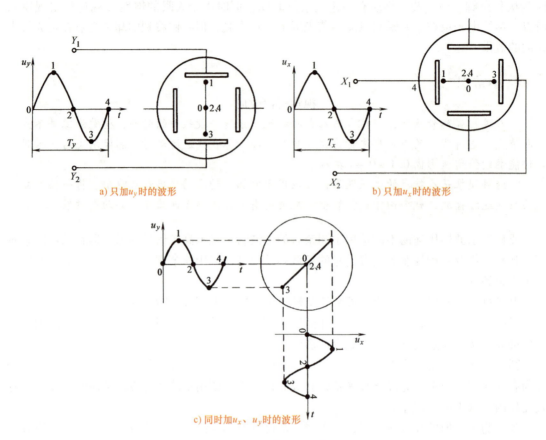

a) 只加 u_y 时的波形

b) 只加 u_x 时的波形

c) 同时加 u_x、u_y 时的波形

图 3-3 显示波形与偏转极板所加电压的关系

2. 显示随时间变化的波形

（1）扫描的概念　上述几种情况均不能显示被测电压信号 u_y 的波形。为了显示 u_y 的波形，须在 Y 轴偏转板加 u_y 信号的同时，在 X 轴偏转板加随时间线性变化的扫描电压（锯齿波形电压），如图 3-4 所示。若在 Y 方向不加电压，则光点在荧光屏上构成一条反映时间变化的直线，称为时间基线，如图 3-3b 所示。

当锯齿波电压达到最大值时，屏幕上光点亦达到最大偏转。然后，锯齿波电压迅速返回起始点，光点也迅速返回最左端，再重复前面的变化。光点在锯齿波作用下移动的过程称为扫描，能实现扫描的锯齿波电压称为扫描电压，光点自左向右的连续移动称为扫描正程，光点自屏幕的右端迅速返回起点称为扫描回程。

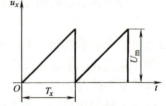

图 3-4 锯齿波电压波形

当 Y 轴加被观测的信号，X 轴加扫描电压时，则屏幕上光点的 Y 和 X 坐标分别与这一瞬时的信号电压和扫描电压成正比。由于扫描电压与时间成比例，所以荧光屏上所描绘的就是被测信号随时间变化的波形，如图 3-5 所示。图中 u_y 的周期为 T_y，如果扫描电压 u_x 的周期 T_x 等于 T_y，则在 u_y 及 u_x 的共同作用下，亮点的轨迹正好是一条与 u_y 相同的正弦曲线。亮点

从 0 点经 1、2、3 至 4 点移动为正程，从 4 点迅速返回到 0′点的移动为回程。

（2）同步的概念　如果 $T_x = 2T_y$，其波形显示如图 3-6 所示，可以观察到两个周期的信号电压波形。如果波形多次重复出现，而且重叠在一起，就可以观察到一个稳定的图像。

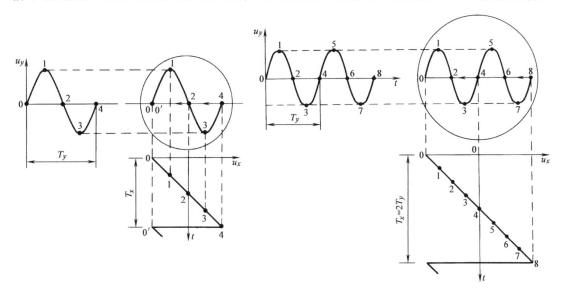

图 3-5　显示波形原理　　　　　　　　图 3-6　$T_x = 2T_y$ 时显示的波形

由图 3-6 可见，欲显示多个周期的波形图，应增加扫描电压 u_x 的周期，即降低 u_x 的扫描频率。在使用示波器时应当根据原理进行适当调节。荧光屏上显示波形的周期个数为

$$n = \frac{T_x}{T_y}$$

式中 n 应为整数。若 n 不为整数，会有什么样的结果呢？图 3-7 所示波形是 $T_x = 7/8 T_y$ 时的情况。在第一个扫描周期显示出 0～4 点之间的曲线，并由 4 点跳到 4′点；第二个扫描周期，显示 4′～8 点之间的曲线；第三个扫描周期显示出 8′～10 点之间的曲线，这样所显示的波形是不"稳定"的，即每次显示的波形不重叠，图中的波形如同向右跑动一样。

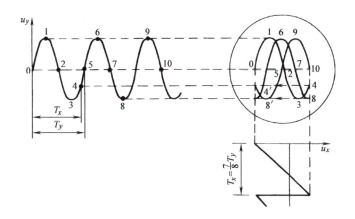

图 3-7　$T_x = 7/8 T_y$ 时显示的波形

> **想一想**
> 如果 $T_x = 9/8 T_y$，则波形向哪个方向跑？

产生波形左右跑动的原因是 T_x 与 T_y 之比不是整数，形成每次扫描起始点不一致所引起的。

由此可见，为了在屏幕上获得稳定的图像，T_x（包括正程和回程）与 T_y 之比必须成整数关系，即 $T_x = nT_y$，以保证每次扫描起始点都对应信号的相同相位点上，这种过程称为"同步"。

总之，电子束在被测电压与同步扫描电压的共同作用下，亮点在荧光屏上所描绘的图形反映了被测信号随时间的变化过程，由于多次重复就构成了稳定的图像。

3.3 通用电子示波器

3.3.1 通用电子示波器的基本组成

1. 电子示波器的结构

通用电子示波器的种类很多，主要由以下几部分组成：垂直系统（Y 轴系统或 Y 通道）、水平系统（X 轴系统或 X 通道）和主机部分（Z 轴系统），如图 3-8 所示。

> **想一想**
> 垂直、水平系统分别作用于示波管的什么部分？

（1）垂直系统（Y 轴系统或 Y 通道） 由衰减器、前置放大器、延迟线和后置放大器等组成。Y 轴系统的主要作用是放大被测信号电压，控制电子束的垂直偏转。

（2）水平系统（X 轴系统或 X 通道） 由触发整形电路、扫描发生器及 X 放大器组成，如图 3-8 所示。同步触发电路在内或外触发信号的作用下产生触发脉冲，去触发扫描发生器，产生锯齿波，由 X 放大器放大后推动 X 轴偏转板。

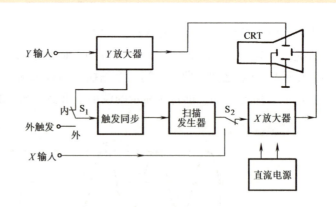

图 3-8 电子示波器的基本组成

（3）主机部分（Z 轴系统） 主机包括示波管、Z 通道（图中未示出）、整机供电电源和校准信号发生器等。示波管是显示器；Z 轴系统将 X 轴系统产生的增辉信号放大后加到示波管的控制栅极；校准信号发生器是一个标准方波电压发生器，方波的幅度频率是准确的，用这个已知的信号去校准 X、Y 轴的坐标刻度。

2. 通用示波器的主要技术指标

示波器的技术指标有几十项，为了正确选择和使用示波器，必须了解以下主要技术指标。

（1）**频率响应（频带宽度）** 示波器的频带宽度是指加至输入端的信号（包括Y轴和X轴，不加说明时均指Y轴）上限频率f_H与下限频率f_L之差。一般情况下，$f_H \gg f_L$，所以，频率响应可以用上限频率f_H表示。例如，GOS-6013C型示波器的上限频率$f_H = 100\text{MHz}$，此值越大越好。

（2）**时域响应（瞬态响应）** 表示放大电路在方波脉冲输入信号作用下的过渡特性。常用参数有上升时间（t_r）、下降时间（t_f）等。

Y轴系统的频带宽度f_B与上升时间t_r之间有确定的关系，即

$$f_B \cdot t_r \approx 350$$

式中，f_B及t_r的单位分别为MHz与ns。因为，$f_B \approx f_H$。所以也就有$f_H \cdot t_r \approx 350$。当已知$f_H$的值时，就可以算出上升时间

$$t_r \approx \frac{350}{f_H}$$

例3.1 已知GOS-6013C型示波器的上限频率$f_H = 100\text{MHz}$，求示波器的上升时间。

解：因为 $f_H = 100\text{MHz}$

所以 $t_r \approx \dfrac{350}{f_H} = \dfrac{350}{100}\text{ns} = 3.5\text{ns}$

此值越小越好。

上述两项指标在很大程度上决定了可以观测信号的最高频率值（指周期性连续信号）或脉冲信号的最小宽度。

（3）**偏转灵敏度** 指输入信号在无衰减情况下，亮点在屏幕上偏转1cm（或1格—div）所需信号电压的峰-峰值（U_{pp}），其单位为U_{pp}/cm或U_{pp}/div。它反映示波器观察微弱信号的能力，其值越小，偏转灵敏度越高。一般示波器的偏转灵敏度为几十毫伏，例如，GOS-6013C型示波器Y轴的最高偏转灵敏度$S_y = 2\text{mV}U_{pp}/\text{cm}$。

（4）**输入阻抗** 用在示波器输入端测得的直流电阻值R_i和并联电容值C_i是确定的。希望R_i值越大，C_i值越小越好。一般示波器R_i值和C_i值分别在MΩ和pF数量级。例如，CA8040型示波器的$R_i = 1\text{M}\Omega$，$C_i = 25\text{pF}$。

（5）**扫描因数** 表示在无扩展的情况下，亮点在屏幕上x轴方向移动单位长度1cm（或1格—div）所表示的时间，其单位为t/cm。其中t可取μs、ms或s。

扫描因数越高（即t/cm值越小），表明示波器能够展开高频信号或窄脉冲信号波形的能力越强。

3.3.2 示波器的垂直系统（Y轴系统）

Y轴系统是传输被测信号的通道。它的作用是输入被测信号，并将其不失真地放大后传送到Y轴偏转板，使屏幕上显示大小适中的信号波形。其性能的优劣直接影响到测量结果的准确度。这些性能主要有足够的频带宽度和灵敏度、小的上升时间等。

Y轴系统（Y通道）主要由输入电路、前置放大器、延迟线、后置放大器及电子开关（双踪示波器特有）等组成，如图3-9所示。

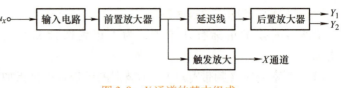

图3-9　Y通道的基本组成

1. 输入电路

输入电路的基本作用是输入被测信号，为前置放大器提供良好的工作条件，并在输入信号与前置放大器之间起着阻抗变换、电压变换的作用。它包括探极、交直流耦合方式选择开关、衰减器、阻抗变换倒相器等电路，如图3-10所示。

（1）探极　探极装在示波器机体的外面，用电缆线和仪器相连接，用于直接探测被测信号、提高示波器的输入阻抗、减小波形失真、展宽示波器的带宽。探

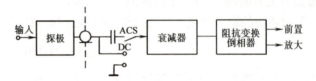

图3-10　输入电路框图

极分为无源探极和有源探极两种，应用较多的是前者。无源探极是一个衰减器，衰减比有1:1、10:1、100:1三种，多用于观察低频信号；有源探极内部包括高输入阻抗放大器，多用于探测高频信号。

（2）交直流耦合方式选择开关　它有三个档位（仪器面板上有设置）：DC、AC、⊥，如图3-10所示的耦合方式部分。在直流"DC"位置，信号可直接通过；在交流"AC"位置，信号经电容耦合至衰减器，此时只有输入交流信号才可以通过；在"⊥"（接地）位置，在无须断开被测信号的情况下，可为示波器提供接地参考电平。

（3）衰减器　对应示波器面板上的Y轴灵敏度粗调旋钮，衰减器是为测量不同幅度的被测信号而设置的。其作用是在测量幅度较大的信号时，经衰减后使屏幕上显示的波形不至于因过大而失真。衰减器常使用阻容分压器电路，其原理如图3-11所示。

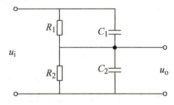

图3-11　阻容分压器电路原理图

衰减器的衰减量为输出电压u_o与输入电压u_i之比，也等于R_1C_1的并联阻抗Z_1与R_2C_2的并联阻抗Z_2的分压比。其中，C_1做成可调电容，当满足$R_1C_1 = R_2C_2$时，衰减器的分压比为

$$\frac{u_o}{u_i} = \frac{Z_2}{Z_1 + Z_2} = \frac{R_2}{R_1 + R_2}$$

这时，分压比与频率无关。满足上式的情况称为最佳补偿。图3-12所示为几种补偿情况。

（4）阻抗变换倒相器　阻抗变换倒相器用于变换阻抗。因为，输入电路要求有高阻抗，而放大电路的输入阻抗并不高，为了保证Y轴输入端为高阻抗，在衰减器和放大电路之间必须加上阻抗转换电路，并且把单端输入的被测信号变成对称输出的平衡信号。

2. 延迟线

对延迟线的要求：延迟时间应足够长和稳定，以补偿X轴系统扫描电路启动时间的延迟。

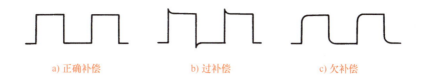

a) 正确补偿　　　　b) 过补偿　　　　c) 欠补偿

图 3-12　几种补偿的波形

扫描信号的引出是从 Y 轴系统分离出来，要经过一定的过程才能产生，它和被观测信号相比总是滞后一段时间 t_D，如图 3-13 所示。

若不在 Y 轴系统增加延迟线，被观测脉冲信号的上升过程就无法完整地显示于屏幕上。因为，有一段时间扫描尚未开始，根据波形显示原理就会出现图 3-13 所示情况。延迟线的作用就是把加到 Y 轴偏转板的脉冲信号也延迟一段时间，使信号出现的时间滞后于扫描开始时间，这样就能保证在屏幕上可以扫描出包括上升时间在内的脉冲全过程。

3. Y 轴系统的放大器

Y 放大器使示波器具有观测微弱信号的能力。通常把 Y 放大器分成前置放大器和后置放大器两部分。前置放大器的输出信号一方面引至触发电路，作为同步触发信号；另一方面经过延迟线延迟以后引至输出放大器。这样，就使加在 Y 轴偏转板上的信号比同步触发信号滞后一定的时间，保证在屏幕上可看到被测脉冲的前沿。

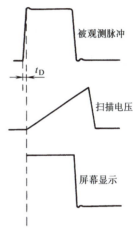

图 3-13　没有延迟线时的情况

Y 轴采用变换放大器的增益的方法进行"倍率"调节。例如，许多示波器 Y 轴的"倍率"开关有"×5"和"×1"两个位置，通常情况下，"倍率"开关置于"×1"位置，若把"倍率"开关置于"×5"，则放大器增益增加 5 倍，这便于观测微弱信号或看清波形某局部的细节。在进行定量计算时要注意其中的换算。

Y 轴通过调节放大器的增益还可以实现灵敏度微调。当灵敏度微调电位器处于极端位置时，示波器灵敏度微调处于"校正"位置。在用示波器做定量分析时，放大器的增益应是固定的，此时应将灵敏度微调置于"校正"位置。

Y 放大器的输出级常采用差分电路，以使加在偏转板上的电压能够对称。Y 轴"移位"调节就是改变差分电路的直流电位，它能使屏幕上的波形上下平移，以便观察和读数。

4. 双踪显示的基本原理

在实际测试中，常常希望把两个相关的信号波形同时显示在屏幕上，以便进行信号之间的比较或显示两个信号的叠加波形，即"和""差"的显示。常用的方法是在通用示波器的 Y 轴系统中加入电子开关 S_1、S_2，其工作过程如图 3-14 所示。

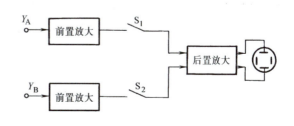

图 3-14　电子开关的工作过程

> **小提示**
> 在测试放大电路的输出电压放大倍数时,常将输入、输出波形双踪显示,以便直观看到两个信号的幅度变化及相位关系。

采用单束示波管"同时"显示两个被测信号波形的示波器,即双踪示波器。双踪示波器仍属于通用示波器范畴,它与一般单踪示波器不同之处:在 Y 通道中多设置一个前置放大器、两个电子开关。电子开关的断开、闭合可受固定频率的方波控制,也可受扫描锯齿波控制。通过电子开关的切换,可使示波器有五种显示方式:Y_A、Y_B、$Y_A \pm Y_B$、交替和断续。前三种均为单踪显示,Y_A、Y_B 与普通示波器相同,此时的 S_1 或 S_2 处于恒接通状态;$Y_A \pm Y_B$ 显示的波形为两个信号的和或差(与"极性"选择开关相配合),此时把 S_1 和 S_2 恒接通。下面重点讨论后两种显示方式。

(1)"交替"显示方式 当扫描电压第一次扫描时,S_1 闭合、S_2 断开;第二次扫描时,S_1 断开、S_2 闭合;如此重复下去。因为扫描频率较高,两个信号轮流显示的速度很快,加之荧光屏有余辉时间、人眼有视觉滞留效应的缘故,从而获得两个波形似乎同时显示在屏幕上的效果,如图 3-15 所示。"交替"显示方式适用于显示高频信号。

(2)"断续"显示方式 这种方式就是在一次扫描时间内轮番开、闭 S_1 和 S_2,显示出被测信号的某一段,以后每次扫描重复以上过程。这种方式显示出来的波形实际上是由许多线段组成的,如果开关的转换频率很高,这些线段也就很密集,人眼看上去就好像是连续的波形。这种工作方式适用于观测低频信号,如图 3-16 所示。

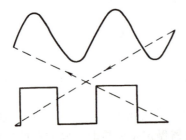 

图 3-15 "交替"显示方式　　　　　图 3-16 "断续"显示方式

3.3.3 示波器的水平系统(X 轴系统)

X 轴系统(X 通道)的作用是产生一个与时间呈线性关系的锯齿波电压。当扫描电压的正程加到水平偏转板上时,电子束就沿水平方向偏转,形成时间基线。

X 通道主要包括触发整形电路、扫描发生器、X 放大器等部分,如图 3-17 所示。

图 3-17 X 通道的基本组成

1. 触发整形电路

触发整形电路的作用在于把来源不同的触发信号整形为具有一定波形、一定幅度的触发脉冲信号。其主要功能有触发源选择、输入耦合方式选择、触发放大、触发极性转换、触发脉冲整形等，其框图如图 3-18 所示。

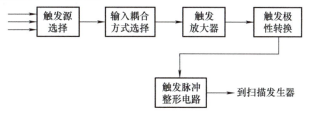

图 3-18　触发整形电路框图

触发整形电路的原理图如图 3-19 所示。

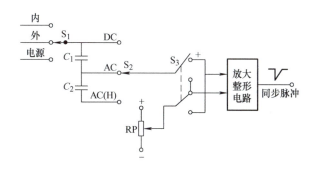

图 3-19　触发整形电路原理图

（1）触发源选择　触发源一般有两种，即内触发和外触发。内触发的触发信号取自 Y 通道中的被测信号，外触发的触发信号取自外部信号源。由转换开关 S_1（对应面板上"极性"开关）选择不同的触发信号源。

（2）触发耦合方式　为了适合不同的信号频率，示波器设置有多种耦合方式。由开关 S_2 选择。

DC 端：直流耦合。用于接入直流或缓慢变化的信号，或者频率较低且有直流成分的信号。

AC 端：交流耦合。用于观察由低频到较高频率的信号。

AC 端（H）：高频耦合。用于观察高频（一般大于 5MHz）信号。

（3）触发极性选择　触发极性开关 S_3 用于确定在触发信号的哪一点上产生触发脉冲。当触发点在触发脉冲的上升段时，称之为正极性触发；当触发点在下降段时，称之为负极性触发。

（4）触发电平调节　触发电平是指触发点位于触发信号波形的上部、中部及下部，由电位器 RP 调节。

触发极性、电平的不同作用对显示脉冲信号或只显示周期连续信号中的某一段具有明显的作用，如图 3-20 所示。

（5）放大整形电路　一般由电压比较器、施密特电路、微分电路组成。电压比较器将触发信号与电位器 RP 确定的电平进行比较，输出信号再经整形产生矩形脉冲，经微分电路

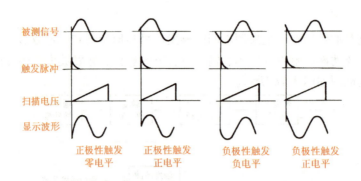

图 3-20　触发极性、电平的不同对波形显示的影响

后变换为扫描发生器所需要的触发脉冲。

2. 扫描发生器

扫描发生器电路在触发脉冲启动下,产生周期线性变化的锯齿波扫描电压。为了使显示的波形清晰稳定,要求输出线性度好、频率稳定、幅度相等的锯齿波电压扫描时间因数应能调节,扫描发生器的原理框图如图 3-21 所示。

扫描发生器电路主要包括扫描闸门、扫描电压产生电路（锯齿波发生器）、比较电路、释抑电路等。扫描发生器电路组成一个闭环,也称扫描发生器环。

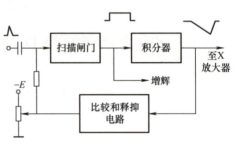

图 3-21　扫描发生器原理框图

触发信号到来后,首先启动扫描闸门,扫描正程期开始。扫描电压产生电路开始输出线性变化的锯齿波电压到 X 放大器,与此同时,该电压也送往比较电路。当扫描锯齿波电压达到预定幅度后,比较电路应输出使扫描闸门停止的信号,令闸门关闭,使扫描电压产生电路进入逆程期。此后的触发脉冲对闸门是不起作用的,进入逆程期尚未结束前,须防止后续触发脉冲去启动扫描闸门。因此,为了保证扫描起始电平的稳定,要等到闸门输入端和扫描电压产生电路完全恢复到初始状态后,才去"释放"闸门。

释抑电路的作用是保证每次扫描都在同样的起始电平开始,以获得稳定的图像。当触发脉冲触发扫描闸门使扫描发生器开始扫描时,释抑电路就"抑制"触发脉冲继续触发,直至一次扫描的全过程结束,扫描电压回复到起始电平,此时,释抑电路才"释放"触发脉冲,使之再次触发扫描发生器。

扫描通常分连续扫描和触发扫描两种形式。连续扫描是在示波器的水平偏转板上加上不间断的锯齿波,如图 3-22b、c 所示。无论有无被测信号输入,扫描总是连续进行。若想在屏幕上得到稳定的波形,必须

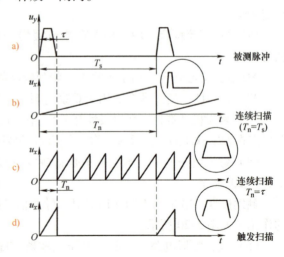

图 3-22　连续扫描与触发扫描的比较

保持信号频率与扫描锯齿波频率维持整数倍的关系。触发扫描也称为等待扫描，其特点是每次扫描均由被测信号触发启动，如图 3-22d 所示。当信号到来时，示波器进行一次扫描。没有信号时，扫描停止，等待下一次信号的到来。现代通用示波器广泛采用了触发扫描方式。

3. X 放大器

X 放大器的作用是为示波管的水平偏转板提供对称的推动电压，使电子束能在水平方向满度偏转。同时，当示波器工作在 X-Y 方式时，外加的 X 输入信号也要由 X 放大器传送到 X 轴偏转板。

与 Y 放大器类似，改变 X 放大器的增益可以使亮点在屏幕的水平方向得到扩展或对扫描因数进行微调，或校准扫描因数。改变 X 放大器有关的直流电位也可以使光迹产生水平位移。

3.3.4 主机系统（Z 轴系统）

通用示波器的主机系统主要包括低压直流电源、高频高压直流电源及校准信号发生器。低压直流电源的作用主要是为各单元电路提供工作电压。

高频高压直流电源的作用是为示波管各电极供给合适的工作电压。另外，还有 Z 轴放大器，用来进行辉度调节。

校准信号发生器的作用是产生幅度已知的、精度较高的稳定方波，以便校准示波器垂直（Y 轴）系统的灵敏度。通用示波器常提供 1V、1kHz 的标准方波信号。

3.4 通用电子示波器的使用

在电子测量中，通用电子示波器是最常用的仪器。使用示波器进行有效测量时，必须合理地选择示波器，并应能正确地操作。

3.4.1 示波器的选择

示波器的选用要根据被测对象进行选择，其要求是不失真地重现被测信号的波形。

1. 根据被测信号的波形和个数选择

若需要观测一个低频正弦信号，可选用普通示波器。若需要同时观测和比较两个信号，则可选择双踪示波器等。

2. 根据被测信号的频率选择

示波器 Y 轴系统的通频带越宽，被测信号的波形失真越小。一般要求示波器通频带宽 f_B 应大于被测信号最高频率 f_M 三倍以上，即 $f_B > 3f_M$。例如，要观测频率为 50MHz 的正弦信号，则应选择通频带宽大于 150MHz 的示波器。

3. 根据示波器的上升时间选择

一般要求示波器本身的上升时间比被测脉冲信号的上升时间小 3 倍以上。又知，示波器通频带宽 f_B 与上升时间 t_r 的关系为

$$f_B t_r \approx 350$$

式中，f_B 及 t_r 的单位分别为 MHz 与 ns。

若要选择 t_r 为被测信号上升时间 t_s 的 1/3，即

$$t_r = \frac{1}{3}t_s$$

则应选择示波器的通频带宽为

$$f_B \approx \frac{350}{t_r} = \frac{350}{\frac{1}{3}t_s} \approx \frac{1000}{t_s}$$

另外，根据被测信号幅度选择示波器要有相适应的 Y 轴灵敏度。同时，也要注意扫描因数的范围。扫描因数反映了在 X 方向被测信号展开的能力，扫描因数越高，展开高频信号的能力越强；相反，在观测缓慢变化信号时又要求有较低的扫描因数。

3.4.2 示波器的正确使用

正确使用示波器要注意以下几点。

1. 用光点聚焦，不要用扫描线聚焦

很多使用者习惯于在有扫描线的情况下调节聚焦，当输入信号在 Y 方向展开时，就会出现一条带状波形。正确的方法是在未接入信号时先使屏幕上只出现一个亮点，并通过"聚焦""辉度"及"辅助聚焦"各旋钮的调节，使亮点聚至最小。有时为了使亮点尽量小，宁可将辉度调暗一些，这样有利于提高波形的分辨力，减小测量误差，又可以避免亮点辉度过强而损坏荧光屏。

2. 探头的使用

一般示波器与探头应配套使用，不能互换，否则，会带来测量误差。

使用前，可以将探针接至"校正信号"输出端，在屏幕上应显示标准方波。否则，要调节探极进行校正。

3. 注意屏幕有效面积的使用

屏幕的有效面积是屏幕比较平整的部分。测量时，应将波形主要部分显示在有效面积范围内，以提高测量的准确度。

4. 善于使用灵敏度选择开关

Y 轴偏转灵敏度开关的最小数值档（即最高灵敏度档）反映观测微弱信号的能力。允许的最大输入信号电压的峰-峰值是由灵敏度开关最大数值档（即最低灵敏度档）决定的。若输入电压超出仪器允许的最大电压（峰—峰值），应先衰减，以免损坏示波器。一般情况下，使用此开关调节波形大小适中，以便能清楚地进行观测。

5. 正确使用辉度开关

显示波形时，辉度不宜调得过亮。屏幕上的亮点不要长时间停留在一个位置，以免缩短示波管的寿命。中途暂时不使用时，应将辉度调暗。

3.5 SR8 型双踪示波器的面板图

下面以常用的 SR8 型双踪示波器为例，介绍其使用方法。SR8 型双踪示波器的原理框图如图 3-23 所示。

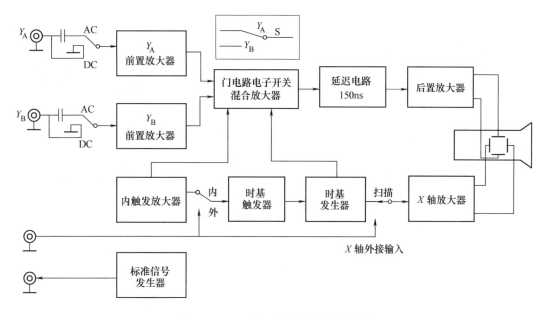

图 3-23 SR8 型双踪示波器原理框图

3.5.1 主要技术指标

1. Y 轴系统

（1）输入灵敏度　10mV/div～20V/div，分 11 档。
（2）频带宽度　AC 为 10Hz～15MHz。
（3）输入阻抗　直接输入为 1MΩ//35pF，经探头输入为 10MΩ//15pF。
（4）最大输入电压　DC 为 250V；AC 为 500V。
（5）上升时间　≤24ns。

2. X 轴系统

（1）扫描速度　0.2μs/div～1s/div，分 21 档。处于"扩展×10"档时，最快扫描可达 20ns/div。
（2）X 外接　灵敏度≤3V/div，带宽为 0～500kHz，输入阻抗为 1MΩ//35pF。

3. 标准信号

频率为 1kHz、幅度为 1V 的矩形波。

3.5.2 面板布置

SR8 型双踪示波器仪器面板布置如图 3-24 所示。面板上各种开关旋钮主要分三大功能区：位于面板左方的示波器显示控制区；位于面板右上方的 X 轴系统控制区；位于面板右下方的 Y 轴系统控制区。

1. 示波器显示控制区

（1）电源开关及指示灯　打开示波器的电源开关，指示灯亮。
（2）辉度旋钮　用于调节波形的亮度。
（3）聚焦与辅助聚焦　两旋钮配合使用，用于调节波形的清晰度。

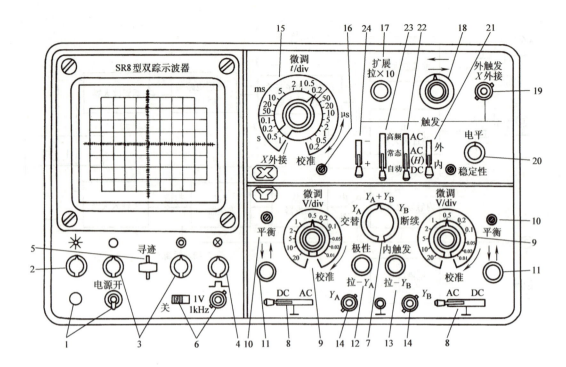

图 3-24　SR8 型双踪示波器面板图

1—电源开关及指示灯　2—辉度旋钮　3—聚焦与辅助聚焦　4—标尺亮度　5—寻迹按键　6—校正信号输出插座与开关　7—显示方式开关　8—输入耦合方式选择开关　9—灵敏度选择开关　10—平衡电位器　11—Y 轴移位旋钮　12—Y_A 通道极性转换开关　13—触发源选择开关　14—Y 通道输入插座　15—扫描速度选择开关　16—扫描校正电位器　17—扫描速度扩展开关　18—X 轴移位旋钮　19—外触发 X 外接插座　20—触发电平旋钮　21—触发源选择开关　22—触发耦合方式开关　23—触发方式选择开关　24—触发极性开关

（4）标尺亮度　用于调节屏幕前坐标片上刻度线的照明亮度，以便观测。

（5）寻迹按键　用于判断光点偏离的方位。按下该键，光点回到显示区域。

（6）校正信号输出插座与开关　提供 1kHz、1V 的校正方波信号。

2. Y 轴偏转系统

（1）显示方式开关　共有五种工作方式可供选择。"交替"档适用于较高频率信号的测量；"断续"档适用于较低频率信号的测量；"Y_A+Y_B"档可获得两信号的叠加；"Y_A"或"Y_B"档为 Y_A 通道或 Y_B 通道单独工作（作单踪示波器使用）。

（2）输入耦合方式选择（DC-⊥-AC）开关　"DC"档用于观测直流信号，"⊥"档无信号输入，"AC"档用于观测交流信号。

（3）灵敏度选择（V/div）开关　该开关为套轴结构。外层黑色旋钮起粗调作用，调节范围为 10mV/div～20V/div，分 11 档；内层红色旋钮起微调作用，进行定量测试时，应将该旋钮顺时针旋至"校准"处。

（4）平衡电位器　当 Y 轴放大器输入级不平衡时，屏幕上的波形就随"V/div"微调旋钮的转动而产生垂直方向移动。此时，用旋具调节平衡电位器就能减弱这种现象。

（5）Y 轴移位旋钮　用于调节波形在垂直方向的位移。

（6）Y_A 通道极性转换（极性·拉-Y_A）开关　此开关为按拉式结构。开关拉出时，从

Y_A 通道输入的信号为倒相显示。

（7）触发源选择（内触发·拉 – Y_B）开关　此开关为按拉式结构。开关在按（常态）位置时，扫描触发信号取自 Y_A 和 Y_B 通道的输入信号，两通道可同时显示各自的被测信号，但显示的两个信号波形不能进行时间上的比较与分析；开关在拉（– Y_B）位置时，扫描触发信号只取自 Y_B 通道的输入信号，此时，适用于"交替"或"断续"工作方式。

（8）Y 通道输入插座

3. X 轴偏转系统

（1）扫描速度选择（t/div）开关　也称为扫描因数开关，该开关为套轴结构。外层黑色旋钮起粗调作用，调节范围为 0.2μs/div ~ 1ms/div，分 21 档；内层红色旋钮起微调作用，进行定量测试时，应将该旋钮顺时针旋至"校准"处。

（2）扫描校正电位器　借助机内 1kHz 方波校正信号对扫描速度进行校正。

（3）扫描速度扩展（扩展·拉 ×10）开关　开关为按拉式结构。拉出此开关，扫描速度标称值可扩展 10 倍。

（4）X 轴移位旋钮　用于调节信号波形在水平方向上的位移。

（5）外触发 X 外接插座　作外触发时连接触发信号用；作 X 输入时，连接 X 轴外接信号。

（6）触发电平旋钮　用于调节触发信号电平，使触发信号在某一电平启动扫描。

（7）触发源选择（内、外）开关　处于"内"档时，触发信号取自 Y 轴通道的被测信号；处于"外"档时，触发信号取自外来信号源。

（8）触发耦合方式（AC、AC（H）、DC）开关　AC 档属于交流耦合状态，其触发性能不受直流分量的影响；AC（H）档属于低频抑制状态，能抑制低频噪声和低频触发信号；DC 档属直流耦合状态，可用于对变化缓慢的信号进行触发扫描。

（9）触发方式选择（高频、常态、自动）开关　高频档用于观测高频信号。不必调整电平旋钮就可对被测信号进行同步；常态档采用来自 Y 轴或外接触发源的输入信号并行触发扫描，是常用的触发方式；自动档用于观测较低频率的信号，不必调整电平旋钮就能对被测信号进行同步。

（10）触发极性（＋、–）开关　"＋"档是以触发输入信号波形的上升沿进行触发启动扫描的，"–"档是以波形的下降沿进行触发启动扫描的。

3.5.3 示波器的使用方法

1. 使用前的准备

1）正确设置面板各旋钮位置。使用示波器前，应将面板上主要旋钮旋至相应位置，表 3-1 是示波器使用前各主要旋钮的初始位置。

2）接通电源，电源指示灯亮。

3）找亮点。调节"辉度"旋钮使亮点的亮度适中，如果找不到亮点，可以按下"寻迹"开关寻找光点所在位置，然后适当调节"X 轴位移""Y 轴位移"，使亮点呈现在屏幕中心位置。

4）聚焦与辅助聚焦。调节聚焦和辅助聚焦旋钮，使屏幕上亮点最小且清晰。

表 3-1　示波器面板主要旋钮的初始位置

开关或旋钮名称	位　　置	开关或旋钮名称	位　　置
辉度	中间	X 轴电平	中间
校准信号开关	关	扫描速度及微调	$50\mu s/div$，校准
内、外触发	内	内触发·拉 $-Y_B$	按下
触发耦合	AC	输入耦合	AC
触发方式	自动	显示方式	Y_A 或 Y_B
触发极性	+	极性·拉 $-Y_A$	按下
X 轴位移	中间	Y 轴位移	中间
Y 轴扩展	按下	灵敏度开关及微调	根据输入信号大小选择 V/div，校准

2. 示波器使用时的注意事项

1）测量中，使用探头时，实际输入示波器的电压是经衰减后的电压。因此，在处理测量结果时，应将示值乘以探头衰减倍数。

2）在交流耦合方式下测量较低频率信号时，会出现严重失真。

3）在使用示波器时，输入线必须使用示波器专用的屏蔽电缆线。

4）在进行定量测量时，X 轴扫描速度选择开关和 Y 轴灵敏度开关中的内套微调开关须旋至"校准"位置。

5）在定量测量中，应调节被测信号波形占满整个屏幕，以减小测量误差。

3.6　示波器的基本测量方法

示波器的基本测量技术就是利用示波器对信号进行时域分析，一般可以完成的测量有电压的测量、时间的测量、频率的测量、相位的测量等。

3.6.1　电压的测量

利用示波器测电压有其独特的特点。它可以测量各种波形的电压幅度，例如，脉冲电压、正弦电压和各种非正弦波电压等。更具实际意义的是，它可以测量一个脉冲电压波形的各部分电压幅度。

电压测量又分直流电压测量和交流电压的测量。无论进行哪一种测量，都应将示波器 Y 轴灵敏度开关"V/div"的"微调"旋钮顺时针旋转至"校准"位置。当 Y 轴微调处于"校准"位置时，Y 轴系统的电压增益为定值。

1. 直流电压的测量

用于测量直流电压的示波器，其频率响应的下限频率必须从直流开始，否则不能用于直流电压的测量。测量方法如下。

1）先将触发方式开关置于"自动"或"高频"位置，使屏幕上出现扫描基线，再将 Y 轴输入耦合方式开关置于"⊥"处，然后调节 Y 轴移位旋钮使扫描线位于屏幕中间。

2）确定被测电压极性。接入被测电压，将 Y 轴输入耦合方式开关置于"DC"处，观察扫描光迹的偏移方向，若光迹向屏幕上方偏移，则被测电压为正极性；否则为负极性。

3）将 Y 轴输入耦合方式开关置于"⊥"处，然后按照直流电压极性的反方向调节 Y 轴移位旋钮，将扫描线移动到屏幕的合适位置上（整刻度线上为宜），将此处定为零电平线，此后不再移动 Y 轴移位旋钮。

4）测量直流电压值。将 Y 轴输入耦合方式开关再次拨到"DC"处，选择合适的 Y 轴偏转灵敏度"V/div"，使屏幕显示尽可能多地覆盖 Y 方向分度格数（在有效面积范围内），以提高测量的准确度。

5）观察扫描线在 Y 轴方向平移的分度格数 H，如图 3-25 所示。与 Y 轴灵敏度开关"V/div"指示值 S_y 相乘，即为被测信号的直流电压值：

$$U = HS_yK$$

式中　H——扫描线在 Y 轴方向移动的格数（div）；
　　　S_y——所选用的 Y 轴偏转灵敏度（V/div）；
　　　K——探极衰减系数。

例 3.2　Y 轴灵敏度开关置于 0.5 处，读出水平扫描线上移 6 个格，信号输入经 10∶1 探极，则直流电压为

$$U = HS_yK = (6 \times 0.5 \times 10)\text{V} = 30\text{V}$$

图 3-25　直流电压的测量

2. 交流电压的测量

示波器只能测出被测电压的峰值、峰-峰值、任意时刻的电压瞬时值或任意两点间的电位差值。如果需要求被测电压的有效值或平均值，则必须进行换算。

测量方法如下。

1）测量时，先将 Y 轴输入耦合方式开关置于"⊥"处，调节 Y 轴移位旋钮使扫描线至屏幕中心（或所需位置），以此作为零电平线，此后不再调节 Y 轴移位旋钮。

2）将 Y 轴输入耦合开关置于"AC"处。当信号频率很低时，则应置于"DC"处。

3）选择合适的 Y 轴灵敏度开关（V/div），使显示的波形在 Y 轴中心位置尽可能展开。

4）按坐标刻度片的分度读出波形中所测点到零电平间的分度格数 H，与 Y 轴灵敏度开关"V/div"指示值 S_y 相乘，则可求出被测点的电压，即

$$u = HS_yK$$

若被测电压是正弦波，读出整个波形所占 Y 轴方向的分度格数 H，如图 3-26 所示。与 Y 轴灵敏度开关"V/div"指示值 S_y 相乘，即为被测信号的交流电压峰-峰值：

$$U_{P-P} = HS_yK$$

其峰值电压为 $U_P = \dfrac{U_{P-P}}{2}$；有效值为 $U_{rms} = \dfrac{U_P}{\sqrt{2}}$。

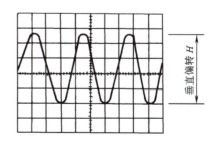

图 3-26　正弦电压的测量

> **>> 小提示**
> 其他波形的有效值与峰值之间的关系详见本书第 5 章表 5-1。

3.6.2 时间、频率和相位的测量

时间是描述周期性现象的重要参数，包括时刻和时间间隔，示波器所进行的时间测量是指时间间隔。实际测量时，其原理与用示波器测量电压的原理类同，区别在于测量时要利用示波器的 X 轴扫描因数开关（t/div），将其微调旋钮顺时针方向转至"校准"位置，此时 X 轴系统的电压增益为定值。

1. 时间间隔的测量

在屏幕上调出适度的被测波形，读出被测两点间距离 D 在水平方向上所占的分度格数，由扫描因数 $S_x(t/\text{div})$ 标称值及扩展倍率 K 即可算出被测信号的时间间隔 T，如图 3-27 所示。

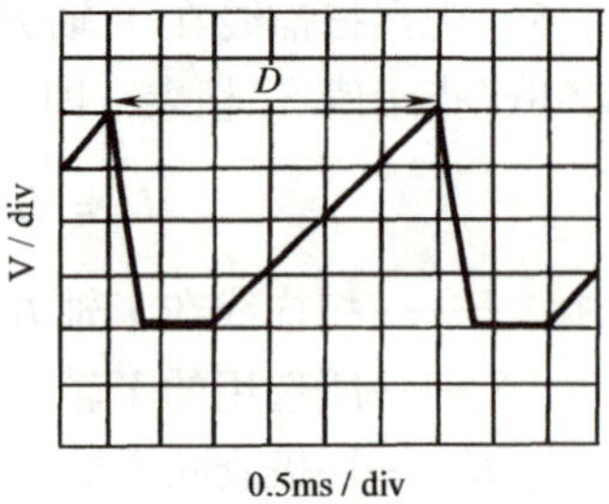

$$T = S_x D / K$$

式中　T——任意两点的时间间隔；
　　　S_x——X 轴扫描因数（t/div）；
　　　D——被测两点间距离在水平方向所占分度格数（div）；
　　　K——X 轴扩展倍率（根据需要选用）。

图 3-27　时间间隔的测量

> **>> 想一想**
> 如何进行脉宽的测量？它和时间间隔的测量有何关系？

2. 周期和频率的测量

周期的测量，本质上是时间间隔的测量。因此，可采用时间间隔的方法测得。在这里需要特别提出的是，为了提高测量的准确度，常常在屏幕上显示多个周期（如 N 个周期）的波形，先读出多周期波形两个同相位点（正弦波可取两个峰顶或两个方向相同的过零点，脉冲波可取两个变化相同的突变点）在水平方向所占格数 D，由扫描因数 $S_x(t/\text{div})$ 标称值及扩展倍率 K 计算出这两点间的时间间隔。然后，再计算出一个周期值，公式如下：

$$T = \frac{S_x D}{KN}$$

这种方法称为多周期测量法，是测量学中常用的一种方法，如图 3-28 所示。

被测信号的频率为

$$f = \frac{1}{T} = \frac{KN}{S_x D}$$

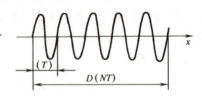

图 3-28　示波器的多周期测量法

3. 相位的测量

相位的测量是指两个同频信号之间相位差的测量。假设有两个频率的正弦信号电压，其表达式分别为

$$u_1 = U_{m1}\sin(\omega t + \theta_1)$$
$$u_2 = U_{m2}\sin(\omega t + \theta_2)$$

它们之间的相位差为

$$\Delta\theta = (\omega t + \theta_2) - (\omega t + \theta_1) = \theta_2 - \theta_1$$

可见，它们的相位差等于初相位之差，是一个常量。若 u_1 作为参考信号，当 $\Delta\theta > 0$ 时，认为 u_2 超前 u_1；当 $\Delta\theta < 0$ 时，则 u_2 滞后 u_1。

用示波器测量相位差可用单踪示波器测量，也可用双踪示波器测量。

（1）单踪示波法　单踪示波法测量相位差如图 3-29 所示。当测量 u_1、u_2 之间的相位差时，若以 u_1 作为参考信号，可认为 u_1 的初始相位为零，这时应将 u_1 接至示波器的外触发端。u_1、u_2 的表达式可写为

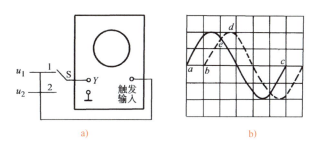

图 3-29　单踪示波法测量相位差

$$u_1 = U_{m1}\sin(\omega t)$$
$$u_2 = U_{m2}\sin(\omega t + \Delta\theta)$$

测量时，首先令开关置于"1"处，显示出 u_1 的波形，如图 3-29b 所示的实线。调整仪器使显示波形的起始点固定在某一位置 a，读出 ac 的长度并记录下来。然后将开关置于"2"处，这时显示出 u_2 的波形，如图 3-29b 所示的虚线，读出 ab 的长度，则相位差可按下式计算，即

$$\Delta\theta = \frac{ab}{ac} \times 360°$$

为便于直接读数，也可以将 ac 长度调整为 6 格，则每格为 60°。

>> **想一想**

在进行相位的测量时，X 轴扫描因数开关的"微调"开关是否一定要置于"校准"位置？

（2）双踪示波法　使用双踪示波器测量相位时，可将被测信号 u_1、u_2 分别接至 Y 轴系统的两个通道输入端，并选择 u_1 作为触发信号（超前者）。适当调整 Y 轴移位旋钮，使两个信号重叠起来，如图 3-30 所示。这时，可以从图中直接读取 ab 和 ac 的长度。并按式 $\Delta\theta = \frac{ab}{ac} \times 360°$ 计算相位差。

4. 李萨育图形法测频率

使示波器工作在 X-Y 显示方式，在 X、Y 轴系统同时加入两个正弦信号，此时，屏幕上显示的波形就是李萨育图形。李萨育图形的形状与输入的两个正弦信号的频率和相位有关，因此，可以通过对图形的分析确定信号的频率及两者的相位差，这种方法称之为波形合成法。

测量时，应把示波器的触发源选择开关置于"外"处。

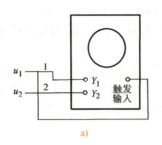
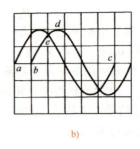

a)　　　　　　　　　　　b)

图 3-30　双踪示波法测量相位差

李萨育图形法测频率连接图如图 3-31 所示。

其中，被测信号从 Y 通道输入，标准信号源接入 X 通道。调节标准信号源直到屏幕上出现稳定的图形，图形的形状取决于被测信号与标准信号的频率比。图 3-32 所示是一些典型的李萨育图形。如果用 f_y 表示被测信号的频率，f_x 表示标准信号的频率，则有

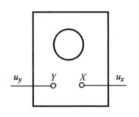

图 3-31　李萨育图形法测频率连接图

$$\frac{f_y}{f_x} = \frac{m}{n}$$

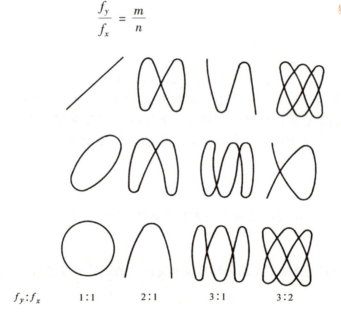

$f_y:f_x$　　1:1　　　2:1　　　3:1　　　3:2

图 3-32　典型的李萨育图形

式中的 m、n 分别表示假设在李萨育图形上作的一条水平线和一条垂直线与图形的交点数，且水平线和垂直线不通过图形交点或与图形相切。

例 3.3　调节示波器和标准信号显示出如图 3-33 所示的图形，且标准信号源的输出频率 $f_x=2\text{kHz}$，求 f_y。

解： 假设水平线与图形最多可以有三个相交点，即 $m=3$；同理 $n=2$，所以

$$f_y = f_x \frac{m}{n} = 2\text{kHz} \times \frac{3}{2} = 3\text{kHz}$$

图 3-33　显示波形

用李萨育图形法测出的频率值是比较准确的，但这种方法只能测量低频率信号的频率。

5. 用示波器检测低频放大器

用示波器可对各种低频放大系统进行检测，如家用电器及电子仪器等设备中的低频放大电路。当直接显示低频放大器的信号时，示波器类似于电压表，它可将信号的形状及幅度显示出来，并通过垂直刻度读出电压值，也可以以此判断放大器工作是否正常。

用示波器检测低频放大器如图 3-34 所示。将示波器的探极依次接到各级放大器的输入、输出端，直至最后一级的输出端，如果整个放大器工作正常，则各测试点显示的波形将是相似的且幅度是增大的；用测量输入和输出端的信号幅度可方便地求出各级的增益。当然，用这种方法也可以直观地显示信号的失真情况。总之，这是一种非常实用的检测手段，也是电子设备最常用的维修方法之一。

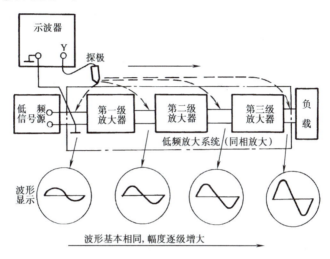

图 3-34　用示波器检测低频放大器

3.7　电子示波器的发展概况

电子示波器是 1931 年由美国无线电公司（RCA）首次制造成功，至今已有 90 多年的历史。其发展大致可分为以下几个阶段。

第一阶段为 20 世纪 30—50 年代。电子示波器用电子管制成，频带较窄，多用于定性测试。

第二阶段为 20 世纪 60—70 年代，除示波管外均用晶体管制成，准确度较高，并且具有双踪显示能力。出现了取样示波器，频带较高，可达到 18GHz。20 世纪 60 年代初制成了记忆示波器；同期，出现了存储示波器。

第三阶段是 20 世纪 80 年代以后，由于出现了微处理器，使示波器向智能化方向发展，特别是便携式数字示波器的出现。传统的模拟示波器应用微处理器，以数字化的形式处理并记录波形，带宽及触发情况都得到大幅度提高，波形测量速度更快、更准确，重复性更高。使用者可以像使用计算机一样，在屏幕上移动光标来测量时间和幅度，并直接获得测量数据，省去了烦琐的数格子和考虑比例因数等工作环节。

图 3-35 所示是一种数字式示波器的简化原理图。其核心是一个中央微处理器，被测信号经模-数转换器送入数据存储器。使用者可以通过键盘发出指令，使中央微处理器对存储数据进行加、减、乘、除等一系列运算，然后送给显示器显示；也可以通过编程将使用者的测量过程存储起来，遇到同类物理量的测量即可自动重复这一操作过程。

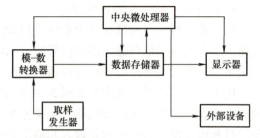

图 3-35　数字式示波器简化原理图

数字式示波器已成为示波器的主流产品。它主要具有以下特点。

（1）波形处理能力强　数字式示波器应用了取样技术、数字技术和微处理器技术，它能对被测信号波形进行密集取样，取样值被存储在存储器中，然后根据需要取出取样值重新组合一个清楚的波形。也可以对多个波形进行类似的操作。

（2）具有移动光标测量功能　数字示波器的光标可以在屏幕上任意移动，将光标移到波形上（某个测量点上），就可以从屏幕上直接以数字形式读出结果。

（3）向多功能化发展　随着微处理器技术的应用推广，已出现了将数字万用表、频谱分析仪、频率计、信号发生器等多种电子仪器组合成便携式数字示波器，向着建立完整的测试工作站方向努力。例如，国产 PY2000-Ⅲ型双踪数字示波器就带有数字电压表、信号发生器、频率计、频谱分析仪等功能，并且配有长时间信号记录仪。

3.8　数字示波器

示波器经过三个时代的发展，现代示波器主要以数字示波器为主流。下面介绍 UPO7104Z 数字示波器及其应用。

3.8.1　组成原理

UPO7104Z 数字示波器是基于 Ultra Phosphor 技术的一款多功能、高性能的示波器。其原理框图如图 3-36 所示。

UPO7104Z 数字示波器具有四路模拟输入通道 CH1～CH4，用于输入被测信号。输入信号传输到 ADC 采样，即进行模-数转换，将连续变化的模拟信号转换为离散的数字信号。然后，把转换为数字量的信号送 FPGA 现场可编程门阵列进行数据处理和分析，根据数据性质的不同分别存储于 SRAM 静态存储器和 DDR3 快速存储器。

经过 FPGA 处理后的数据通过总线传输给 ARM 微处理器，由微处理器控制操作系统运行、处理数据，并根据需要把相关数据发送给 FPGA，测量结果通过 LCD 屏幕显示。微处理器同时也控制 USB 设备和上位机通信等。

其中，eMMC 是一种嵌入式非易失性存储器系统，用于存储示波器的波形数据和波形录制等；LAN 为示波器的网口，用户数据通信或者上位机连接；LCD Display 为显示屏，用于显示被测试波形；Key Control 为示波器键盘，为示波器的输入单元。

EXT 为外部触发通道，用于输入触发信号。Trig 触发是示波器非常重要的特征之一。示波器具有强大的触发功能，能够用于异常信号捕获和电路故障调试。

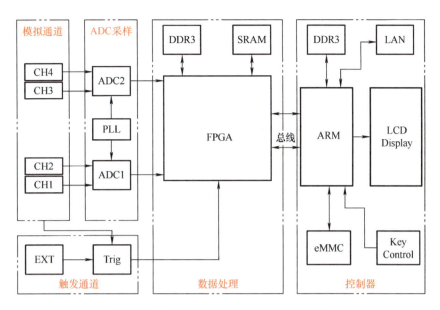

图 3-36　UPO7104Z 数字示波器原理框图

3.8.2　主要技术指标

UPO7104Z 数字示波器技术指标很多，下面介绍其主要技术指标。

（1）输入耦合　直流（DC）、交流（AC）、接地（GND）。

（2）输入阻抗　1MΩ（1±2%）/21pF±3pF。

（3）探头衰减系数　×0.001，×0.01，×0.1，×1，×10，×100，×1000。

（4）最大输入电压　CAT I 300 Vrms，CAT II 100 Vrms，瞬态过电压 1000Vpk（Vpk 表示电压峰值）。

（5）模拟通道数量　具有 4 通道输入，每通道时基独立可调。

（6）模拟带宽及上升时间　通道带宽为 100MHz，上升时间≤3.5ns。

（7）垂直档位　1mV/div ~20V/div（1-2-5 进制）。

（8）时基档位　5ns/div ~50s/div（1-2-5 进制）。

（9）采样方式　实时采样；最高实时采样率为 1GS/s。

（10）触发模式　自动、正常、单次。

（11）测量方式　自动测量、光标测量。

（12）数学运算　波形计算、数字滤波、逻辑运算、高级运算（对数、指数及三角函数等）。

（13）存储类型　内存 256 组、外部 USB 存储器。

（14）显示配置　8inWVGA（800×RGB×480）TFT LCD，24 位真色彩。

（15）接口配置　标准配置端口有 USB-Host、USB-Device、LAN、EXT Trig、AUX Out。

（16）温度范围　-20 ~ +60℃。

>> **小常识**

存储深度是指示波器在一次触发采集中所能存储的波形点数。它反映了采集存储器的存储能力。

存储深度、采样率与波形长度三者的关系满足以下关系式：

$$存储深度 = 采样率 \times 水平时基 \times 波形在屏幕水平方向的格数$$

UPO7104Z 数字示波器标配 56Mpts 最大存储深度。按 ACQUIRE 键，选择"深存储"菜单，单通道打开时可自行设定存储深度为自动、28k、280k、2.8M、28M、56M 中的一个值，默认为自动。

3.8.3 面板功能介绍

1. 前面板

UPO7104Z 数字示波器前面板如图 3-37 所示。

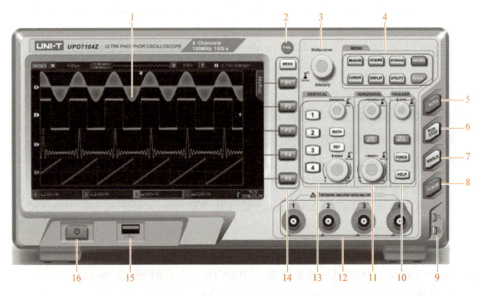

图 3-37 UPO7104Z 数字示波器前面板

1—显示屏 2—拷屏键 3—多功能旋钮 4—功能菜单键 5—自动设置键 6—运行/停止控制键
7—单次触发控制键 8—全部清除控制键 9—探头补偿信号连接片和接地端 10—触发控制区
11—水平控制区 12—模拟通道输入端 13—垂直控制区 14—控制菜单软键
15—USB HOST 接口 16—电源软开关键

（1）拷屏键 按下拷屏键可将屏幕显示信息以 BMP 格式快速复制到 USB 存储设备中。

（2）多功能旋钮（Multipurpose） 非菜单操作时，转动该旋钮可调整波形显示的亮度。亮度可调节范围为 0% ~ 100%。也可按 DISPLAY 旋钮调节波形亮度。

Multipurpose：菜单操作时，按下某个菜单软键后，转动该旋钮可选择该菜单下的子菜单，然后按下旋钮（即 Select 功能）可选中当前选择的子菜单。

（3）功能菜单键 功能菜单键如图 3-38 所示。

MEASURE：按下该键进入测量设置菜单。可设置测量信源、所有参数测量、用户定义、测量统计、测量指示器等。打开用户定义，共有 34 种参数测量，可通过多功能旋钮快速选择参数进行测量，测量结果将显示在屏幕底部。

ACQUIRE：按下该键进入采样设置菜单。可设置示波器的采集方式、存储深度。

图 3-38　功能菜单键

STORAGE：按下该键进入存储界面，可存储到示波器内部或外部 USB 存储设备中。

DECODE：按下该键进入协议解码相关功能设置。

CURSOR：按下该键进入光标测量菜单。通过手动利用光标测量波形的时间或电压参数。

DISPLAY：按下该键进入显示设置菜单。可设置波形显示类型、显示格式、栅格亮度、波形亮度、持续时间、色温和反色温。

UTILITY：按下该键进入辅助功能设置菜单。可以进行自校正、系统信息、语言设置、菜单显示时间、波形录制、通过测试、方波输出、频率计、AUX 输出选择、背光亮度、清除数据、IP、RTC 等设置。

Default：按下该键使示波器恢复出厂设置状态。

(4) 自动设置键　按下该键，示波器将根据输入的信号自动调整垂直刻度系数、扫描时基以及触发模式，直至最合适的波形显示。

(5) 运行/停止控制键　按下该键将示波器的运行状态设置为"运行"或"停止"。

运行（RUN）状态下，该键绿色背光灯点亮；停止（STOP）状态下，该键红色背光灯点亮。

(6) 单次触发控制键　按下该键将示波器的触发方式设置为"SINGLE"，该键黄色背光灯点亮。

(7) 全部清除控制键　按下该键清除屏幕上所有的波形。如果示波器处于"RUN"状态，将显示新波形。

(8) 触发控制区（TRIGGER）　触发控制区如图 3-39 所示。

♦ LEVEL：触发电平调节旋钮。顺时针转动增大电平，逆时针转动减小电平。调节通道触发电平值的过程中，屏幕右上角的触发电平值实时变化。按下该旋钮可使触发信号快速回到其 50% 的位置。

TRIG MENU：显示触发操作菜单内容。

FORCE：强制触发键。按下该键强制产生一次触发。

HELP：显示示波器内置帮助系统内容。

(9) 水平控制区（HORIZONTAL）　水平控制区面板如图 3-40 所示。

HORI MENU：水平菜单按键，显示视窗扩展、独立时基和触发释抑。

◀ POSITION ▶：水平移位旋钮。调节旋钮时，触发点相对屏幕中心水平方向移动。调节旋钮过程中所有通道的波形均在水平方向移动，同时屏幕上方的水平位移值实时变化。按下该旋钮可使通道显示位置回到水平中点。

图 3-39　触发控制区　　　　　图 3-40　水平控制区

◀SCALE▶：水平时基旋钮，调节所有通道的时基档位。调节时，可以看到屏幕上的波形水平方向上被压缩或扩展。同时，屏幕下方的时基档位实时变化。时基档位步进值为 1-2-5。按下旋钮可快速在主视窗和扩展视窗之间切换。

（10）模拟通道输入端　四通道输入连接器用不同颜色标签表示，1、2、3、4 分别代表 CH1、CH2、CH3、CH4。

（11）垂直控制区（VERTICAL）　垂直控制区如图 3-41 所示。1、2、3、4 按钮是模拟通道设置键，分别代表 CH1、CH2、CH3、CH4，四个通道标签用不同颜色标识，屏幕中显示的波形和通道输入连接器的颜色也与之对应。按下任意按键打开相应通道菜单（或激活和关闭通道）。

MATH：按下该键打开数学运算功能菜单，可进行（加、减、乘、除）运算、FFT 运算、逻辑运算及其他复杂运算。

REF：用于回调用户存储在本机或 U 盘里面的参考波形，可将实测波形和参考波形做比较。

◆POSITION：垂直移位旋钮。可移动当前通道波形的垂直位置，同时基线光标处显示垂直位移值。按下该旋钮可使通道显示位置回到垂直中点。

图 3-41　垂直控制区

◆SCALE：垂直档位旋钮，调节当前通道的垂直档位，顺时针转动减小档位，逆时针转动增大档位。调节过程中，波形显示幅度会增大或减小，同时屏幕下方的档位信息实时变化，垂直档位步进为 1－2－5。按下旋钮可使垂直档位调整方式在粗调、细调之间切换。

（12）控制菜单软键　控制菜单软键包含 MENU、F1～F5。其中，MENU 用于显示和隐藏示波器屏幕最右侧的操作菜单。按 F1～F5 可以改变对应位置的菜单子项内容。

（13）USB HOST 接口　在此接口插上 U 盘，可将示波器的设置、波形、屏幕图像保存到外部 USB 存储设备上。按示波器前面板功能菜单键中的 STORAGE 键可进入存储功能设置界面。通过示波器上的拷屏键可以快速截屏把图像保存到 U 盘里。

（14）电源软开关键　将示波器连接电源，打开电源插孔下方的电源开关，使示波器处于通电状态。此时，可观察到示波器前面板左下角的电源软开关键待机状态灯显示为红色。按下电源软开关键，待机状态灯变为绿色，此时示波器会出现一个开机动画，启动完成后，示波器进入正常的启动界面。

2. 后面板

UPO7104Z 数字示波器后面板如图 3-42 所示。

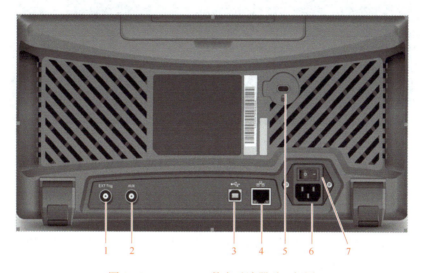

图 3-42　UPO7104Z 数字示波器后面板图
1—EXT Trig 插孔　2—AUX 插孔　3—USB Device 接口　4—LAN 接口
5—安全铁孔　6—AC 电源输入插座　7—电源开关

（1）EXT Trig 插孔　外触发或外触发/5 的输入端。外触发是 TTL 电平；外触发/5 触发电平的范围扩至 -4.5~4.5V。

（2）AUX 插孔　通过/失败检测功能输出端，支持 Trig_out 输出。

（3）USB Device 接口　通过此接口可使示波器与 PC 进行通信。

（4）LAN 接口　通过该接口将示波器连接到局域网中，对其进行远程控制。

（5）安全锁孔　可以使用安全锁将示波器锁定在固定位置。

（6）AC 电源输入插座　使用电源线将示波器连接到 AC 电源中（本示波器的供电要求为 100~240 V、45~440Hz）。

（7）电源开关　AC 插座正确连接到电源，打开电源开关，示波器就能正常上电。此时，只需按下前面板上的"电源软开关键"即可开机。

3.8.4　用户界面

UPO7104Z 数字示波器用户操作界面如图 3-43 所示。

（1）触发状态标识　可能包括 TRIGED（已触发）、AUTO（自动）、READY（准备就绪）、STOP（停止）、ROLL（滚动）。

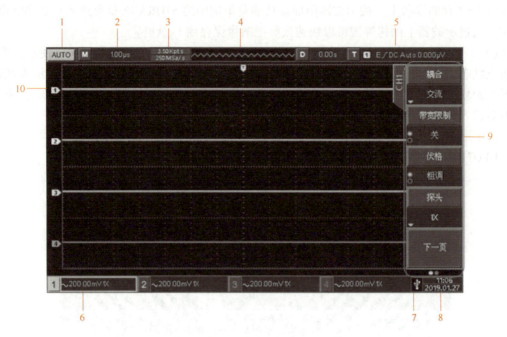

图 3-43 UPO7104Z 数字示波器用户操作界面

1—触发状态标识 2—时基档位 3—采样率/存储深度 4—水平位移 5—触发状态 6—CH1 垂直状态标识
7—USB HOST 标识 8—设备当前年月日及时间 9—操作菜单 10—模拟通道标识和波形

（2）时基档位 表示屏幕波形显示区域水平轴上一格所代表的时间。使用示波器前面板水平控制区的 SCALE 旋钮可以改变此参数。

（3）采样率/存储深度 显示示波器当前档位的采样率和存储深度。

（4）水平位移 显示波形的水平位移值。调节示波器前面板水平控制区的 POSITION 旋钮可以改变此参数，按下水平控制区的 POSITION 旋钮可以使水平位移值回到 0。

（5）触发状态 显示当前触发源、触发类型、触发沿、触发耦合、触发电平等触发状态。

1）触发源：有 CH1～CH4、市电、EXT、EXT/5 七种状态。其中，CH1～CH4 会根据通道颜色的不同而显示不同的触发状态颜色。例如，图 3-43 中的"1"表示触发源为 CH1。

2）触发类型：有边沿、脉宽、视频、斜率、高级触发。例如，图 3-43 中的"E"表示触发类型为边沿触发。

3）触发沿：有上升、下降、任意三种。例如，图 3-43 中的"⌐"标示上升沿触发。

4）触发耦合：有直流、交流、高频抑制、低频抑制、噪声抑制五种。例如，图 3-43 中的"DC"标示触发耦合为直流。

5）触发电平：显示当前触发电平的值。对应屏幕右侧的◄按下 MEAN 键，屏幕右侧显示的菜单列表隐藏后，旋转触发电平旋钮，右侧的◄就会显示。调节示波器前面板触发控制区的 LEVEL 旋钮可以改变此参数。

（6）CH1 垂直状态标识 显示 CH1 通道激活状态、通道耦合、垂直档位、探头衰减等。

1）通道激活状态：背景色显示为与通道颜色一致，代表通道被激活。

按 1 、 2 、 3 、 4 键可以激活或打开/关闭对应通道。

2）通道耦合：包括直流、交流、接地，例如，图中的~表示 CH1 为交流耦合。

3）垂直档位：显示 CH1 的垂直档位。在 CH1 通道激活时，通过调节示波器前面板垂直控制区（VERTICAL）的 SCALE 旋钮可以改变此参数。

4）探头衰减系数：显示 CH1 的探头衰减系数。包括 ×0.001、×0.01、×0.1、×1、×10、×100、×1000。

（7）USB HOST 标识　连接上 U 盘等 USB 存储设备时显示此标识。

（8）设备当前年月日及时间

（9）操作菜单　显示当前操作菜单内容。按相应按键可以改变操作菜单。按 F1~F5 可以改变对应位置的子菜单的内容。

（10）模拟通道标识和波形　显示 CH1~CH4 的通道标识和波形，通道标识与波形颜色一致。

3.8.5　菜单特殊符号说明

在 UPO7104Z 数字示波器用户操作界面中，菜单中用到了部分特殊符号，具有特定含义，下面加以介绍，如图 3-44 所示。正确理解这些特殊符号，可以更好地使用示波器。

▼：该符号表示有下一级菜单。

▽：该符号表示有下拉菜单。

◉：表示该菜单有两个选项。

●●●●：圆圈数量表示该菜单的总页数，单页无小圆圈显示，两页及以上有小圆圈标示。翻页时，通过软键"下一页"翻页。

图 3-44　UPO7104Z 数字示波器菜单示例

3.8.6　设置垂直通道

UPO7104Z 示波器提供了四个模拟输入通道，分别为 CH1、CH2、CH3、CH4，每个通道的垂直系统设置方法完全相同。

下面以 CH1（通道 1）为例介绍垂直通道的设置。

1. 打开/激活/关闭模拟通道

CH1~CH4 四个模拟通道都有三种状态：打开、关闭、激活。

1）打开：在通道关闭时，按 1 、 2 、 3 、 4 中的任意一个键，可以打开相应通道。

2）关闭：通道关闭状态不显示相应通道的波形。对于任意已打开并且已激活的通道，按相应通道按键可以关闭该通道。

3）激活：多通道同时打开时，只有一个通道被激活（必须为打开状态才能激活）。激活状态下，可以调节垂直菜单和垂直控制区（VERTICAL）的垂直位移旋钮（POSITION）、伏格旋钮（SCALE）改变已激活通道的设置。对于任意已打开而未激活的通道，按相应通道按键可以激活该通道，示波器显示对应的通道菜单。激活状态如图 3-45a 所示；打开未激活状态如图 3-45b

a）激活状态　　b）打开未激活状态

图 3-45　通道激活状态

所示。

2. 选择垂直通道耦合方式

按前面板通道 $\boxed{1}$ 键，屏幕显示相应菜单；按 F1 键选择"耦合"方式，弹出"直流""交流"或"接地"三种可选耦合方式。三种不同耦合方式的显示如图 3-46 所示。

　　　a) 直流耦合　　　　　　b) 交流耦合　　　　　　c) 接地

图 3-46　垂直通道耦合方式选择

3. 电压档位伏格调置

按下前面板通道 $\boxed{1}$ 键，屏幕显示相应菜单；按 F3 键选择"伏格"菜单，弹出"粗调"、"细调"可进行选择。也可按下旋钮前面板 SCALE 键快速切换"粗调""细调"（按一下 SCALE 键是"粗调"，再按一下 SCALE 键是"细调"）。

粗调时，伏格范围是 1mV/div～20V/div，以 1-2-5 方式步进。例如，10mV→20mV→50mV→100mV。

细调时，在当前垂直档位范围内以 1% 的步进改变垂直档位。例如，10.00mV→10.10mV→10.20mV→10.30mV。

3.8.7　设置水平系统

1. 水平通道档位设置

水平档位也称为时基信号，即显示屏在水平方向上每个刻度所代表的时间值，通常表示为 s/div。通过水平控制区（HORIZONTAL）中的 SCALE 调节，按 1－2－5 步进设置水平档位，即 5 ns/div、10ns/div、20 ns/div、50 ns/div……50s/div。顺时针转动 SCALE 旋钮减小档位，逆时针转动 SCALE 旋钮增大档位。调节水平时基时，屏幕左上角的档位信息实时变化，如图 3-47 所示。

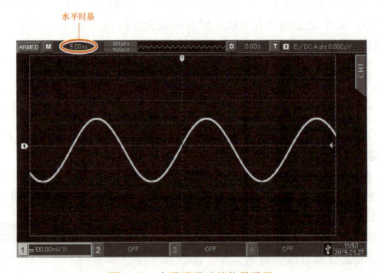

图 3-47　水平通道时基信号设置

2. ROLL 滚动模式显示

在触发模式为自动时,调节水平控制区的 SCALE 旋钮,改变示波器的水平档位到慢于 50ms/div,示波器会进入 ROLL 模式。示波器将会连续地在屏幕上绘制波形的电压-时间趋势图。波形最先在屏幕最右端出现,逐渐向左移动,并将最新的波形绘制在屏幕最右端,如图3-48 所示。

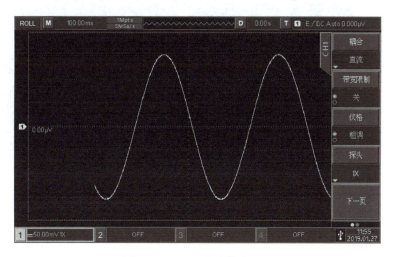

图 3-48　ROLL 滚动模式显示

应用 ROLL 滚动模式显示便于观察低频信号,建议将"通道耦合"方式设置为"直流"。

>> **注意:**
在 ROLL 模式下,"水平位移""视窗扩展""协议解码""通过测试""参数测量""波形录制""独立时基"均不可用。

3. 视窗扩展

视窗扩展可用来水平放大一段波形,以便查看图像细节。

按前面板水平控制区(HORIZONTAL)中的 HORI MENU 键后,按"类型"软键,可打开视窗扩展。也可按下水平控制区(HORIZONTAL)中的 SCALE 旋钮直接进入视窗扩展。在视窗扩展下,屏幕被分成两个显示区域,如图 3-49 所示。

(1)放大前的波形　通过调节水平控制区(HORIZONTAL)中的 POSITION 旋钮,左右移动该区域,选择要放大的区域,或调节水平时基 SCALE 扩大或缩小该区域。屏幕上半部分括号内为放大前的波形。

(2)放大后的波形　屏幕下半部分是经过水平扩展的波形,视窗扩展相对于主时基提高了分辨率。

>> **小提示**
水平时基档位在 20ms/div~5us/div 才有视窗扩展功能。

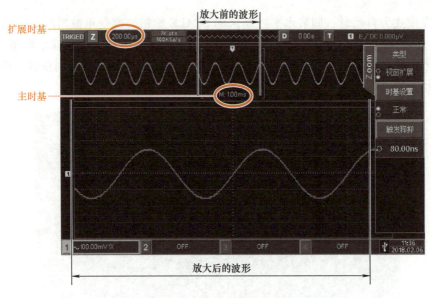

图 3-49　视窗扩展示意图

3.8.8　应用实例

1. 自动测量

（1）所有参数测量　选择通道，接入被测信号，显示屏上可以观测到被测信号波形。按前面板 MEASURE 键，选择面板右侧"所有参数"软键，并按下"开"，弹出所有参数窗口。一键测量 34 种参数，如图 3-50 所示。这体现了数字示波器测量速度快的特点。

图 3-50　所有参数测试界面

所有测量参数总是使用与当前测量通道（信源）一致的颜色标记。图 3-50 所示是通道 1 输入的脉冲信号。

当显示为"－－－－"时，表明当前测量源没有信号输入，或测量结果不在有效范围内（过大或过小）。

（2）用户定义参数　选择通道，接入被测信号，显示屏上可以观测到被测信号波形。按前面板 MEASURE 键，选择面板右侧"用户定义"软键，弹出用户定义参数选择界面，如图 3-51 所示。

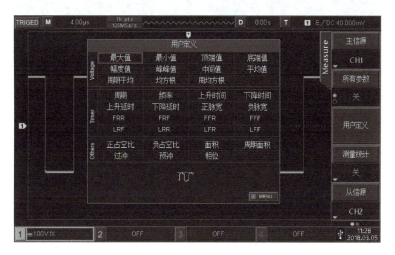

图 3-51　用户定义参数选择界面

通过调节 Multipurpose 旋钮选择需要的参数，并按下 Multipurpose 旋钮进行确定。每个被选择的参数前面会出现一个"＊"符号。

在此情况下再次按"用户定义"键可以关闭用户定义参数选择界面。之前定义好的参数则会显示在屏幕底端，方便即时查看这些参数的自动测量结果。最多可以同时定义 5 个参数，如图 3-52 所示。

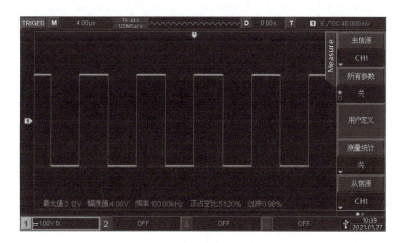

图 3-52　用户定义参数底端显示界面

用户还可以通过按"测量统计"（F4）键选择打开测量统计功能，如图 3-53 所示。

2. 光标测量

使用光标可以测量所选波形的 X 轴值（时间）和 Y 轴值（电压）任一点的参数。按示

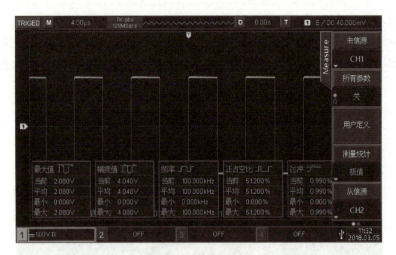

图 3-53 测量统计界面

波器前面板功能菜单键中的 CURSOR 键进入光标测量菜单。

（1）时间测量　按 CURSOR 键进入光标测量菜单，然后按显示屏右侧的"类型"软键选择"时间"，按"信源"选择要进行测量的通道，并将"模式"选择为独立，默认为独立，如图 3-54 所示。

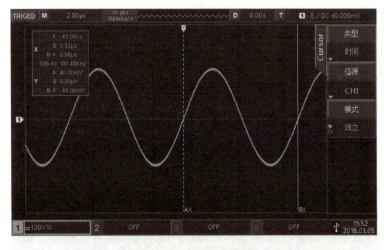

图 3-54 时间测量界面

显示区域左上角光标测量信息显示框："X"表示时间类参数测量结果，"Y"表示电压类参数测量结果。

通过调节 Multipurpose 旋钮可以移动屏幕上的垂直光标 AX 的位置，按下 Multipurpose 旋钮可以切换到光标 BX，光标 BX 与 AX 的调节方法相同。

左上角显示区域光标测量信息显示框显示的 BX – AX 表示时间间隔的测量；1/∣BX – AX∣表示时间的倒数，即频率。

对于周期性信号，如果将 AX 和 BX 分别设置在被测信号波形相邻两个周期的相同位置，则 BX – AX 就是被测信号的周期，而 1/∣BX – AX∣就是被测信号的频率。

在时间测试模式下，Y 显示区域的 A、B 代表光标当前位置波形的电压值，即 AY、BY、BY－AY。

按屏幕右侧"模式"软键，设置为"跟踪"，调节面板上 Multipurpose 旋钮将会使光标 AX 和 BX 同步移动。

（2）电压测量　利用光标进行电压测量的方式与时间测量相似，只是将时间测量的垂直光标变成了水平光标。

按 CURSOR 键进入光标测量菜单，然后按显示屏右侧"类型"软键选择"电压"，按"信源"键选择要进行测量的通道，并按"模式"键选择"独立"，默认为独立，如图 3-55 所示。

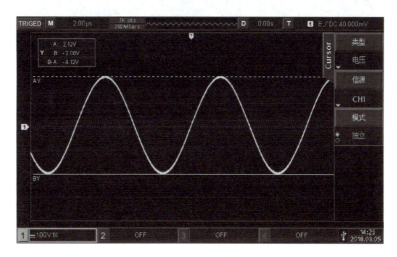

图 3-55　电压测量界面

通过 Multipurpose 旋钮可以移动屏幕上的水平光标 AY 的位置，按下 Multipurpose 旋钮可以切换到光标 BY，光标 BY 按与 AY 的调节方法相同。

按屏幕右侧"模式"软键，设置为"跟踪"，调节 Multipurpose 旋钮将会使光标 AY 和 BY 同步移动。

左上角显示区域光标测量信息显示框 AY、BY 分别代表光标 AY 和 BY 当前位置所代表的电压值。BY－AY 代表两个光标之间的电压差。

3. X-Y 模式的应用

X-Y 模式显示的波形称为李萨育（Lissajous）图形。

在 X-Y 模式下，当选择 CH1&CH2 时，水平轴（X 轴）输入 CH1 的信号，垂直轴（Y 轴）输入 CH2 的信号。

在 X-Y 模式下，当选择 CH 3&CH4 时，水平轴（X 轴）输入 CH3 的信号，垂直轴（Y 轴）输入 CH4 的信号。

在 X-Y 模式下，CH1 或 CH3 激活时，使用水平控制区（HORIZONTAL）的 POSITION 旋钮在水平方向移动 X-Y 图形；当 CH2 或 CH4 激活时，使用水平控制区（HORIZONTAL）的 POSITION 旋钮在垂直方向移动 X-Y 图形。

调节垂直控制区（VERTICAL）的 SCALE 旋钮改变各个通道的幅度档位，调节水平控制区（HORIZONTAL）的 SCALE 旋钮改变时基档位，可以获得较好显示效果的李萨育图形。X-Y 模式下的波形如图 3-56 所示。

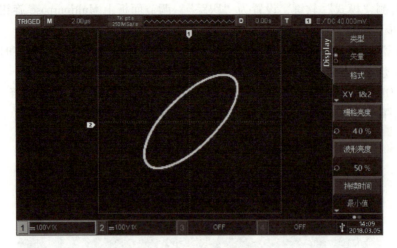

图 3-56　X-Y 模式波形显示

X-Y 模式下参数的测试与普通示波器的分析是相同的，这里不再赘述。

4. 存储与回调

通过存储功能，可将示波器的设置、波形、屏幕图像保存到示波器内部或外部 USB 存储设备上，并可以在需要时重新调整。

按示波器前面板功能菜单键中的 STORAGE 键进入存储功能设置界面。

> **≫ 注意：**
> 仅支持 FAT 格式的 U 盘等外部 USB 存储设备，无法兼容 NTFS 格式的 U 盘。

（1）设置存储和回调　按仪器前面板 STORAGE 键，然后选择"类型"软键，选择"设置"，进入设置存储菜单。设置存储菜单见表 3-2。

表 3-2　设置存储菜单

功能菜单	设定	说明
类型	设置	
磁盘	DSO	按"保存"键时，设置会被存储到示波器内部
	USB	按"保存"键时，设置会被存储到外部 USB 存储设备
文件名		通过调节 Multipurpose 旋钮改变存储或者回调的文件名，文件名命名成 set001、set002……set255
保存		执行设置保存操作，将设置保存到指定的存储位置
回调		回调指定的存储位置中之前保存的设置，使示波器回到所保存的设置状态

（2）波形存储和回调

1）波形存储。按仪器前面板 STORAGE 键，然后选择"类型"软键，选择"波形"，进入波形存储菜单。波形存储菜单见表 3-3。

表 3-3　波形存储菜单

功能菜单	设定		说明
类型	波形		
信源	CH1、CH2、CH3、CH4		设定执行波形保存操作时，保存哪个通道的波形
磁盘		DSO	按"保存"键时，波形会被存储到示波器内部
		USB	按"保存"键时，波形会被存储到外部 USB 存储设备
		USB　CSV	按"保存"键时，波形以 .csv 格式存储到 USB 存储设备，该格式可以在 PC 上直接通过 Excel 等软件打开
文件名			通过调节 Multipurpose 旋钮改变波形存储的文件名，文件名命名成 wav001、wav002……wav255
保存			执行波形保存操作，将波形保存到指定的存储位置

2) 波形回调。波形存储后，通过前面板垂直控制区 VERTICAL 中的 REF 键可进行回调。按 REF 键进入参考波形回调菜单，见表 3-4。

表 3-4　波形回调菜单

功能菜单	设定	说明
参考	Ref-A、Ref-B、Ref-C、Ref-D、	选择四个 Ref 位置中的任意一个进行波形回调
磁盘	DSO	按"回调"键时，从示波器内部回调波形
	USB	按"回调"键时，从外部 USB 回调波形
文件名		通过调节 Multipurpose 旋钮改变回调的波形文件名，文件名命名成 wav001、wav002……wav255，文件名应与波形存储时的文件名一致
回调		执行波形回调操作，将之前存储的波形回调到屏幕上
清除		关闭当前 Ref 的波形

回调的 Ref 波形如图 3-57 所示。

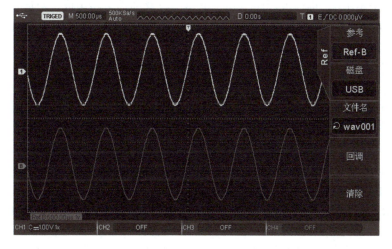

图 3-57　Ref 波形状态显示界面

波形回调后，在显示屏左下角显示 Ref 波形的状态，包括时基档位、幅度档位。此时，可以通过示波器前面板垂直控制区 VERTICAL 和水平控制区 HORIZONTAL 的旋钮改变 Ref 波形在屏幕上的位置以及时基、幅度档位。

5. 屏幕复制

按前面板上的屏幕复制键 PrtSc，可以将当前屏幕以 BMP 格式存储到外部 USB 存储设备中。该位图可以直接在 PC 上打开。

该功能只有在接入外部 USB 存储设备时才能使用。

数字示波器的功能丰富，因篇幅限制，这里只是介绍了其基本功能及应用。

本 章 小 结

电子示波器是应用最广泛的电子测量仪器，主要应用在时域测量中，可以直观地显示被测信号波形和对多种参数进行定量测量。

1. 示波器的显示器件是阴极射线示波管，它将被测信号由电能转换成光信号。

2. 被测信号的波形显示在屏幕上，是因为示波管内的电子束同时受到 Y 轴方向被测信号和 X 轴方向扫描锯齿波电压共同作用的结果。屏幕上要显示稳定的波形，被测信号周期必须与扫描电压周期成整数倍的关系，即保持同步。

3. 通用电子示波器由 Y 轴系统、X 轴系统和 Z 轴系统组成。

Y 轴系统：Y 轴系统的任务是将被测信号进行不失真地衰减、放大、延时后对称地加到 Y 轴偏转板，同时，向 X 轴系统提供内触发信号。Y 轴系统由探极（在仪器外部）、耦合方式选择开关、衰减器、前置放大器、延迟线、后置放大器及触发放大电路等组成。对应仪器面板上常设有输入耦合方式开关、Y 轴偏转灵敏度开关（V/div）、Y 移位及双踪示波器中的显示方式开关等。

X 轴系统：X 轴系统的主要任务是产生并放大一个与时间呈线性关系并与被测信号保持同步的锯齿波扫描电压。X 轴系统由触发整形电路、扫描发生器电路及 X 放大器组成。而触发整形电路由触发源选择、触发耦合方式、触发极性、触发电平及放大整形电路组成。扫描发生器电路由扫描闸门、锯齿波产生电路、电压比较及释抑电路组成。对应仪器面板上常设有扫描因数开关（t/div）、触发源选择开关、触发极性选择开关、触发电平选择开关、触发耦合方式、X 移位、寻迹、扫描因数扩展开关等。

示波器工作在 X-Y 工作方式时，X 放大器放大由仪器外部输入的信号。

Z 轴系统：Z 轴系统的主要任务是为示波管、各电极供给高频高压直流电压，为各单元电路提供低频直流电压，以及为校准示波器 Y 轴系统灵敏度提供 1V、1kHz 的标准方波信号。Z 轴系统主要包括低压直流电源、高频高压直流电源及校准信号发生器。

4. 双踪显示原理。双踪显示是通过电子开关的转换，用同一种速度扫描，"同时"显示两个互相独立且互相关联的信号波形，显示方式有交替和断续两种。

5. 示波器的基本选择原则及正确使用方法。

6. 通用示波器的基本测量方法，如电压的测量、时间和频率的测量、相位的测量等。

7. 电子示波器的发展方向是多功能、数字式的智能化示波器，它的使用将会更简单、更快捷且测量结果会更准确。

8. 数字示波器以微处理为核心，数据处理功能强大，测量速度快，直接显示结果，无读数误差；测量功能大大增强，可构成多功能仪器，是现代示波器主流产品。

综 合 实 训

实训一　用示波器观测正弦波信号的幅度

1. 实训目的

熟悉通用示波器面板上各开关旋钮的作用，示波器的基本使用方法，用示波器观测正弦波信号。通过使用进一步了解示波器原理。

2. 实训仪器

1）示波器一台。

2）低频信号发生器一台。

3）电子电压表一台。

3. 实训过程

1）将低频信号发生器的输出端与示波器 Y 轴输入端相连。

2）调节信号发生器使其输出信号频率与电压值见表3-5，使用电子电压表进行监测。调节示波器，使屏幕上显示稳定的正弦波形，并测出相应的幅度和周期；最后，把测量数据填入表3-5中。

表3-5　测量数据

低频信号发生器的输出		50Hz	100Hz	500Hz	1kHz	5kHz	10kHz	500kHz	800kHz	1MHz
		0.5V	1V	1V	2V	2V	3V	4V	5V	6V
	电子电压表的测量值									
示波器电压测量	"V/div"档级									
	读数（div）									
	U_{P-P}/V									
	U_{rms}/V									
示波器周期测量	"t/div"档级									
	读数（div）									
	周期									

4. 实训报告

1）认真分析测量中的数据及测量中存在的异常现象。

2）分析产生误差的主要原因及减小误差的方法。

3）注意本实训中用电子电压表测量的是什么信号，在读数上有什么要求。

实训二　用李萨育图形法观测频率

1. 实训目的

掌握李萨育图形的调节方法，用李萨育图形法观测频率的基本方法。

2. 实训仪器

1）双踪示波器一台。
2）低频信号发生器两台。

3. 实训过程

1）将作为标准信号源的低频信号发生器接入示波器的 X 通道，把被测信号源接入 Y 通道。

2）调节被测信号发生器的频率输出分别为 50Hz、500Hz、1kHz、3kHz，再相应地调节标准信号发生器和示波器，使屏幕上显示稳定的李萨育图形。

3）分析相应的李萨育图形，算出频率值，填入表 3-6 中。

表 3-6　李萨育图形法测量频率

被测信号源	50Hz	500Hz	1kHz	3kHz
李萨育图形				
m 值				
n 值				
标准信号频率 f_x				
被测信号频率 f_y				

4. 思考

1）李萨育图形的显示示波器以什么样的方式工作？
2）在李萨育图形的调节过程中应注意什么问题？
3）用李萨育图形法测量频率有什么特点？

5. 实训报告

1）认真整理实训报告，正确分析实训数据。
2）提出实训中存在的问题及解决办法。

实训三　使用示波器观测电路的波形

1. 实训目的

掌握用示波器观测实际电路（如电视机）波形的基本方法。

2. 实训器材

1）示波器一台。
2）黑白电视机一台。

3. 实训过程

1）分析黑白电视机的电路原理图，特别注意关键点的波形形状。

2）用示波器对这些关键点的波形进行观测，并把观测到的波形与原理图上的波形进行比较。

实训四　数字示波器的应用

1. 实训目的

1）熟悉数字示波器面板上各开关旋钮的作用，数字示波器的基本使用方法。
2）利用数字示波器测量正弦波信号。

2. 实训仪器

1）数字示波器一台。
2）函数信号发生器一台。
3）电子电压表一台。

3. 实训过程

1）将函数信号发生器的输出端与数字示波器通道输入端相连。

2）调节函数信号发生器使其输出信号频率与电压值见表3-7，使用电子电压表进行监测。调节示波器，使屏幕上显示出稳定的正弦波形，并测出相应的幅度和周期，最后，把测量数据填入表3-7中。

表3-7 数字示波器测量数据

函数信号发生器的输出		500Hz	100kHz	1MHz	20MHz
		1V	2V	4V	6V
电子电压表的测量值/V					
示波器测量	U_{pp}/V				
	U_{rms}/V				
	频率值/Hz				
	周期值/s				

4. 实训报告

1）认真分析测量中的数据及测量中存在的异常现象。
2）总结数字示波器测试的特点。

习 题

1. 示波管由哪几部分组成？各部分的作用分别是什么？
2. 通用示波器主要由哪几部分组成？各部分的作用分别是什么？
3. 延迟线的作用是什么？它对观测脉冲前沿有什么影响？
4. 设两对偏转板的灵敏度相同，如果在垂直、水平两对偏转板上分别加如下电压，则屏幕上显示什么波形？试用描点作图法画出其波形。

1）$u_y = U_m \sin\omega t$，$u_x = U_m \cos\omega t$
2）$u_y = U_m \sin\omega t$，$u_x = U_m \sin 2\omega t$
3）$u_y = U_m \sin\omega t$，$u_x = U_m \sin\omega t$

5. 若要观测100MHz的信号，应选择示波器的频带宽度为多少？
6. 若要观测上升时间为0.009μs的脉冲信号，应选择频带宽度为多少的示波器？
7. 用Y轴偏转灵敏度为200mV/div的100MHz示波器观察100MHz正弦波，其电压峰-峰值为$\sqrt{2}$V，问屏幕上显示的波形高度为几个格？当u_y=500mV（有效值）时，波形总高度又应为几个格？
8. 已知示波器的Y轴偏转灵敏度S_y=0.5V/div，屏幕有效高度为10div，扫描因数为0.1ms/div。被测信号为正弦波，屏幕上显示波形的总高度为8div，两个周期的波形在X方向占10div。求该被测信号的频率f_y、振幅U_m、有效值U_{rms}。
9. 某示波器X方向最高扫描因数为0.01μs/div，其屏幕在X方向可用宽度为10div，如要观察两个完整周期波形，问示波器的最高工作频率是多少？

10. 被测信号电压波形如图3-58a所示。屏幕上显示的波形有图3-58b、c、d、e几种情况。试说明各种情况下的触发极性与触发电平旋钮的位置。

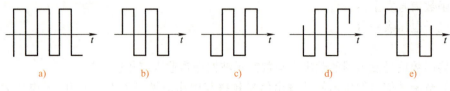

图 3-58　题 10 图

11. 示波器在正常工作的情况下，波形在屏幕的 X、Y 轴方向没有展开，原因是什么？（简答）

第4章 万用表及其测量技术

引　言

本章主要介绍用模拟、数字式万用表测量电压、电流、电阻的原理，以及万用表的使用方法；利用万用表进行电容量、电感量、二极管、晶体管等的测量，以及晶体管引脚的识别；掌握万用表测量中测量误差的处理方法；熟悉台式万用表的应用。

学习目标

应知：万用表的分类；
　　　用万用表测直流电流、电压的基本原理；
　　　用万用表测交流电流、电压的基本原理；
　　　用万用表测电阻的基本原理；
　　　模拟式万用表准确度等级的选用；
　　　用模拟式万用表测量电流、电压时量程的选择；
　　　用模拟式万用表测量电阻时量程的选择；
　　　数字式万用表的分类；
　　　模拟式万用表与数字式万用表红、黑表笔的区别。

应会：使用模拟式万用表和数字式万用表对电流、电压、电阻、电容、电感、二极管、晶体管等电参量进行测量；
　　　使用数字式万用表对电流、电压、电阻、电容、电感、二极管、晶体管等电参量进行测量；
　　　使用数字式万用表对 LED 数码管进行检测；
　　　使用台式万用表对电压、电流、电阻、电容、电感、二极管、晶体管等电参量进行测量。

延伸阅读

第4章
延伸阅读

4.1　概述

万用表的全称是万用电表，它以测量电压、电流、电阻三大参量为主，也称为三用表，国家标准中称为复用表。万用表是一种具有多种测量功能、多个测量范围（量程）、应用非常广泛的便携式仪表，具有操作简单、读数方便、可靠性高、价格低廉等特点。

万用表种类繁多，根据其测量原理及测量结果的显示方式进行分类，一般可分为模拟式万用表（又称为指针式万用表）和数字式万用表两大类。

本书以普遍使用、技术成熟的模拟式万用表为基础，对常见万用表测试原理进行分析，掌握其使用方法和测试技术。

4.2 模拟式万用表

模拟式万用表型号种类繁多，但结构及原理基本相同，其结构框图，如图 4-1 所示。

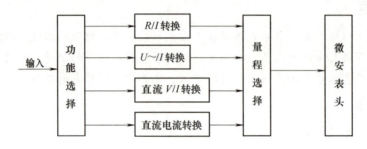

图 4-1 模拟式万用表结构框图

4.2.1 模拟式万用表的基本原理

模拟式万用表的基本测量过程是通过一定的测量机构将被测的模拟电量转换成电流信号，再由电流信号去驱动表头指针偏转，通过相应的刻度板读数即可指示出被测量的大小，如图 4-2 所示。

图 4-2 模拟式万用表的测量原理框图

万用表由表头、测量电路及转换开关构成。表头是一个高敏感度的直流电流表（微安表），用以指示被测量的值，是模拟式万用表的核心部件，其性能是决定万用表主要技术指标的重要因素。测量电路将被测量转换为适合表头指示的微小直流电流。万用表的测量电路实质上就是多量程的直流电流表、多量程的直流电压表、多量程的交流电压表以及多量程的电阻表等几种测量电路的组合。转换开关用以选择不同的测量电路和量程档级，以适应各种测量功能和量程的要求。

1. 直流电流的测量

万用表的表头是一个磁电系直流电流表，可以直接测量微小的直流电流。常用万用表的表头是一个 50μA 的直流电流表。若要测量的电流大于表头的最大电流（50μA），就要在表头上并联分流电阻，构成一个多量程的直流电流表，其原理图如图 4-3 所示。

电路中分流电阻 R_1、R_2、R_3 串联后再与表头并联，形成分流电路。当转换开关 S 接到不同位置时，分流电阻阻值不同，以达到变换电流量程的目的。

2. 直流电压的测量

万用表的表头是一个直流电流表，由于表头具有一定的内阻 R_0，电流流过表头就会产生一定的电压降,其大小与通过的电流成正比。例如,若直流电流表表头为50μA,其内阻为2kΩ,当有30μA的直流电流通过表头时,表头两端会有0.06V的电压降。可见,直接用表头只能测量很低的直流电压值,为了扩展表头测量直流电压的范围,需要在表头串联分压电阻,构成一个多量程的直流电压表,其原理图如图4-4所示。

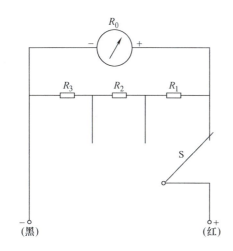

图4-3 直流电流表分流原理图　　图4-4 直流电压表分压原理图

电路中分压电阻 R_1、R_2、R_3 串联后再与表头串联,形成分压电路。当转换开关 S 接到不同位置时,分压电阻阻值不同,以达到变换电压量程的目的。

3. 交流电压的测量

万用表的表头是一个直流电流表,不能直接测量交流电压。为了使直流表头能测交流量,必须增设整流电路,将被测的交流信号变换成相应的直流信号,再作用于直流电流表。整流电路有半波整流和全波整流两种,实际万用表的交流电压测量电路多采用半波整流方式,如图4-5所示。

电路中二极管 VD_1 的作用是半波整流。当交流电压处于正半周时,VD_1 导通,表头电阻 R_0 和分流电阻 R 上产生整流电流,使表针偏转。二极管 VD_2 为二极管反向保护,如果没有 VD_2,则负半周时反向电压几乎全部降到 VD_1 上,这可能将 VD_1 击穿。接入 VD_2 后,交流电压负半周输入时,VD_2 导通,使 VD_1 两端电压很低,而不至于被击穿。

经整流后,流过表头的电流是单向脉动的。对于半波整流电路而言,电表指针偏转角度正比于半波整流电流的平均值。由于通常习惯于使用电压有效值表示交流电压,故万用表

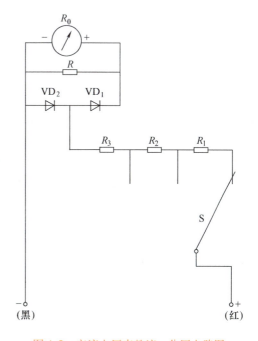

图4-5 交流电压表整流、分压电路图

表盘上的刻度是经过换算把平均电压转换为有效电压而以有效值表示的［正弦交流电流的有效值 $I_{有效}=2.22I_{平均(半)}$］。即表头指针响应于正弦半波平均值，表头标度是按正弦有效值刻度的，所以用万用表测量非正弦波形的交流电压时，会产生较大的读数误差。

4. 电阻的测量

万用表的电阻档是一个多量程的电阻表。测量直流电阻的基本电路原理如图4-6所示。用万用表测量电阻，实质是测量流过被测电阻 R_x 的电流。

图 4-6 中的 RP 是零欧姆调整电位器。当被测电阻 $R_x=\infty$（即 a、b 两点开路）时，电路中的电流 I 为零，表头指针不偏转，指针指向电阻刻度的最大位置（即 ∞）。当被测电阻 $R_x=0$（即 a、b 两端短路）时，电路中的电流 I 为最大，$I=E/(R_0+R_P)$（R_P 为 RP 有效阻值），表

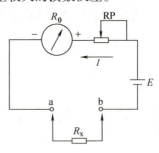

图 4-6　直流电阻测量原理图

头指针指向满刻度（即 0Ω）处，此时可通过调节 RP 使之为 0。当 $R_x=R_0+R_P$ 时，电路中的电流 I 为满度的一半，表头指针指示在刻度的正中间（即中心电阻值处）。同理，当电路中接入某一确定的被测电阻 R_x 时，电路中就产生相应的直流电流，表头指针就会有一定的偏转角度。

在实际测量中，电阻的测量是通过被测电阻中的电流转换实现的。当被测电阻 R_x 在 $0\sim\infty$ 之间变化时，表头指针就在满刻度与零电阻值之间变化。根据公式 $I=E/(R_0+R_x+R_P)$ 可得出电路中的电流与被测电阻是非线性关系，所以测量电阻的标度尺分度是不均匀的。被测电阻值越大，电流越小，所以电阻标度尺是反向刻度的。

通常，万用表测量直流电阻原理图（即电阻表测量原理）如图4-7所示。

5. 音频电平的测量

万用表可以测量音频电平值。电平值的测量是以测量交流电压实现的，电平测量原理与交流电压的测量相同。为了能正确运用万用表进行电平的测量，先简单介绍一下电平的意义。

电平是用分贝（dB）单位表示电信号大小的物理量，电平高即电信号强，电平低即电信号弱。从分贝（dB）单位的

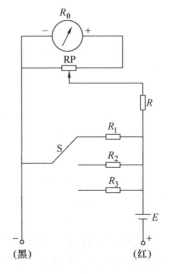

图 4-7　电阻表测量原理图

定义分析，电平是表示电功率变化的相对值，电路中某点电平的高低是以某点功率与某指定功率的比值的常用对数表示的［即分贝（dB）值 = 10 lg(P_1/P_0)］。若电路中某点功率与被指定的标准功率比较，则确定的电平值称为绝对电平（简称电平）。通常标准功率选用 1mW 时，绝对电平为零（称为零电平）。当某点功率大于 1mW 时，绝对电平为正值；当某点功率小于 1mW 时，绝对电平为负值。

上述分析是用功率关系确定的电平值，称为功率电平。电平也可以由电压或电流关系确定，这时的电平值自然为电压电平或电流电平［因为 $P=U^2/R=I^2R$，所以分贝（dB）值 = 10 lg(P_1/P_0) = 20 lg(U_1/U_0) = 20 lg(I_1/I_0)］。

在电平的实际应用中，通常规定在 600Ω 负载上输出 1mW 的功率作为零功率电平。零功率电平时，负载上的电压为 $U_0 = \sqrt{PR} = \sqrt{0.001 \times 600}\mathrm{V} = 0.775\mathrm{V}$，此电压值即为零电压电平。有了零电压电平的定义，就可以求出任何一个电压的绝对电平分贝值。因此，电平的测量可以转换为电压的测量。

在万用表中，分贝（dB）标度是与交流电压的最低档相对应的。国产万用表交流电压的最低档量程通常是 10V，所以 10V 标度尺上 0.775V 线就是零分贝标度线。根据这一关系，可以换算出交流电压标度线上任一电压值所对应的分贝值。例如，对应于 0.245V 处的分贝值为

$$20\lg\frac{0.245}{0.775} = -10(\mathrm{dB})$$

对应于 7.75V 处的分贝（dB）值为

$$20\lg\frac{7.75}{0.775} = 20(\mathrm{dB})$$

如果被测电平较高，就要把转换开关置于较高量程档测试，例如，置于 50V，这时测量结果的电压读数应按 50V 标度，即比 10V 标度大 5 倍。分贝读数也应在分贝标度盘读数基础上加 14dB。因为：

$$20\lg\frac{5U_1}{U_0} = 20\lg 5 + 20\lg\frac{U_1}{U_0} = 14\mathrm{dB} + 20\lg\frac{U_1}{U_0}$$

可见，当量程开关置于高量程档时，实际分贝数等于分贝标度读数加上附加分贝数。

4.2.2 MF500 型万用表

MF500 型万用表是电子实验室中最常见的电子测量仪表，MF500 型万用表是一种高灵敏度、多量限的便携式整流系仪表。该仪表有 24 个或更多的测量量程，能分别测量交/直流电压、直流电流、电阻及音频电平。

1. MF500 型万用表的主要性能指标

（1）测量范围及基本误差

① 直流电流档：0～500mA，共分五档，误差为 ±2.5%。

② 直流电压档：0～500V，共分五档，误差为 ±2.5%；2500V 档，误差为 ±4.0%。

③ 交流电压档：0～500V 共分四档，误差为 ±4.0%；2500V 档，误差为 ±5.0%。

④ 直流电阻档：0～20MΩ 共分五档，误差为 ±2.5%。

⑤ 音频电平档：-10～22dB。

（2）灵敏度

① 直流电压 2.5～500V 档，灵敏度为 20kΩ/V；2500V 档，灵敏度为 4kΩ/V。

② 交流电压档，4kΩ/V。

（3）工作环境　MF500 型万用表适合在环境温度为 0～+40℃，相对湿度在 85% 以下的场合工作。

2. MF500 型万用表整机原理图

万用表只用一只表头可以完成对多种电量的测量，而且具有多档量程。这是通过各种测

量线路把被测量转换成适合表头指示的直流电流信号,也就是由本章前一节所介绍的各种转换开关原理实现的。因此,万用表的测量电路实质上就是多量程直流电流表、多量程直流电压表、多量程整流式交流电压表、多量程电阻表及音频电平等几种电路的组合。MF500 型万用表的整机原理图如图 4-8 所示。

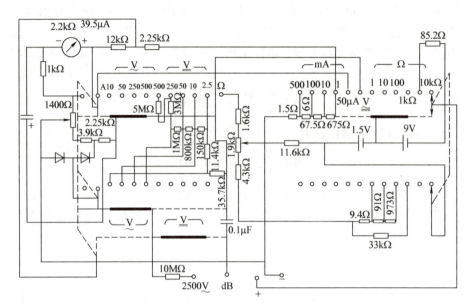

图 4-8　MF500 型万用表的整机原理图

由图 4-8 可知,直流电流的测量通过各档倍率电阻（1.5Ω、6Ω、67.5Ω、675Ω）分流,把被测电流变成表头能测量的电流。直流电压的测量通过倍率电阻（11.4kΩ、150kΩ、800kΩ、1MΩ、3MΩ、5MΩ）将电压转换为电流,然后由表头指示。交流电压的测量值则经过二极管整流得到。直流电阻的测量是根据欧姆定律实现的。

3. 转换开关

通过上面知识可知,万用表的"万用"是通过切换测量线路实现的。完成这种"切换"的装置是转换开关。转换开关分为单转换开关和双转换开关两种,常用的为单转换开关。转换开关的机械结构由多个活动接触点和多个固定接触点组成,前者称为"刀",后者称为"掷",刀和刀之间是联动的,转换开关可以使某些"刀"与"掷"闭合,从而接通所要求的测量电路。

4.2.3　模拟式万用表的使用

下面以 MF500 型万用表为例介绍模拟式万用表的使用方法。

1. 操作面板

MF500 型万用表的表盘及面板布置如图 4-9 所示。面板及表盘上标有许多数字、符号及刻度线,这些均是表示万用表的性能指标的。各功能旋钮和含义分别如下。

（1）功能及量程转换开关 S_1、S_2　万用表的面板上有两个 12 档的波段开关 S_1 与 S_2,它们是万用表面板上最重要的两个转换开关,二者必须交替配合使用。当其中一个作为功能选择开关时,另一个则用于量程的选择。

"."档为停止使用时的位置。万用表每次测量完毕或携带时,应置于该档,这时仪器内部电路呈开路状态,可防止因误置开关而造成仪表损坏。

"$\underset{\sim}{\overset{V}{=}}$"档为测量交、直流电压时的位置。

"Ω"档为测量电阻时的位置,有五个不同的量程。

"50μA"和"mA"档为测量直流电流的位置,共五档。

"$\underset{=}{V}$"档为测量直流电压时的位置。

"$\underset{\sim}{V}$"档为测量交流电压时的位置。

"$\underset{=}{A}$"档为测量直流电流时的位置。

（2）"Ω"旋钮,即零欧姆调整电位器　在用万用表测量直

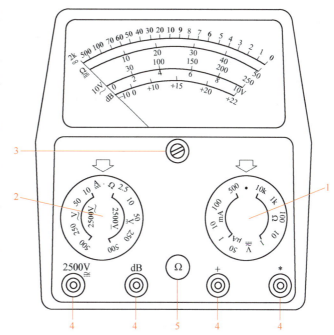

图 4-9　MF500 型万用表表盘及面板布置
1、2—功能及量程转换开关　3—机械零点校正器
4—接线插口　5—零欧姆调整电位器

流电阻（即万用表置于电阻档）时,将红、黑两根表笔短接,指针应指在"Ω"档刻度线的零点。否则,应调节该旋钮进行电阻档调零。

每次改换电阻档量程时,都应重复上述操作。

（3）机械零点校正器　使用万用表测量前,将电表水平放置,若表头指针静止时不指在"0"刻度位置,则应调整机械零点校正器使指针指向"0"刻度处。

（4）接线插口　万用表有四只接线插口,有交流、直流输入之分,使用时要谨防接错。

"＊"接线口,面板右下方第一个接线插口,它是公共接线口,测量时接黑表笔。

"＋"接线口,测量时接红表笔。

"dB"接线口,进行音频电平测量时接红表笔。

"2500$\underset{\sim}{V}$"接线口,测量大于 500V 的交、直流高电压时接红表笔。

2. 表头刻度与符号

（1）刻度　MF500 型万用表表头刻度盘上有四条刻度线,刻度线的两端标注着读测的种类。

四条刻度线自上而下分布如下。

∞～0 刻度线：直流电阻的读数标识线。

0～$\frac{50}{250}$ 刻度线：直流电压、直流电流和交流电压（除 10 $\underset{\sim}{V}$ 档之外）的读数标识线。

0～10 $\underset{\sim}{V}$ 刻度线：10 $\underset{\sim}{V}$ 交流电压的读数标识线。

－10～22dB 刻度线：音频电平的读数标识线。

（2）符号　万用表表头上有一些表示万用表的特性和使用范围的符号,为了能更好地

识别和使用万用表,分别介绍这些常见符号所代表的意义。

A—V—Ω:表示可测电流、电压和电阻的三用表。

45—65—1000Hz:表示电表的使用频率,一般在 45~65Hz 范围内,最高频率不得超过 1000Hz。

20000Ω/VDC:表示电表的直流电压灵敏度为 20kΩ/V。直流电压灵敏度 Ω/V 越高,测量结果越准确。

A̰:表示电表是交流、直流两用表。

◯̸:表示电表属整流系仪表,测量交流参数时采用内部整流器。

Ⅲ:表示电表为三级,防外磁场。

☆:表示电表能经受 50Hz、6kV 交流电 1min 的绝缘强度试验,五角星内的数字表示 kV 数。

0dB=1mW、600Ω:表示在 600Ω 负载阻抗上 0dB 的标称功率为 1mW。

⎓2.5:表示进行直流电流或电压测量时,以指示值的百分数表示准确度等级为 2.5 级,即误差最大值是满度值的 ±2.5%。

~2.5:表示进行交流电压测量时,以指示值的百分数表示准确度等级为 2.5 级,即误差最大值是满度值的 ±2.5%。

V̰—2.5kV~4000Ω/V:表示测量交流电压时和用 2.5kV 档测量直流电压时电表的灵敏度为 4000Ω/V。

⊓:表示电表应水平放置。

3. 模拟式万用表的准确度等级及测量误差分析

万用表的准确度等级一般分为 0.1、0.2、0.5、1.0、1.5、2.5、5.0 共七个等级。准确度是仪表示值(测量值)与被测量值(实际值)相符合程度的物理量,误差越小,准确度越高。在万用表七个等级中,0.1 级准确度最高,5.0 级准确度最低。准确度等级是以其满度相对误差的大小不同来进行分级的;当满度相对误差的绝对值小于等于 0.1%、0.2%、0.5%、1.0%、1.5%、2.5%、5.0% 时,其准确度等级分别为 0.1、0.2、0.5、1.0、1.5、2.5 和 5.0 级。

用万用表进行测量时会带来一定误差。误差来源于仪表本身的准确度等级所允许的最大绝对误差;使用仪表进行参数测量时,操作不当会带来粗大误差。正确了解万用表的特点及测量误差产生的原因,掌握正确的测量技术和方法,可以减小测量误差。

(1) 人为误差　人为误差常表现为读数误差,它是影响测量准确度的主要原因之一,不可避免,但可以减小。因此,使用中要特别注意以下几点。

1) 测量前要把万用表水平放置,进行机械调零。

2) 读数时,眼睛要与指针保持垂直。

3) 测量电阻时,每换一次档都要进行调零。调不到零时要更换电池。

4) 测量电阻或高压时,不能用手拿捏表笔的金属部位,以免人体电阻分流,增大测量误差或触电。

(2) 电压、电流档量程选择与测量误差　直流电压、电流,交流电压、电流等各档,

准确度等级的标定由最大绝对允许误差与所选量程满度值的百分比表示，即

$$\gamma_m = \frac{\Delta x_m}{x_m} \times 100\%$$

1）采用准确度不同的万用表测量同一电压所产生的误差。

例 4.1 测量一个 10V 的标准电压，用 100V 档、0.5 级和 15V 档、2.5 级的两块万用表测量，问哪块表测量误差较小？

解： 第一块表测得最大绝对允许误差为

$$\Delta x_{m1} = \pm 0.5\% \times 100V = \pm 0.50V$$

第二块表测得最大绝对允许误差为

$$\Delta x_{m2} = \pm 2.5\% \times 15V = \pm 0.375V$$

由此可见，第一块表准确度较高，但量程的选择与测量值相差较大，误差也较大。故在选用万用表时，并非准确度越高越好，还要选用合适的量程。

2）用一块万用表的不同量程测量同一个电压值所产生的误差。

例 4.2 有一块 MF500 型万用表，其准确度为 2.5 级，选用 100V 档和 25V 档测量一个 22V 标准电压，问哪一档误差小？

解： 100V 档测得最大绝对误差为

$$\Delta x_{m1} = \pm 2.5\% \times 100V = \pm 2.5V$$

25V 档测得最大绝对误差为

$$\Delta x_{m2} = \pm 2.5\% \times 25V = \pm 0.625V$$

由此可见，用 100V 档测量 22V 标准电压，万用表上的指示值在 19.5~24.5V 之间；用 25V 档测量 22V 标准电压，万用表上的指示值在 21.375~22.625V 之间，即用 100V 档测量的误差比 25V 档测量的误差大得多。故用一块万用表测量同一电压时，选用不同量程测量，得到的误差是不同的。在满足一定测量范围的情况下，应尽量选用量程小的档。

3）用一块万用表的同一量程测量不同电压值所产生的误差。

例 4.3 有一块 MF500 型万用表，其准确度等级为 2.5 级，用 100V 档分别测量 80V 和 30V 的标准电压，哪一次测量误差小？

解： 100V 档最大绝对误差为

$$\Delta X_m = 2.5\% \times 100V = \pm 2.5V$$

测量 80V 电压的最大相对误差为

$$\gamma_1 = \Delta X_m / U_1 \times 100\% = \pm 2.5/80 \times 100\% = \pm 3.1\%$$

测量 30V 电压的最大相对误差为

$$\gamma_2 = \Delta X_m / U_2 \times 100\% = \pm 2.5/30 \times 100\% = \pm 8.3\%$$

由此可见，同一量程测量不同电压时，被测量偏离满度值越大，误差就越大；反之，误差就越小。所以，在测量时，应使被测量指针在万用表满度值的 2/3 以上。

（3）电阻档量程选择与测量误差　电阻档的每一个量程均可以测量 0~∞ 的电阻值。欧姆表的标尺刻度是非线性、不均匀的倒刻度。各量程的内阻等于中心刻度数的倍数，称作"中心电阻"。也就是说，被测电阻阻值等于所选档量程的中心电阻值时，电路中流过的电流是满度电流的一半，表头指针指示在标尺的中间刻度处，其准确度可表示为

$$R\% = (\Delta R / 中心电阻) \times 100\%$$

由此可见，用同一块万用表测量同一电阻值时，选用不同量程所产生的误差相差很大。

例4.4 某型号万用表，其 $R \times 10$ 档的中心电阻值为 250Ω；$R \times 100$ 档的中心电阻值为 $2.5k\Omega$，电表准确度等级为 2.5 级。用该电表测量 500Ω 的标准电阻，用 $R \times 10$ 档与 $R \times 100$ 档分别测量，哪次测量误差大？

解：$R \times 10$ 档测量的最大绝对误差为

$$\Delta R_1 = R_1\% \times 中心电阻 = \pm 2.5\% \times 250\Omega = \pm 6.25\Omega$$

用该档测量 500Ω 标准电阻，则示值范围为 $493.75 \sim 506.25\Omega$。

$R \times 100$ 档测量的最大绝对误差为

$$\Delta R_2 = R_2\% \times 中心电阻 = \pm 2.5\% \times 2500\Omega = \pm 62.5\Omega$$

用该档测量 500Ω 标准电阻，则示值范围为 $437.5 \sim 562.5\Omega$。

由计算结果可知，选择不同的电阻档，测量产生的误差相差很大。因此，在选择测量量程时，尽可能使被测量处于标度的中心位置，从而提高测量精度。

4. 模拟式万用表的基本使用方法

使用模拟式万用表完成一次参数的测量，应按照以下步骤进行操作：

机械调零—接线端口选择—功能及量程的选择—测量过程—读数。

（1）机械调零　将万用表水平放置，观察表头指针是否指在零位。若未指在零位，调节电表面板上的机械零点校正器，使指针对准零位。

>> **小提示**

调节动作宜轻缓。

（2）接线端口选择　将电表的红表笔插入标有"＋"的接线端口，黑表笔插入标有"＊"的接线端口。

在测量直流电流和直流电压时，红表笔应接被测电路的正极，黑表笔接负极。若不清楚被测电路的正、负极，可用以下方法判定：估计电流或电压值的大小并选择一合适量程，把黑表笔接在被测电路任一极上，同时用红表笔在另一极触碰一下。若表针正向偏转，则表明红表笔接的是正极，黑表笔接的是负极；若表针反向偏转，则结果相反。

测大于 500V 的直流电压时，应将红表笔插入"2500 V"接线口。

（3）功能及量程的选择　所谓功能选择，就是根据被测量的不同，将功能转换开关旋至正确的位置。如测量电阻，则把转换开关旋至"Ω"档。

正确选择量程的方法：在未知被测量的大小时，应先选最大量程进行试测，根据指示结果的大约值再准确选定测试量程。根据误差理论，测量电流或电压时，应使指针偏转至满度的 2/3 左右为宜。测量直流电阻时，应使指针偏转至中心刻度附近（中心刻度左右线性度好）。

（4）测量过程

1）电压测量：将万用表与被测电路并联。测直流电压时，红表笔接高电位，黑表笔接低电位。

2）电流测量：万用表串接在被测回路中。

3）电阻测量：测量前，要进行电气调零，即把两表笔短路相接，调节面板上"零欧姆调整电位器"，使表针指在"Ω"档零刻度处。如果调不到零刻度处，说明万用表内电池电量可能不足。

测量直流电阻时，两手不能同时接触电阻的两端，否则，等于将人体电阻与被测电阻并联，导致测量结果不准确。

测量电路中的电阻时，应将被测电路的电源切断，如果电路中有电容，应先将其放电后才能测量，切勿在电路带电的情况下测量电阻。

> **小提示**
> 1）每变换一档电阻量程，都需要重新进行电气调零。
> 2）切勿带电测量电阻。
> 3）为了确保安全，测量交直流2500V高压时，应将表笔一端固定接在电路低电位上，用另一支表笔接触被测高压电源。测试过程中应严格执行高压操作规程，双手应戴高压绝缘橡胶手套，地板上应铺置高压绝缘橡胶板。
> 4）电平的测量：电平的测量主要用于测量电信号的增益。测量方法与交流电压的测量方法相同，测量结果等于读得分贝值与所用交流电压档分贝修正值之和。

MF500型万用表各交流电压档的分贝修正值见表4-1。

表4-1　MF500型万用表各交流电压档分贝修正值

交流电压档	分贝修正值
10V	0
50V	+14
250	+28

> **小提示**
> 一旦因量程选择错误，导致保护电路工作而使仪表输入（+）端与内部电路断开，可打开仪表背面的电池盒盖，取出9V电池，更换熔断器（熔断器规格应为250V/0.5A，电阻<0.5Ω），使仪表恢复正常。

（5）读数　读数时一定注意，针对不同的测量功能，应在相应的刻度线上读取数据；操作者的视线应正视电表指针，视线尽量与表针在同一垂直平面上，以减小操作者视角不同而引起的误差。

（6）其他注意事项

1）每次使用之前必须核对量程转换开关是否符合待测的内容，切勿用电流、电阻档测量电压，以免烧坏万用表。

2）每次更换电阻档或同一档使用时间过长时，一定要重新调整零点。

3）万用表使用完毕后，应将转换开关旋至交流电压的最高档。以防下次测量时误操作损坏电表。

4）测量过程中，手不要接触表笔的金属部分，以确保测量准确度和人身安全。

5）测量过程中，不要带电拨动转换开关，尤其是在测量高电压或大电流时，更应注意。否则，会毁坏万用表。如需换档，应先断开表笔，换档后再去测量。

6）测量大电容时，先要给电容放电，以免电容上储存的电荷在瞬间放电而烧坏万用表。

7）测量有感抗电路的电压时，必须在切断电源之前把万用表与电路断开，防止由于自感高压损坏万用表。

8）万用表长期不用时，要把电池取出来，以免日久电池漏液腐蚀电表。

4.2.4 模拟式万用表应用实例

1. 二极管的测量

万用表含内置电源，用万用表的表笔接触二极管的两个引脚，二极管两端相当于加上了电压。二极管的主要特性是单向导电性，也就是在正向电压的作用下导通电阻很小；而在反向电压作用下导通电阻极大或无穷大。根据这一特性，用万用表的欧姆档测出二极管的正向电阻和反向电阻就可判断它的极性及质量的好坏。

利用万用表 $R\times 100$（或 $R\times 10$）档（因为 $R\times 1$ 档的电流太大，容易烧坏二极管；$R\times 10k$ 档的内部电源电压太高，易击穿二极管）进行二极管的测试及判别。具体操作：将万用表两表笔分别接触二极管的两个电极，读出测量的阻值；然后将两表笔对换，再测量一次，记下测量结果。若两次测得结果相差很大，说明该二极管性能良好；并根据测量阻值小的那次的表笔接法（称之为正向连接）判断出与黑表笔连接的是二极管的正极，红表笔连接的是二极管的负极。因为，万用表内电源的负极与万用表的"+"插孔（即黑表笔端）相连。

在测试过程中，若被测二极管的正向电阻很大甚至无穷大，表明二极管内部开路；若反向电阻很小或为零，则表明二极管内部短路。

2. 发光二极管的测量

发光二极管（Light Emitting Diode，LED）是一种将电能转换成光能的特殊二极管。发光二极管工作在正向区域，其正向导通工作电压高于普通二极管，通常正向导通电压为 1.8～2.5V。外加正向电压越大，LED 发光越亮。但是，外加正向电压不能超过其最大工作电流，以免烧坏管子。

对 LED 的检测常采用万用表的 $R\times 10k$ 档（内部电源为 9V），其测量方法及对其质量好坏的判别与普通二极管相同，但 LED 的正向、反向电阻均比普通二极管大得多。在测量 LED 的正向电阻时，可以看到二极管有发光现象。

3. 晶体管的测量

用万用表测量晶体管，可以判定晶体管的引脚电极、型号以及晶体管的好坏。可使用万用表 $R\times 100$（或 $R\times 1k$）档进行测定。

根据 PNP 管、NPN 管的结构原理，可以将晶体管视为由两个二极管反向串联而成，如图 4-10 所示。

（1）晶体管的引脚电极、型号的判定

1）判定基极 b。用一支表笔（假定为红表笔）接某被测晶体管的任一电极，将另一支表笔（黑表笔）依次触碰另外两个电极。若测出的阻值均很大或均很小，则红表笔所接电极为基极；若测得的阻值一大一小，则红表笔所接的电极不是基极；将红表笔更换一个电极，重复以上步骤，直至测出基极为止。

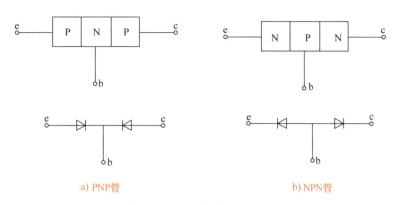

图 4-10 晶体管的结构示意图

2）NPN 型与 PNP 型判定。将红表笔接在基极上，用黑表笔依次接触另两个电极。根据晶体管结构原理，若测得的阻值均很大，所测的晶体管为 NPN 型；若测得的阻值均很小，则晶体管为 PNP 型。

3）发射极与集电极的判定。确定了基极后，将其中一表笔接假设的发射极 e，另一表笔接假设的集电极 c，同时用手指捏住 b、c 两极，但两极不能相碰，观察电表指针摆动幅度大小，摆幅较大的一次，若被测晶体管为 NPN 型，则红表笔所接为 e 极，黑表笔所接为 c 极；若被测晶体管是 PNP 型，则红表笔所接为 c 极，黑表笔所接为 e 极。

（2）晶体管质量好坏的判定　晶体管质量好坏的判定可以根据晶体管的结构原理，通过测量晶体管任意两个电极间的电阻实现。

若被测晶体管良好，测量结果均为低电阻值。若被测晶体管是硅管，电表指针就指在刻度线中间或偏右处；若是锗管，电表指针指在满刻度附近。

4. 变压器绕组极性的判定

变压器在供电的某一瞬间，一次绕组的某一端与二次绕组的某一端，电位极性均为正或均为负，则称这两端为同极性端、同名端或同相端。当两只变压器并联使用时，不能把极性接错，否则，就会造成无输出电压，甚至烧毁变压器。在连接变压器线路时，首先要确定变压器绕组的极性。

变压器绕组极性判定如图 4-11 所示。T 为被测变压器，E 为 1.5V 的干电池，N_1 为一次绕组，N_2 为二次绕组，S 为开关。将万用表置于直流电压 1V 或 2.5V 档，接入 N_2。观察开关 S 闭合一瞬间电表指针的摆动方向，若电表指针迅速向右摆动又回到零点，则说明 a 与 c 为同名端；若电表指针向左摆，则 a 与 c 是异名端。

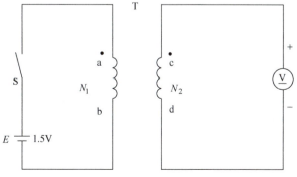

图 4-11 变压器绕组极性的判定

5. 电容器的检测

电容器的检测一般采用万用表的电阻档。

（1）电容器容量大小及质量的判别　对于容量为 5000pF 的电容器，电阻档选择在 $R\times 100$ 或 $R\times 1k$ 档，其操作过程如下：用万用表的两表笔分别接触电容器的两个引脚，观察到万用表的指针快速摆动一下，然后复原（这是电容器的充、放电过程）。电容器的容量越大，指针摆幅越大。

在检测过程中，若万用表的指针不摆动，说明电容器已开路；若指针向右摆动后不再复原，说明电容器被击穿；若指针向右摆动后，回偏量很小，说明电容器有漏电现象。指针稳定后的读数即为电容器的漏电电阻值。正常情况下，电容器的绝缘电阻为 $10^8\sim 10^{10}\Omega$。

用万用表测量 5000pF 以下容量的电容器时，由于其电容量小，无法看出电容器的充、放电过程。这时，应选用具有测量电容器功能的数字万用表进行测量。

若是电解电容器，用红表笔接触电容器的负端，黑表笔接触正端，这时万用表指针将摆动一定幅度，然后恢复到零位或零位附近。电解电容器的容量越大，充电时间越长，指针摆动得也越大。若表笔接反，测出的漏电阻值会较小。

> **» 小提示**
> 测量电容器时，不要用手接触被测电容器的引脚或万用表表笔的金属部分，以免将人体电阻并联在电容器的两端，引起测量误差。

（2）电解电容器的正、负极判别　一些耐压较低的电解电容器，如果正、负引线标志不清时，可根据它正接时漏电电流小（电阻值大），反接时漏电电流大的特性来判断。

具体方法：用红、黑表笔接触电容器的两引线，记住漏电电流（电阻值）的大小（指针回摆并停下时所指示的阻值），然后把此电容器的正、负引线短接一下，将红、黑表笔对调后再测漏电电流。以漏电电流小的示值为标准进行判断，与黑表笔接触的那根引线是电解电容器的正极。

这种方法不适用于漏电电流小的电解电容器。

（3）可变电容器的检测　可变电容器有一组定片和一组动片。用万用表电阻档可检查其动、定片之间是否有碰片现象（短路），用红、黑表笔分别接触动片和定片，旋转轴柄，电表指针不动，说明动、定片之间无短路（碰片）处；若指针摆动，说明电容器有短路的地方。

6. 电感器的检测

用万用表最小电阻档（$R\times 1$ 档，一般电感器的电阻值为几欧或几十欧）测量电感器的通断。具体操作：用万用表的两只表笔分别接触电感器的两接线端，若测得线圈的电阻远大于标称值或趋于无穷大，说明电感器内部断路；若测得线圈的电阻远小于标称阻值或趋于 0，说明电感器内部短路。

4.3　数字式万用表

4.3.1　数字式万用表的结构图

数字式万用表种类也很多，它测量的基本量是直流电压，核心电路由 A-D 转换器、显示电路等组成。被测信号通过转换电路转换成直流电压再进行测量，其结构框图如图 4-12 所示。

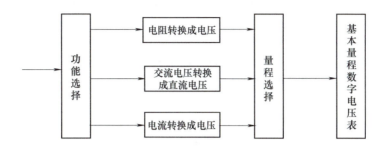

图 4-12　数字式万用表结构框图

4.3.2　数字式万用表的分类

国内外生产数字式万用表多达数百种，其分类方法也很多。如果按显示器显示结果的位数分，可分为三位半、五位、八位等；按 A-D 转换方式可分为比较型和积分型等。

4.3.3　数字式万用表的性能特点

1. 显示直观

采用数字显示，具有直观、能消除视差、读数准确、快速的特点。新型数字式万用表还有各种标记符号，如测量功能、量程、单位特殊标记等，读数更加方便，有助于正确操作，便于记录，易于与微型计算机连接进行数据处理。

2. 测量速度快

数字式万用表每秒钟对被测电量的测量次数称为测量速率，完成一次测量过程所需的时间称为测量周期。数字式万用表的测量速率一般为 2~5 次/s，即每 0.2~0.5s 电表就刷新一次读数。测量速度主要取决于电表内转换电路的速率，较高的测量速率可达几万次/s。

模拟式万用表由于表头转动部件受惯性影响较大，指针从开始偏转到稳定下来大约需要几秒。所以，数字式万用表的测量速率要快得多。

3. 测量参数多

数字式万用表不仅可以测量直流电压（DCV）、直流电流（DCA）、交流电压（ACV）、交流电流（ACA）、电阻（Ω）、二极管正向压降、晶体管共射极电流放大系数（h_{FE}），还可以测量交流电流（ACA）、电容（C）、电导（G）、温度（T）、频率（f），检查线路通断等。

4. 输入阻抗高

数字式万用表的输入阻抗（R_i 和 C_i）较高，通常 R_i 为 10MΩ，高档数字式万用表可达 10GΩ 或更高，以减小测量中的测量误差。

5. 抗干扰能力强

数字式万用表由于有较高的输入阻抗和灵敏度，易于引起干扰，一般有串模干扰和共模干扰两种。干扰电压以串联的方式与被测量一起作用于仪表的输入端形成串模干扰；而干扰电压和输入信号同时加在仪表两输入端形成共模干扰。数字式万用表中的 A-D 转换器对 50Hz 工频类的周期信号产生的串模干扰有很强的抑制能力，同时对共模干扰也有较强的抑制能力。一般数字式万用表的共模抑制比为 80～120dB，高档万用表可达 100～160dB，抑制比的数值越大，抗干扰能力越强。

6. 具有完善的保护功能

为避免误操作而损坏仪表，数字式万用表专门设计了完善的保护电路，例如，过电流保护、过电压保护、电阻档保护等电路，有较强的抗过载能力。

4.3.4 DT830 型数字式万用表

数字式万用表型号繁多，但其功能及应用方式没什么区别，下面介绍普通 DT830 型数字式万用表。图 4-13 所示是 DT830 型数字式万用表面板。

1. DT830 型数字式万用表的主要技术指标

DT830 型数字式万用表的基本档介绍如下。

1) DCV：200mV、2V、20V、200V、1000V。
2) ACV：200mV、2V、20V、200V、750V。
3) DCA：200μA、2mA、20mA、200mA。
4) ACA：200μA、2mA、20mA、200mA。
5) Ω：200Ω、2kΩ、20kΩ、200kΩ、2MΩ、20MΩ。
6) 二极管检测档。
7) 晶体管检测档：NPN 型管的检测，测量 NPN 型晶体管的 h_{FE} 值；PNP 型管的检测，测量 PNP 型晶体管的 h_{FE} 值。
8) 检测线路的通断（蜂鸣器）。
9) 附加档 2 个：DCA 10A；ACA 10A。

DT830 型数字式万用表采用 9V 叠层电池供电，总电流约为 2.5mA，整机功耗约为 17～25mW。

如果在高温（超过 40℃）、强阳光、高湿度（相对湿度 >80%）、寒冷（低于 0℃）的环境下使用数字式万用表，将损坏液晶显示器和其他元器件。液晶材料是介于固态和液态之间的一种晶状物质，当温度超过规定值时会发生液化；当温度低于 0℃ 则会发生固化，这些都会降低其使用寿命。万用表规定的工作温度范围一般是 0～40℃，准确度指标只在规定的温度范围内才能保证，超出此范围将带来温度附加误差。

因此，数字式万用表应当在干燥、无强光、无强磁场、环境温度适宜、无振动的条件下使用。

使用数字式万用表之前，应当认真阅读有关

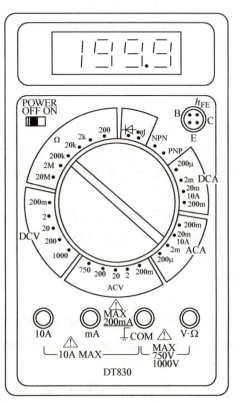

图 4-13 DT830 型数字式万用表面板

的使用说明书。

将电源开关（ON-OFF）置于"ON"位置，检查万用表内部电池电压值。如果电池电压不足，则会显示电池低电压符号，此时应及时更换新电池。

尽管数字式万用表采用较完善的过电压保护与过电流保护措施，仍须防止出现操作上的误动作（如用电流档去测量电压等），以免损坏仪表。在测量前，必须仔细核对量程开关（或按键）的位置，检查无误后才能进行实际测量。对于能自动选择量程的数字式万用表，也要注意功能键不能按错，输入插孔也不允许接错。

电表表笔插孔旁边的正三角中的感叹号表示输入电压或电流不应超过指示值。

测试前，功能开关应置于所需的量程位置。

2. 数字式万用表的基本测量方法

（1）直流电压的测量　将功能量程选择开关拨至"DCV"区域内合适的档位，红表笔插入"V·Ω"插孔，黑表笔插入"COM"插孔。然后将电源开关拨至"ON"位置，将表笔并联接入被测电路，显示器将显示被测电压的值。在显示直流电压值的同时，也显示红表笔端的极性。

如果显示器只显示"1"，则表示超量程，功能开关应调至更高的量程（其他参数的测量相同）。

> **>> 小提示**
>
> 测量直流电压的最大值不得超过1000V。

（2）交流电压的测量　将功能量程选择开关拨到"ACV"区域内合适的档位，表笔接法同直流电压的测量。将电源开关拨至"ON"的位置，即可进行交流电压的测量。

> **>> 小提示**
>
> 测量交流电压最高不得超过750V（有效值），且要求被测电压的频率在45~500Hz范围内。

（3）直流、交流电流的测量　将功能量程选择开关拨至"DCA"或"ACA"区域内合适的档位，红表笔插入"mA"插孔（被测电流≤200mA）或接"10A"插孔（被测电流＞200mA），黑表笔插入"COM"插孔，然后接通电源，将数字式万用表串接于电路中，显示器即显示被测电流值，在显示直流电流的同时，将显示红表笔端的极性（测直流电流时，不必考虑正、负极性，电表可自动显示极性）。

（4）电阻的测量　将功能量程选择开关拨至"Ω"区域内的合适档位，红表笔插入"V·Ω"插孔，黑表笔插入"COM"插孔。接通电源，用两表笔接触被测电阻两端，显示器将显示被测电阻值。

（5）二极管的测试　将功能量程选择开关拨至二极管符号"—▷|—"档，红表笔插入"V·Ω"，黑表笔插入"COM"插孔。接通电源，用两表笔接触被测二极管两端或将二极管插入晶体管专用管座 C 和 E 孔，显示器将显示二极管正向压降的 mV 值。当二极管反向连接时，显示超量程"1"标志。

检测二极管的质量及管型的鉴别方法：

1）数字式万用表的红表笔是内电池的正极；黑表笔是内电池的负极。

2）测量结果：若显示测量值在 1V 以下，则红表笔接的引脚为正极，黑表笔接的引脚为负极；若显示测量值为"1"V（超量程），则黑表笔接的引脚为正极，红表笔接的引脚为负极。

3）测量显示：550～700mV（即 0.55～0.70V），为硅管；150～300mV（即 0.15～0.30V），为锗管。

4）两次不同方向测量显示若均超量程时，说明管子内部开路；若均显示为"0"V，说明管子被击穿或内部短路。

（6）晶体管的测量 将功能量程选择开关拨至"h_{FE}"位置（有的数字式万用表为"NPN"或"PNP"标识），接通电源，将晶体管的三个管脚按被测管型的不同分别插入"h_{FE}"相应的管座内，此时显示器将显示晶体管的放大系数 h_{FE} 值。

检测晶体管的质量及管型的鉴别方法：

1）极性判别：用红表笔接晶体管的管脚，黑表笔依次接触另外两个管脚，若均显示超量程或电压均较小时，红表笔连接的为基极 b；若一次显示为超量程，一次显示电压较小，则红表笔接触的不是基极 b，换引脚重复上述测试。

2）判别管型：在上面的测试中，显示超量程的为 PNP 型管；电压均较小（0.5～0.7V）的为 NPN 型管。

3）判别 c、e 极：当确定了管型，若已知为 NPN 型管，基极 b 插入 B 管座，其他两引脚分别插入 C、E 管座，显示器显示 h_{FE} 值在 1～10（或十几）时，则晶体管接反（因为 c、e 引脚插反时，晶体管没有放大能力或放大倍数很小）；若 h_{FE} 值为 10～100（或更大），则接法正确，插在 E 管座的引脚是发射极 e，插在 C 管座的引脚是集电极 c。

3. 使用数字式万用表的注意事项

1）测量时，应注意欠电压指示符号，若欠电压符号被点亮，应及时更换电池。为延长电池的使用寿命，在每次测量结束后，应立即关闭电源。

2）严禁在测量高电压或大电流的过程中转换开关，以防电弧烧坏触点。

3）测电流时，应按要求将仪表串入被测电路，若无显示，应首先检查 0.5A 的熔丝是否接入插座。

测量前，若无法估计被测电压或电流的大小，应先选择最高量程档试测，然后根据显示结果选择合适的量程。

4）选择电压测量功能时，要求选择准确，防止误接，若误用交流电压档去测量直流电压或误用直流电压档去测量交流电压，将显示"0"或在低位上出现跳字。

交流电压测量电路是根据正弦电压平均值与有效值的关系组成，显示结果是正弦电压的有效值。因此，用数字式万用表测量非正弦电压时，其误差较大。

进行交流电压或电流测量时，应注意交流信号的频率范围。

5）用数字式万用表进行电阻测量、二极管检测时，红表笔插入"V·Ω"孔，电源电压的正极；黑表笔插入"COM"孔，电源电压的负极。红、黑两表笔对应的极性与模拟式万用表两表笔极性正好相反，使用时应特别注意。

用低档测电阻（如 100Ω）时，为提高测量精度，先将两表笔短接，测出两表笔的引线电阻，并根据此数值修正测量结果。

6) 用数字式万用表测量晶体管 h_{FE} 时,由于工作电压低、电流弱,其示值仅作参考。

4.3.5 数字式万用表应用实例

1. 线路通断的检测

将功能量程选择开关拨至蜂鸣器位置,红表笔插入"V·Ω"插孔,黑表笔插入"COM"插孔,接通电源。用两表笔分别接触待测导体两端,若被测电路电阻低于30Ω,蜂鸣器发声,表示线路是通的。若被测电路开路,蜂鸣器不发声且显示"1"。

2. 判别电源相线与中性线

在需要确定设备工作电源线中哪一根导线是带电相线,哪一根是中性线或地线时,可借助数字式万用表进行判别,具体操作方法:选择数字式万用表的ACV20V档,黑表笔不接电表(即"COM"插孔内不插表笔),只插上红表笔,并且利用它探测电源线导体,若万用表显示值在10V以上(220V电源通常在12~16V之间),则此线就是相线;若测试结果在0.05V(改用 ACV 的 2V 档)左右,此线是中性线或地线。

测试方法如图4-14所示。

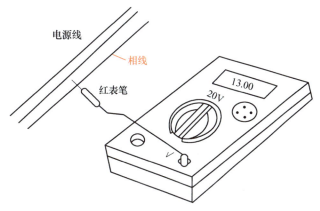

图 4-14 用数字式万用表对电源相线、中性线进行判别

3. 判别发光二极管的好坏

发光二极管(LED)是能够实现电能与光能转换的半导体器件。其发光颜色与管芯的材料有关,发光强度与正向电流近似成正比。它具有功耗低、体积小、亮度高、响应速度快、寿命长等优点。

从结构上分析,LED 有单色、双色、变色三种类型,如图 4-15 所示。单色 LED 只有一个 PN 结,常见的发光颜色有红色、绿色、黄色、蓝色、橙色等。

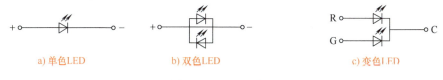

a) 单色LED b) 双色LED c) 变色LED

图 4-15 LED 的类型

双色 LED 实际上是把两只 LED 反极性并联后封装在管壳内,一只为红色 LED,另一只为绿色 LED。双色 LED 常用作极性指示器,如果发红光表示正极性信号接通,发绿光 LED 就表示负极性信号接通。

变色 LED 分为三变色管和多变色管两种。图 4-15c 所示为三变色管,其内部有两只 LED,一般采用共阴极接法,作为公共阴极 C。R 是发红光管的阳极,G 是发绿光管的阳极。单独驱动一只管子时可发出红光或绿光,如果同时驱动两只管子就发出复色光——

橙光。

发光二极管和普通二极管一样，具有单向导电的特性。其正向压降一般为1.5~2.3V，工作电流为5~20mA。因此，用普通的模拟式万用表不能使其发光。

单色LED的检测方法：将量程选择开关拨至PNP档，把被测管按照图4-16所示的方法插到数字式万用表的h_{FE}相应管座，若此时LED发光，则表明该管正常且显示"1"（因正向电流较大，显示器显示超量程符号）；若不发光且显示器显示"0"，交换被测管的正、负极（或阳极、阴极）重测一次。如果两次测试LED均不发光，则说明LED内部开路。

检测双色LED的方法同检测单色LED的方法相同，只是要分别检测两只LED。

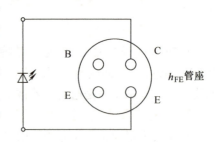

图4-16 单色LED的检测

变色LED的检测方法：将量程选择开关拨至PNP，并按图4-17所示把被测管插入h_{FE}管座。即把变色LED的C极固定插在C管座内，R、G极分别插入E管座。变色LED正常情况下发出红光或绿光且显示器显示"1"；若同时把R、G插入E管座，变色LED发出复合的橙色光且显示器显示"1"。

4. LED数码管的检测

LED数码管也称为半导体数码管，常作为数字仪表和微型计算机的显示器。它是将若干段条形LED排列成数字形状，常见的LED显示器由a、b、c、d、e、f、g共七段组成字形，用dp表示小数点。从结构上分，有共阳极接法和共阴极接法，如图4-18所示。

检测时，将数字式万用表量程选择开关拨至PNP档，此时C管座带正电，E管座带负电。当测试共阴极接法的数码管时，从E管座引出一根导线连接数码管的负极，再从C管座引出一根导线依次碰触各字段的引脚，若数码管质量没问题，则相应的字段发光，同时，显示器显示"1"。

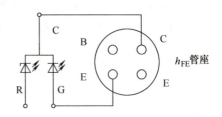

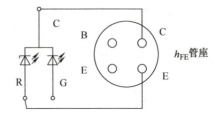

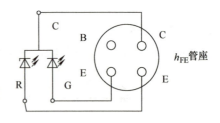

图4-17 变色LED的检测

> **想一想**
> 共阳极接法的数码管测试过程应如何完成？

5. 电容器的测量

用数字式万用表观察电容器的充电过程，只能以离散的数字量反映充电电压的变化情况。将量程选择开关拨至合适的电阻档，红表笔插入"V·Ω"孔，黑表笔插入"COM"

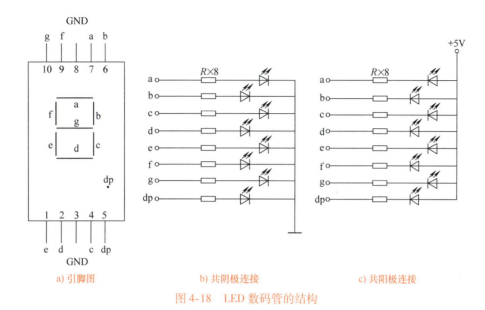

a) 引脚图　　　　　　　b) 共阴极连接　　　　　　c) 共阳极连接

图 4-18　LED 数码管的结构

孔。红表笔和黑表笔分别接触被测电容的两极，这时显示值将从"000"开始逐渐增加，直至显示超量程标识"1"，测量示意图如图 4-19 所示。

电容器测量原理：电源对电容进行充电，开始充电的瞬间，充电电压为 0，显示"000"。随着充电电容的逐渐升高，显示值亦随之增大，直至显示超量程标识"1"。

在电容器容量的测量过程中，选择电阻档的原则：电容量较大时，应使用低阻档，电容量较小时，应使用高阻档。若用低阻档检查小容量电容器，由于充电时间极短，会一直显示超量程标识，看不到充电变化过程。若用高阻档检查大容量电容器，由于充电过程很缓慢，测量时间将较长。

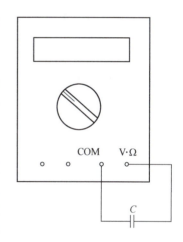

图 4-19　测量电容器容量的示意图

4.4　台式数字万用表

随着微电子技术的发展，现代仪器仪表均采用大规模集成电路及微处理器构成，其技术特性得到了极大提高。这里以 4 位 5/6 数位的 UT8804N 型台式数字万用表为例，介绍新型多功能台式数字万用表。

4.4.1　基本原理

UT8804N 型台式数字万用表是自动量程台式彩屏真有效值万用表。整机电路设计以 A-D 转换、微处理器、多功能测量、高稳定薄膜电阻制造技术等为主。它是一种性能优越的数字式万用表，可用于测量交直流电压、交直流电流、电阻、电导、二极管、电路通断、电容、温度、频率、脉冲宽度等参数，并具有数据保持、最大值/最小值/平均值测量、比较功能测量、相对值测量、峰值检测、趋势图捕捉、多达20000条数据记录/回读功能。其显示集成4.3in（1in=2.54cm）彩色显示屏，可多层次、全方位清晰显示测量结果，图形化显示兼有读数和趋势图，让测量结果更清晰。

UT8804N型台式数字万用表的原理图如图4-20所示。被测量通过前端端口接入；各种被测量由功能档位和功能电路进行切换，实现不同物理量的转换；交/直流放大器根据量程大小选择合适的放大电路和放大倍数，将其输出给后一级模-数转换器，由ADC模-数转换器将前级传输来的电压信号转换为数字信号，转换结果通过SPI总线送给FPGA。至此，输入的模拟信号部分处理完成。其中，比较器将正弦信号整形为方波信号，送给后续频率测量电路；分压器根据需要将前级电压信号进行分压处理，以适合ADC的输入范围。

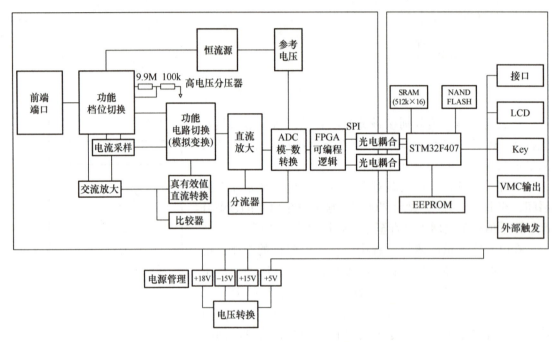

图4-20　UT8804N型台式数字万用表的原理图

FPGA现场可编程门阵列配合外围电路实现电容测量、频率测量，并将来自ADC的转换结果通过光电耦合方式传输给STM32F407微处理器完成所需数据处理，根据仪表功能需要进行输出，实现数据的存储。其中，SRAM主要存储系统运行中的临时性数据，如显示、测量数据等；NAND FLASH存储STM32F407微处理器运行的BOOT、操作系统、文件系统以及用户保存的测试数据文件和配置文件等。

4.4.2　主要技术指标

UT8804N型台式数字万用表的主要技术指标包括以下几项。

（1）最大显示电压值　直流和交流电压均为1000V。

（2）显示形式　4.3inTFT LCD显示，最大显示值为59999。

（3）输入阻抗　输入阻抗约为10MΩ。

（4）分辨率　分辨率因各参数测量的不同而不同。

(5) 频率响应 电压测量时,频率响应为 100kHz;频率测量时,频率响应为 10Hz~30MHz。

(6) 存储容量 具有 20000 组记录数据存储容量。

(7) 其他 自动量程、真有效值数字;具有 USB Device,支持 NeptuneLab 实验室管理系统。

4.4.3 台式万用表的使用

1. 面板介绍

UT8804N 型台式数字万用表的面板如图 4-21 所示。

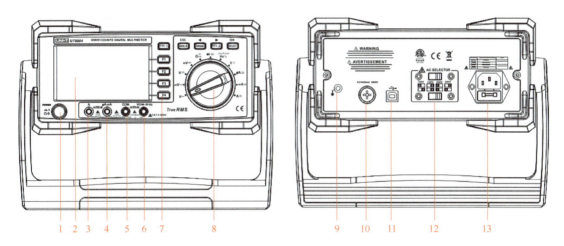

图 4-21 UT8804N 型台式数字万用表面板图

1—电源开关 2—TFT 显示屏 3—A 电流输入插孔 4—μA 和 mA 输入插孔 5—COM 输入端 6—其余测量输入端
7—功能按键 8—旋钮开关 9—接地端 10—熔丝旋钮(F1 600mA) 11—USB 接口
12—交流电压选择开关 13—插座

(1) 旋钮开关 UT8804N 型台式数字万用表面板旋钮开关示意图如图 4-22 所示。

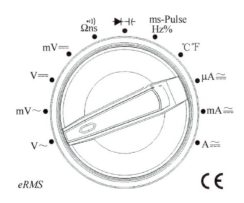

图 4-22 UT8804N 型台式数字万用表面板旋钮开关示意图

各旋钮开关功能介绍见表 4-2。

表 4-2　旋钮开关功能说明表

旋钮	功能
V~	交流电压测量
mV~	交流毫伏电压测量
V=	直流（DC）和交流合并直流（AC+DC）电压测量
mV=	直流毫伏电压和交流合并直流（AC+DC）毫伏电压测量
Ω ⁾⁾⁾ ns	电阻、通断性和电导系数测量
▶︎⊢⊢	二极管、电容测量
ms-Pulse Hz%	频率、占空比和脉冲宽度测量
μA≅	交流（AC）、直流（DC）和交流合并直流（AC+DC）微安电流测量
℃℉	温度测量
mA≅	交流（AC）、直流（DC）和交流合并直流（AC+DC）毫安电流测量
A≅	交流（AC）、直流（DC）和交流合并直流（AC+DC）电流测量

（2）功能按键　仪表上的 9 个按钮用于激活可扩充用旋转开关选定的功能特性和浏览菜单。功能按键说明见表 4-3。

表 4-3　功能按键说明表

按钮	功能
MENU	打开或关闭菜单功能标签 按住按钮 1s 切换背光亮度
F1 F2 F3 F4	选择相对应的菜单功能
ESC/HOLD	在菜单显示时，用于退出子菜单；否则，用于数据保持功能
◀ RANGE	在菜单显示时，用于控制光标向上滚动，选择相关的子功能和模式；否则，用于将仪表量程模式切换至手动模式，然后依次在所有可用量程之间变换。要返回自动量程选取，按住按钮 1s
▶ RELΔ	在菜单显示时，用于控制光标向下滚动，选择相应的子菜单；否则，用于相对值模式测量，要退出相对值模式测量，需按住按钮 1s
OK/SELECT	在菜单显示时，确认进入光标选取的子菜单功能和模式；否则用于选择档位的复合功能

（3）表笔端子使用　UT8804N 型台式数字万用表仪表面板上的输入端子使用见表 4-4。

表 4-4 输入端子使用说明表

端子	描述
A	测量电流 0～10.00A（20A 过载最长持续 30s，再中断 10min）和频率的输入端子
μA mA	测量 0～600mA 电流和频率的输入端子
COM	各种参数测量的公共端子
VΩ⯈⊢⊢	测量电压、通断性、电阻、二极管、电导、电容、频率、周期和占空比等参数的输入端子

2. 电源开关

UT8804N 型台式数字万用表的电源设置在后面板，如图 4-23 所示。将上、下两个开关正确拨到对应的位置，国内选择常用的 220V 供电电源（上、下开关均拨至左侧），请勿拨错，否则电源插座上的熔丝会熔断。然后在正面板打开电源开关。

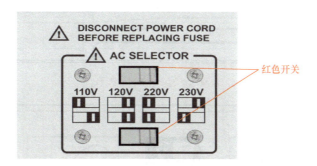

图 4-23 UT8804N 型台式数字万用表电源设置示意图

> **>> 小提示**
> 此电源设置是国际标准设计模式，使用时需要注意正确配置。

3. 测量方法

（1）交流电压的测量

1）将红表笔插入"V·Ω"孔，黑表笔插入"COM"孔。

2）将仪表的转换开关置于 V～档，如图 4-24 所示。将表笔并联到待测电源或负载上。

3）从显示器上直接读取被测电压值，测量交流电压显示的是电压有效值。

4）按功能键（MENU）打开主菜单；按 F1 键打开测量模式子菜单，控制光标可选择电压+频率、峰值、低通滤波、dBV、dBm 等测量模式。

5）在电压+频率测量模式下，主要显示测量电压值，辅助显示频率和周期。

6）在峰值测量模式下，显示正峰值 PeakMax，负峰值 PeakMin。

7）在低通滤波测量模式下，交流信号要经过滤波器，该滤波器会滤掉高于 1kHz 的电压，如图 4-25 所示。低通滤波器可测量由逆变器和变频电动机产生的复合正弦波信号。

8）在 dBV 测量模式下，主显 dBV，副显相应的交流电压值，模拟条显示被测信号的交流电压。dBV＝20lg（输入电压）。

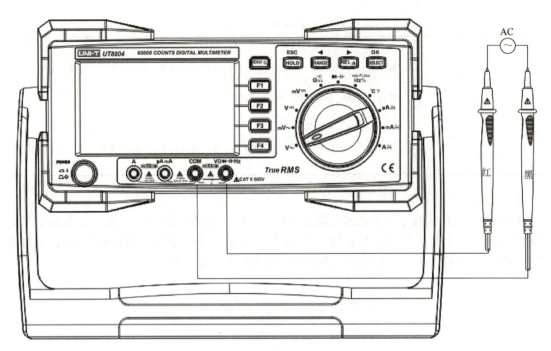

图 4-24 交流电压测量示意图

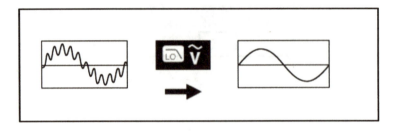

图 4-25 低通滤波测量示意图

9)在 dBm 测量模式下,主显 dBm,副显相应的交流电压值和参考阻抗值。

>> **小常识**

dBm 即分贝毫瓦,用于表示功率绝对值,计算式为 10log(功率值/1mV)。很多参数是基于电压测量而不是功率测量,因此在使用 dBm 描述功率时必须知道电路的参考电阻。

(2)交流毫伏电压的测量

1)将红表笔插入"V·Ω"孔,黑表笔插入"COM"孔。

2)将仪表的转换开关置于 mV~档,如图 4-26 所示,将表笔并联到待测电源或负载上。

3)从显示器上直接读取被测电压值,交流测量显示为有效值。

4)按功能键(MENU)打开主菜单;按 F1 键打开测量模式子菜单,控制光标可选电压+频率、峰值、AC+DC 等测量模式。

第4章 万用表及其测量技术

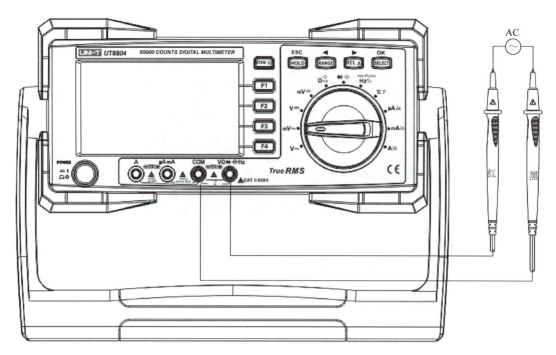

图4-26 交流毫伏电压测量示意图

5）在 AC + DC 测量模式下，主显 AC + DC 的值（定义为 $\sqrt{ac^2 + dc^2}$），副显交流分量和直流分量。

> **小提示**
>
> ① 进行交流毫伏电压测量时，子菜单电压＋频率、峰值测量方法与交流测量方法相同。
>
> ② 直流电压、直流毫伏电压测量与交流电压、交流毫伏电压测量类似，测量时把相关旋钮开关旋至相应的档位即可。
>
> ③ 其他参数的测量与普通万用表测量过程类似，这里不再赘述。

4. 记录测量数据

存储、记录、删除过程中不要随意给仪表断电，否则，极易造成数据丢失，甚至破坏存储空间。若是存储空间出现异常，可尝试格式化存储器。

进入"存储"菜单后，控制光标可以进行如下选项操作。

（1）保存　按功能键 F1，选择"保存"菜单，单次记录当前的测量数据，记录数量最多达到20000条。

（2）查看保存　按功能键 F1，选择"查看保存"菜单，按功能键"OK"确认查看，进入单次记录数据的查询界面，右上方会显示提示符"▦"，如图4-27所示。短按或长按"◀"键查询上一条记录数据；短按或长按"▶"键查询下一条记录数据。按"F1"或"OK"键弹出是否删除当前的记录数据提示界面，若选择"是"，则删除当前记录数据；若选择"否"，则退出删除操作。

图 4-27 查看保存结果示意图

1—查看提示符 2—记录数据 3—记录数据的位置和记录数据的总数量 4—记录数据的日期和时间

除显示记录的数据外,左下角显示当前记录数据的位置和记录数据的总数量,右下角显示当前记录数据的日期和时间,按"ESC"键退出。

(3) 删除全部保存 移动光标选择"删除全部保存"菜单,按功能键"F1"或"OK"弹出是否删除提示界面,若选择"是",则删除所有的记录数据;若选择"否",则退出删除操作。

另外,UT8804N 型台式数字万用表还可以进行录制、录制查询、删除录制等操作,这里就不一一介绍了。

本 章 小 结

万用表是常用电子仪表,它可以完成多种参数的测量。万用表按其显示方式分为模拟式万用表和数字式万用表,本章分别介绍了它们的原理及应用。

1. 模拟式万用表的特点,模拟式万用表测量直流电流、电压,交流电压,直流电阻,音频电平的原理。

2. MF500 型万用表的主要性能指标、整机原理。

3. MF500 型万用表表盘上各种符号的含义、准确度等级、测量误差知识及使用模拟式万用表测量的基本方法。

4. 介绍了模拟式万用表的几个应用实例,由此更好地掌握模拟式万用表的使用。

5. 介绍了数字式万用表的结构;数字式万用表的常见分类形式;数字式万用表的性能特点。

6. 通过对 DT830 型数字式万用表使用方法的介绍,掌握数字式万用表使用中的基本要求,基本参数的测试方法以及数字式万用表使用中的注意事项。

通过数字式万用表应用实例的分析、介绍,掌握数字式万用表使用技巧。

7. 介绍了台式数字万用表的基本原理、技术指标及使用方法,掌握台式数字万用表常用测量方法、数据存储等。

综 合 实 训

实训一 电压、电阻和电容的测量

1. 实训目的

熟悉模拟式万用表和数字式万用表的面板布置,识别面板上各种标志符号。掌握万用表的基本测量方法。

2. 实训仪器

模拟式万用表(如 MF500 型)、数字式万用表(如 DT830 型)、台式数字万用表(如 UT8804N 型)、直流稳压电源、各类电阻器若干和各类电容器若干等。

3. 实训内容

(1)交流电压的测量 分别用 MF500 型模拟式万用表、DT830 型数字式万用表和 UT8804N 型台式数字万用表测量市电,并将测量结果填入表 4-5。

表 4-5 交流电压的测量

型 号	第一次测量	第二次测量	第三次测量	平均值
MF500 型万用表				
DT830 型万用表				
UT8804N 型台式数字万用表				

(2)直流电压的测量 分别用 MF500 型模拟式万用表、DT830 型数字式万用表和 UT8804N 型台式数字万用表测量表 4-6 所示的稳压电源输出值,并将测量结果填入表 4-6。

表 4-6 直流电压的测量

直流稳压电源	5V	10V	15V	20V
MF500 型万用表				
DT830 型万用表				
UT8804N 型台式数字万用表				

(3)电阻的测量 读出不同标识电阻的标称阻值,利用 MF500 型模拟式万用表 DT830 型数字式万用表和 UT8804N 型台式数字万用表测量这些电阻的阻值,并将测量结果填入表 4-7。

表 4-7 电阻的测量

电阻编号	电阻的标识	标称阻值	MF500 型万用表测量值	DT830 型万用表测量值	UT8804N 型台式数字万用表测量值

(4)电容的测量 用万用表的欧姆档（$R \times 10\text{k}$）检测电容器的好坏；选择两个 5000pF 以上，且容量不等的电容器，用万用表检测并判断它们的容量大小。将模拟式万用表检测电容器的各种结果记录在表 4-8 中；观察数字式万用表测电容器的变化过程。

表 4-8 电容的测量

电容类型	电容的标称容量	MF500 型万用表测量结果		
		万用表档位	指针偏转范围	电容的漏电阻值

4. 实训报告要求

1）按表格要求正确填写全部原始测量数据。

2）根据被测量选择正确量程档，根据被测量值大小选择合适量程。分析测量结果并计算测量误差。

3）测试过程出现什么异常现象，记录下来，并分析原因。

实训二 半导体器件的测量

1. 实训目的

熟悉掌握用万用表判别各种晶体管的优劣和引脚。

2. 实训仪器

模拟式万用表（如 MF500 型）、数字式万用表（如 DT830 型）、台式数字万用表（如 UT8804N 型）、二极管不同型号各一支、晶体管不同型号各一只等。

3. 实训内容

（1）二极管的测试

1）用 MF500 型模拟式万用表的 $R \times 100$ 档区别不同类型的二极管管型，并判别其质量的好坏。

2）用 DT830 型数字式万用表的二极管测试档区别不同型号的二极管管型，并判别其质量的好坏。

3）用 UT8804N 型台式数字万用表测试不同型号的二极管，并判别其质量的好坏。

（2）晶体管的测量

① 分别用 MF500 型模拟式万用表、DT830 型数字式万用表和 UT8804N 型台式数字万用表区别硅管与锗管，判别各极，NPN 型或 PNP 型管型，鉴别其质量的好坏。

② 分别用 MF500 型模拟式万用表、DT830 型数字式万用表和 UT8804N 型台式数字万用表测量晶体管的 h_{FE}。

4. 实训报告要求

1）写出正确操作步骤。

2）测试硅管与锗管时万用表显示有什么不同？如何区别？

3）测试过程出现什么异常现象，记录下来，并找出问题的原因所在。

习 题

1. 为何模拟式万用表的电阻档刻度线是反向的，而且整个分度是不均匀的？
2. 用模拟式万用表测电流、电压和电阻时，应如何选择量程档才能使测量误差较小（从表针偏转情况解释）？
3. 利用 MF500 型模拟式万用表的交流 10V 和 100V 档测电平，若此时示值前者为 -6 dB，后者为 14dB；试问实际电平值各为多少？
4. 用 DT830 型数字式万用表的直流电压 100V 档去测 9V 的叠层电池是否合适？若不合适，应选哪一档测量？
5. 模拟式万用表与数字式万用表都有红、黑两根表笔，两者对应的极性是否一致？两者有什么区别？它们在使用时应注意什么问题？
6. DT830 型数字式万用表的超量程显示标识是什么？
7. UT8804N 型台式数字万用表如何保存数据？

第5章 电压测量技术

🔍 引 言

本章主要介绍电子电路中电压的特点；交流电压的几种参数形式及它们之间的关系；电子电压表的类型；均值型电子电压表、峰值型电子电压表的原理、使用方法、测量误差的分析方法；有效值型电子电压表的原理；数字式电子电压表的分类；比较式、积分式数字电压表的原理；数字多用表的原理；数字电压表的主要技术指标，电子电压表的基本使用方法。

📚 学习目标

应知：交流电压的基本参数；
　　　电子电压表的分类；
　　　模拟式电子电压表的基本类型；
　　　均值型、峰值型、有效值型电子电压表的特点、使用方法；
　　　数字式电子电压表的基本原理；
　　　多用型 DVM 工作原理、主要技术指标及测量误差表示；
　　　电子电压表的使用方法。

应会：交流电压参数之间的转换；
　　　均值型、峰值型电子电压表的使用、参数换算及误差处理；
　　　用电子电压表测直流稳压电源纹波系数、变压器电压比等。

📝 延伸阅读

第5章
延伸阅读

5.1 概述

电压测量是电子电路测量的一个重要内容。电子设备的许多工作特性，如增益、衰减、灵敏度、频率特性、调幅度等都可视为电压的派生量；电子设备的各种控制信号、反馈信号、报警信号等，往往也直接表现为电压量总之，电压测量是许多电参量测量的基础。

科学实验、生产及仪器设备的检修和调试中，所要测量的电压信号频率范围往往从 0.00001Hz 到数千兆赫，其幅度甚至小到毫伏（mV）；波形除了正弦波外，还包括方波、锯齿波、三角波等。采用普通的电工仪表是不能进行有效测量的，必须借助电子电压表进行测量。本章将讨论模拟式和数字式两种电子电压表，它们是应用十分广泛的电压测量仪器。

5.1.1 电子电路中电压的特点

谈到电压的测量，很多人首先会想到万用表。的确，万用表的应用是很广泛的，但是在电子电路中它往往是不适用的。电子电路中的电压具有如下特点。

1. 频率范围宽

电子电路中电压的频率可以在直流（0Hz）到数百兆赫范围内变化。而单纯 50Hz 的电压是很少的，不同频率的电压量要用相应的电压表去测量。

2. 电压范围广

被测电压的量值范围是选择电压测量仪器量程范围的依据。通常，电子电路中电压值的下限低至纳伏数量级，上限则高至几十千伏。这就要求所使用的电压测量仪器依测量电压的量值进行不同的选择。

3. 等效电阻高

电压测量仪器的输入电阻就是被测电路的额外负载，为了减小仪器接入对被测电路的影响，要求其具有较高的输入电阻。

在测量较高频率的电压时，还应考虑输入电容等的影响，以及阻抗匹配等问题。

4. 波形多种多样

电子电路中除了正弦波电压外，还有大量的非正弦电压。这时，从普通指示仪表刻度盘上直接获得的示值往往含有较大的波形误差。

另外，被测电压中往往是交流与直流并存，甚至还串入一些噪声干扰等不需要测量的成分。这需要在测量中对其加以区分。

电子电路中电压量的测量，通常属于工程测量范围，只要求有一定的准确度即可。但有些场合要求有较高的准确度。测量准确度要视具体情况而定。

5.1.2 交流电压的基本参数

描述交流电压的基本参数有峰值、平均值和有效值。

1. 峰值

任一个交变电压在所观察的时间内或一个周期性信号在一个周期内偏离零电平的最大电压瞬时值称为峰值，用 U_p 表示。如果电压波形是双极性的且不对称，则正峰值 U_p^+ 和负峰值 U_p^- 是不同的，如图 5-1a 所示。

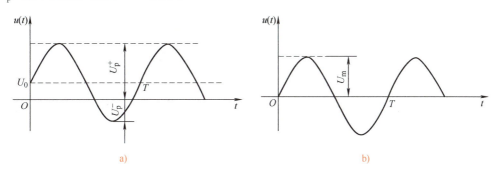

图 5-1 交流电压的峰值

任意一个交变电压在所观察的时间内或一个周期性信号在一个周期内偏离直流分量 U_0 的最大值称为幅值或振幅，用 U_m 表示。正、负幅值不等时，分别用 U_m^+ 和 U_m^- 表示，如图5-1b所示，图中 $U_0=0$，且正、负幅值相等。

> **》》小提示**
>
> 峰值与振幅值的区别：峰值是从零参考电平开始计算的，振幅值则是以直流分量为参考电平计算。对于正弦交流信号而言，当不含直流分量时，其振幅等于峰值，且正负峰值相等。

2. 平均值

任何一个周期性信号 $u(t)$ 在一周期内电压的平均大小称为平均值，通常用 $\overline{U}$ 表示。平均值的数学表达式为

$$\overline{U} = \frac{1}{T}\int_0^T u(t)\,dt$$

在交流电压测量中，平均值指检波之后的平均值，故又可分为半波平均值及全波平均值。

3. 有效值

任何一个交流电压通过某纯电阻所产生的热量与一个直流电压在同样情况下产生的热量相同时，该直流电压的数值即为交流电压的有效值，用 U_{rms} 表示。有效值的数学表达式为

$$U_{rms} = \sqrt{\frac{1}{T}\int_0^T u^2(t)\,dt}$$

当不特别指明时，交流电压的值就是指它的有效值，各类电压表的示值都是按有效值刻度的。

4. 波形系数和波峰系数

为了表征同一信号的峰值、有效值及平均值的关系，引入了波形系数和波峰系数。

波形系数：交流电压的有效值与平均值之比，用 K_F 表示，即

$$K_F = \frac{U_{rms}}{\overline{U}}$$

波峰系数：交流电压峰值与有效值之比，用 K_P 表示，即

$$K_P = \frac{U_P}{U_{rms}}$$

几种典型交流信号的波形系数、波峰系数参数值，见表5-1。

表5-1 典型交流信号的波形系数、波峰系数参数值

序号	名称	波形图	波形系数 K_F	波峰系数 K_P	有效值	平均值
1	正弦波		1.11	1.414	$U_P/\sqrt{2}$	$\frac{2}{\pi}U_P$

（续）

序号	名称	波形图	波形系数 K_F	波峰系数 K_P	有 效 值	平 均 值
2	半波整流		1.57	2	$U_P/2$	$\dfrac{1}{\pi}U_P$
3	全波整流		1.11	1.414	$U_P/\sqrt{2}$	$\dfrac{2}{\pi}U_P$
4	三角波		1.15	1.73	$U_P/\sqrt{3}$	$U_P/2$
5	锯齿波		1.15	1.73	$U_P/\sqrt{3}$	$U_P/\sqrt{2}$
6	方波		1	1	U_P	U_P
7	梯形波		$\dfrac{\sqrt{1-\dfrac{4\phi}{3\pi}}}{1-\dfrac{\phi}{\pi}}$	$\dfrac{1}{\sqrt{1-\dfrac{4\phi}{3\pi}}}$	$\sqrt{1-\dfrac{4\phi}{3\pi}}\,U_P$	$\left(1-\dfrac{\phi}{\pi}\right)U_P$
8	脉冲波		$\sqrt{\dfrac{T}{t_w}}$	$\sqrt{\dfrac{T}{t_w}}$	$\sqrt{\dfrac{t_w}{T}}\,U_P$	$\dfrac{t_w}{T}U_P$
9	隔直脉冲波		$\sqrt{\dfrac{T-t_w}{t_w}}$	$\sqrt{\dfrac{T-t_w}{t_w}}$	$\sqrt{\dfrac{t_w}{T-t_w}}\,U_P$	$\dfrac{t_w}{T-t_w}U_P$
10	白噪声		1.25	3	$\dfrac{1}{3}U_P$	$\dfrac{1}{3.75}U_P$

5.1.3 电子电压表的分类

电子电压表的类型很多，一般按测量结果的显示方式将它们分为模拟式电子电压表和数字式电子电压表。

1. 模拟式电子电压表

模拟式电子电压表一般用磁电系电流表头作为指示器。由于磁电系电流表只能测量直流电流，测量直流电压时，可直接经放大或衰减后变成一定量的直流电流，以驱动直流表头的指针偏转指示其大小；测量交流电压时，须经过交流-直流转换器，将被测交流电压先转换成与之成比例的直流电压后再进行直流电压的测量。

在模拟式电子电压表中，大都采用整流的方法将交流信号转换成直流信号，然后通过直流表头的指示读数，这种方法称为检波法。另外，还有热电偶转换法和公式转换法等。

根据电子电压表电路组成方式的不同，模拟式电子电压表又有不同类型，下面介绍几种典型的类型。

（1）放大-检波式　放大-检波式电子电压表是先将被测信号进行放大，再进行检波，然后通过直流表头指示读数，如图5-2所示。

图5-2　放大-检波式电子电压表原理框图

其中，放大电路一般采用多级宽带交流放大器，灵敏度很高，可测几十至几百微伏的电压，频率上限可达10MHz；交流-直流转换器常采用平均值检波器。这种类型的电子电压表常称为"毫伏表"。

（2）检波-放大式　检波-放大式电子电压表对被测交流电压采取了先检波后放大的方法，故频率范围、输入阻抗等都主要取决于检波器。如果应用超高频二极管检波，频率范围则可达20Hz~1GHz。因此，这类电压表也称为超高频电子电压表。其原理框图如图5-3所示。

图5-3　检波-放大式电子电压表原理框图

检波-放大式电子电压表的交流-直流转换器采用了峰值检波器。

（3）热电转换式和公式式　热电转换式电子电压表通过热电偶将交流电压有效值转换成直流电压值。这种方法的优点是没有波形误差，但是有热惯性，频带不宽。

公式式是利用有效值公式，即

$$U_{\text{rms}} = \sqrt{\frac{1}{T}\int_0^T u^2(t)\,\mathrm{d}t}$$

经过模拟平方器、积分器、开方器等转换环节进行转换。采用这种方法，频带受转换器的限制，准确度较低，常用于较低频率有效值电压的测量。

2. 数字式电子电压表

数字式电压表首先利用模-数（A-D）转换原理，将被测的模拟量电压转换成相应的数字量电压，用数字式电压表直接显示被测电压的量值。与模拟式电压表相比，数字式电压表具有精度高、测量速度快、抗干扰能力强、自动化程度高、便于读数等优点。

最基本、最常见的数字式电压表是直流数字式电压表（DVM），在其输入端配以不同的转换器或传感器就可以测量交流电压、电流、电阻等电量。它是多种数字测量仪器的基本组成部分。

直流数字式电压表的组成框图如图5-4所示。它主要由模拟电路、数字逻辑电路及显示电路组成。其中，模拟电路中的模-数（A-D）转换器是数字式电子电压表的核心，应用不同的 A-D 转换原理就能构成不同类型的数字式电子电压表。

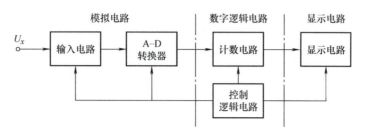

图 5-4　直流数字式电压表的组成框图

（1）逐次比较型数字式电子电压表　以逐次比较型 A-D 转换器为核心部件，将被测电压与已知的不断递减的基准电压进行逐次比较，最终获得被测电压值。

逐次比较型数字式电子电压表的分辨力和准确度均较高，但抗干扰性能差。

（2）积分型数字式电子电压表　以积分型 A-D 转换器为核心部件，利用积分原理把被测电压量转换为与之成正比的时间或频率，再利用计数器测量脉冲的个数来反映电压的数值。

积分型数字式电子电压表抗干扰能力强，但转换速度慢。

5.2　模拟式电子电压表

模拟式电子电压表根据交、直流转换方式（检波方式）的不同分为均值型、峰值型和有效值型三种。下面分别讨论这三种类型电子电压表的基本组成、工作原理及使用中的误差处理方法。

5.2.1　均值型电子电压表

均值型电子电压表属于放大-检波式电子电压表。先将被测交流电压进行放大，然后进行检波。检波器-交直流转换器常采用平均值检波器，所以称为均值型电子电压表。均值型电子电压表常用于低频信号电压的测量。

平均值检波器分为半波式和全波式两种，不特别注明时，指全波式平均值检波器。

1. 平均值检波器的原理

均值型电子电压表内常用的平均值检波器电路如图 5-5 所示。图 5-5a 所示为桥式全波整流器电路，图 5-5b 所示为半桥式全波整流电路。图 5-5b 中以电阻代替图 5-5a 中的两只二极管，这在实际电路中是常见的。

以图 5-5a 所示为例，设输入电压为 $U(t)$，$VD_1 \sim VD_4$ 相同，其正向电阻为 R_d，微安表内阻为 r_m。理论证明，流过微安表的电流 $\bar{I}$ 为

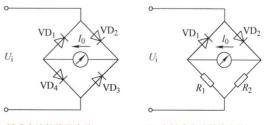

a) 桥式全波整流器电路　　b) 半桥式全波整流电路

图 5-5　平均值检波器电路

$$\bar{I} = \frac{\bar{U}}{2R_\mathrm{d} + r_\mathrm{m}}$$

由上式可知，均值型电子电压表的表头偏转正比于被测电压的平均值，即 $\bar{I} \propto K\bar{U}$（K 为比例系数）。整流后的平均电流与输入波形无关，只与其平均值有关。

2. 定度系数与波形换算

由于实际测量中正弦波使用最普遍，因此，电子电压表刻度皆用正弦有效值进行定度。微安表的指针偏转角 α 与被测电压平均值 $\bar{U}$ 成正比。仪表度盘是按正弦波电压有效值刻度的，所以，电表在额定频率下加正弦交流电压时的指示值为

$$U_\alpha = K_\alpha \bar{U}$$

式中 $\bar{U}$——被测任意波形电压的平均值；
K_α——定度系数。

由上式可知

$$K_\alpha = \frac{U_\alpha}{\bar{U}}$$

如果被测电压是正弦波，又采用全波检波电路，已知正弦有效值电压为 1V 时，全波检波后的平均值则为 $\frac{2\sqrt{2}}{\pi}$V，故

$$K_\alpha = \frac{U_\alpha}{\bar{U}} = \frac{1}{2\sqrt{2}/\pi} \approx 1.11$$

利用均值型电子电压表测量非正弦波电压时，其示值 U_α 是没有直接意义的，只有把示值转换后，才能得到被测电压的有效值。这是在使用此类电压表时要特别注意的一点。

首先，按"平均值相等，示值也相等"的原则将示值 U_α 折算成被测电压的平均值，即

$$\bar{U} = \frac{U_\alpha}{K_\alpha} = \frac{1}{1.11}U_\alpha \approx 0.9 U_\alpha$$

再根据波形系数 K_F 求出被测电压的有效值，即

$$U_{x\mathrm{rms}} = K_\mathrm{F} \bar{U} \approx 0.9 K_\mathrm{F} U_\alpha$$

不同波形的信号电压具有不同的波形系数 K_F，见表 5-1。常用的波形系数：正弦波 $K_\mathrm{F} = 1.11$，方波 $K_\mathrm{F} = 1$，三角波 $K_\mathrm{F} = 1.15$。

由以上分析可知，用均值型电子电压表测量电压时，对非正弦波要进行波形换算。换算方法：当测量任意波形电压时，将从电压表刻度盘上读取的示值先除以定度系数，折算成正弦波电压的平均值；然后按"平均值相等，示值也相等"的原则，用波形系数换算出被测非正弦电压的有效值。

对于采用全波检波电路的电压表，被测电压的有效值与示值的关系是

$$U_{x\mathrm{rms}} = 0.9 K_\mathrm{F} U_\alpha$$

>> **想一想**

用均值型电子电压表测量正弦波电压时，读数有意义吗？其值是什么？

例 5.1 用均值型电子电压表（全波式）分别测量正弦波、方波及三角波电压，电压表示值为 10V，问被测电压的有效值分别是多少伏？

解： 1）对于正弦波，示值就是有效值，故正弦波的有效值 $U_\mathrm{rms} = 10\mathrm{V}$。

2）对于方波，因为方波的波形系数 $K_\mathrm{F} = 1$，示值 $U_\alpha = 10\mathrm{V}$，所以方波电压的有效值

$$U_\mathrm{rms} = 0.9 K_\mathrm{F} U_\alpha = (0.9 \times 1 \times 10)\mathrm{V} = 9\mathrm{V}$$

3）对于三角波，因为三角波的波形系数 $K_\mathrm{F} = 1.15$，示值 $U_\alpha = 10\mathrm{V}$，所以三角波电压的有效值

$$U_\mathrm{rms} = 0.9 K_\mathrm{F} U_\alpha = (0.9 \times 1.15 \times 10)\mathrm{V} = 10.35\mathrm{V}$$

3. 波形误差分析

以全波式均值型电子电压表为例，当以示值 U_α 作为被测电压有效值 $U_{x\mathrm{rms}}$ 时，所引起的绝对误差 ΔU 为

$$\Delta U = U_\alpha - 0.9 K_\mathrm{F} U_\alpha = (1 - 0.9 K_\mathrm{F}) U_\alpha$$

示值相对误差 γ_u 为

$$\gamma_\mathrm{u} = \frac{\Delta U}{U_\alpha} = \frac{(1 - 0.9 K_\mathrm{F}) U_\alpha}{U_\alpha} = 1 - 0.9 K_\mathrm{F}$$

例如，当被测电压为方波时，有

$$\gamma_\mathrm{u} = 1 - 0.9 K_\mathrm{F} = (1 - 0.9 \times 1) \times 100\% = 0.1 \times 100\% = 10\%$$

即产生 10% 的误差。由例 5.1 可知，实际有效值是 9V，但电压表示值为 10V，多指示 1V，其误差为 10%。

当被测电压为三角波时，有

$$\gamma_\mathrm{u} = 1 - 0.9 K_\mathrm{F} = (1 - 0.9 \times 1.15) \times 100\% = -0.035 \times 100\% \approx -3.5\%$$

即产生 -3.5% 的误差。由例 5.1 可知，实际有效值为 10.35V，但电压表的示值为 10V，少指示 0.35V，其误差为 -3.5%。

可见，对于不同的波形，所产生的误差大小及方向是不同的。

用均值型电子电压表测量交流电压，除了波形误差之外，还有直流微安表本身的误差、检波二极管的老化或变值等所造成的误差，但主要是波形误差。

4. DA-16 型毫伏表简介

模拟式电子电压表种类型号很多。例如，国产 GB-9 型电子管毫伏表和 DA-16 型晶体管毫伏表均为均值型电子电压表。现以 DA-16 型晶体管毫伏表为例，对均值型电子电压表作简要介绍。

DA-16 型晶体管毫伏表原理图如图 5-6 所示。前置级组成阻抗变换器，获得高输入阻抗。步进分压器用于选择量程。放大电路 A 与 VT_1、VT_2 组成的串联电压负反馈电路构成宽频带放大器。二极管 VD_1、VD_2 及 R_1、R_2 组成全波检波电路。微安表及附属元件构成指示电路。

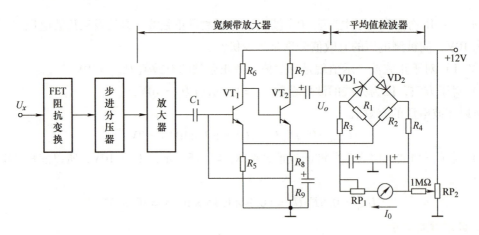

图 5-6 DA-16 型晶体管毫伏表原理图

5.2.2 峰值型电子电压表

峰值型电子电压表属于检波-放大式电子电压表。其工作原理：先对被测交流电压进行检波，然后进行放大。检波器-交直流转换器常采用峰值检波器，所以称为峰值型电子电压表。峰值型电子电压表常用来测量高频信号电压。

1. 峰值检波器的原理

峰值型电子电压表内常用的峰值检波器电路如图 5-7 所示。图 5-7a 所示为串联式，图 5-7b 所示为并联式。

以图 5-7a 所示为例，若满足

$$RC \gg T_{\max}, R_\Sigma C \ll T_{\min}$$

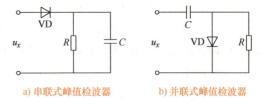

a) 串联式峰值检波器   b) 并联式峰值检波器

图 5-7 峰值检波器电路

式中 $T_{\max}$、$T_{\min}$——被测交流电压的最大周期和最小周期；

R_Σ——信号源内阻与二极管正向内阻之和。这样可以使电容器 C 充电时间短，放电时间长，从而保持电容器 C 两端的电压始终接近输入电压的峰值，即 $\overline{U}_R = \overline{U}_C \approx U_P$。

由以上分析可知，峰值检波器检波后的直流电压与输入被测交流电压的峰值（正弦波电压的振幅值）成正比。

2. 定度系数与波形换算

一般的峰值型电子电压表与均值型电子电压表类似，也是按正弦波有效值进行定度的。电压表在额定频率下加正弦交流电压时的指示值为

$$U_\alpha = K_\alpha U_P$$

式中 U_P——被测任意波形电压的峰值；

K_α——定度系数。

当被测电压为正弦波时，有

$$K_\alpha = \frac{U_\alpha}{U_P} = \frac{U_{\mathrm{rms}}}{U_P} = \frac{1}{\sqrt{2}}$$

式中 U_{rms}——正弦波的有效值。

根据波峰系数的定义,正弦波的波峰系数 $K_P = \dfrac{U_P}{U_{\text{rms}}} = \sqrt{2}$,即定度系数的倒数。常用波形的波峰系数:方波 $K_P = 1$,三角波 $K_P = \sqrt{3}$。

与均值型电子电压表同理,当用峰值型电子电压表测量非正弦波电压时,其指示值是没有直接意义的。只有将示值除以定度系数 K_P 等于正弦波的峰值,按"峰值相等,示值也相等"的原则,再用波峰系数换算成被测电压 $u_x(t)$ 的有效值,即首先将示值折算成正弦波峰值,即

$$U_P = \sqrt{2}\, U_\alpha$$

再由波峰系数和峰值之间的关系算出有效值,即

$$U_{x\text{rms}} = \dfrac{1}{K_P} U_P$$

或者

$$U_{x\text{rms}} = \dfrac{\sqrt{2}}{K_P} U_\alpha$$

例 5.2 用峰值型电子电压表分别测量正弦波、方波及三角波电压,电压表示值均为 10V,问被测电压有效值是多少?

解: 1) 对于正弦波,示值就是有效值,故正弦波的有效值 $U_{\text{rms}} = 10\text{V}$。

2) 对于方波,因为方波的波峰系数 $K_P = 1$,示值 $U_\alpha = 10\text{V}$,所以方波的有效值
$U_{\text{rms}} = \dfrac{\sqrt{2}}{K_P} U_\alpha = \dfrac{\sqrt{2}}{1} \times 10\text{V} \approx 14.1\text{V}$。

3) 对于三角波,因为三角波的波峰系数

$K_P = \sqrt{3}$,示值 $U_\alpha = 10\text{V}$,所以方波的有效值 $U_{\text{rms}} = \dfrac{\sqrt{2}}{K_P} U_\alpha = \dfrac{\sqrt{2}}{\sqrt{3}} \times 10\text{V} \approx 8.2\text{V}$。

3. 误差分析

峰值型电子电压表在测量时若以示值 U_α 作被测电压的有效值 $U_{x\text{rms}}$,则所引起的绝对误差 ΔU 为

$$\Delta U = U_\alpha - \dfrac{\sqrt{2}}{K_P} U_\alpha = \left(1 - \dfrac{\sqrt{2}}{K_P}\right) U_\alpha$$

示值相对误差 γ_u 为

$$\gamma_u = 1 - \dfrac{\sqrt{2}}{K_P}$$

很容易求出,测量方波和三角波时,示值相对误差分别是 -41% 和 18%。所以,用峰值型电子电压表测量非正弦波电压,要进行波形换算,以减小波形误差。

用峰值型电子电压表测量交流电压,除了波形误差之外,还有理论误差。由图 5-7 可知,峰值检波电路的输出电压平均值 $\overline{U}_R$ 总是小于被测电压的峰值 U_P,这是峰值电压表的固有误差。

另外,峰值电压表适用于测量高频交流电压,如果应用在低频情况,则测量误差增加。

经分析，低频时，相对误差为

$$\gamma_L = -\frac{1}{2fRC}$$

式中 f——被测电压的频率。频率越低，误差越大。

4. HFJ-8 型超高频晶体管毫伏表简介

下面以应用广泛的 HFJ-8 型超高频晶体管毫伏表为例，简要介绍检波-放大式电子电压表的基本原理。其原理框图如图 5-8 所示。

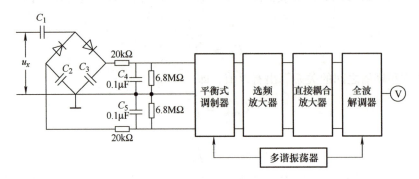

图 5-8　HFJ-8 型超高频晶体管毫伏表原理框图

HFJ-8 型超高频晶体管毫伏表使用峰值检波器，输出与被测信号峰值成正比的电压。检波之后的电压经平衡式调制器调制，变成固定频率的交流信号，然后再进行选频放大，再由全波解调器变换成直流电压送显示器显示。

由以上分析可知，无论是均值型电子电压表还是峰值型电子电压表，一般都按正弦波有效值进行定度。因此，当被测电压为非正弦波时，将会带来波形误差。这一现象又称为波形响应。

5.2.3　有效值型电子电压表

1. 热电转换式有效值型电子电压表

热电转换式有效值型电子电压表电路原理图如图 5-9 所示。图中 AB 是加热丝，当接入被测电压 $u_x(t)$ 时，加热丝发热，热电偶 M 的热端 C 温度高于冷端 D、E，产生热电动势，有直流电流 I 流过微安表，此电流与热电动势成正比，热端温度正比于被测电压有效值 U_{xrms} 的平方。所以直流电流正比于 U_{xrms}^2，即 $I \propto KU_{xrms}^2$。

利用热电偶实现有效值电压的测量，基本上没有波形误差，测量非正弦波电压过程简单。其主要缺点是有热惯性，使用时需要等指针偏转稳定后才能读数。

2. 计算式有效值型电子电压表

交流电压的有效值就是其方均根值。根据这一关系式，利用模拟电路对信号进行平方、积分、开平方等运算即可得到被测电压的有效值。

方均根运算有效值型电子电压表原理图如图 5-10 所示。第一级是模拟乘法器，其输出正比于 $u_x^2(t)$；第二级是积分器；第三级将积分器输出的 $\frac{1}{T}$ 进行开平方，最后输出的电压正比于被测电压的有效值，通过仪表显示出结果。

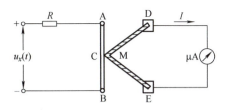

图 5-9 热电转换式有效值型电子电压表电路原理图

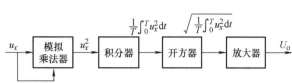

图 5-10 方均根运算有效值型电子电压表原理图

5.2.4 应用实例

1. 变压器电压比和放大器增益的测量

变压器电压比测量原理图如图 5-11 所示。用模拟式电子电压表分别测量变压器一、二次侧的端电压 U_1 和 U_2，电压比为

$$N = \frac{U_2}{U_1}$$

图 5-12 所示是放大器增益测量的原理图。用模拟式电子电压表分别测量放大器输入端和输出端的电压 U_1 和 U_2，则增益为

$$A = \frac{U_2}{U_1}$$

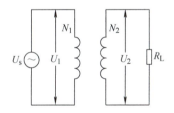

图 5-11 变压器电压比测量原理图

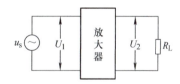

图 5-12 放大器增益测量的原理图

在以上测量中，应注意：

1）信号源 U_s 的频率范围必须与被测电路的频率特性相适应，以免引入频率失真，给测量带来误差。

2）信号源电压 U_s 的幅度应合适，以免引起非线性失真。

2. 纹波系数的测量

直流稳压电源纹波系数的测量方法如图5-13所示。先用直流电压表测出 a、c 两端的直流电压 U，再用模拟式电子电压表测出 b、c 两端的纹波电压 u。由于纹波系数是指电源电路的直流输出电压 U 上所叠加的交流分量的总有效值与直流分量的比值，因此，纹波系数 γ 为

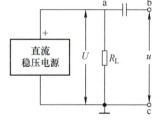

$$\gamma = \frac{u}{U}$$

图 5-13 直流稳压电源纹波系数的测量

在具体测量中，隔直电容器 C 的容量应选大一些，一般在几微法以上。

5.3 数字式电子电压表

数字式电子电压表（DVM）是一种极其精确、灵活多用的电子仪器。此外，DVM 能很好地与其他数字仪器（包括微型计算机）相连接，因此，在自动化测量系统的发展中占有重要地位。

讨论 DVM 的主要内容可归结为电压测量的数字化方法。模拟量的数字化测量，其关键是如何把随时间作连续变化的模拟量变成数字量，它的实现由模-数（A-D）转换器来完成。把模拟量变成数字量进行测量的过程如图 5-14 所示。

图 5-14　电压测量的数字化过程

DVM 可以简单理解为 A-D 转换器加电子计数器，其中，核心为 A-D 转换器。各类 DVM 之间的最大区别在于 A-D 转换方法的不同，而各类 DVM 的性能在很大程度上也取决于所用 A-D 转换的方法。按其基本工作原理主要分为比较型和积分型两大类。

5.3.1　数字式电子电压表的基本原理

1. 逐次逼近比较式 DVM

逐次逼近比较式 A-D 转换属于比较式 A-D 转换，其基本原理是用被测电压与可变的已知电压（基准电压）进行比较，直到达到平衡，测出被测电压。它的原理与天平很相似，不同的是，它用各种数值的电压做砝码，将被测电压与可变的砝码（标准）电压进行比较。

>> **想一想**
> 天平称量物品的过程是怎样的？

逐次逼近比较式 DVM 的原理框图如图 5-15 所示。图中的 D-A 转换器把由基准电压源输出的高稳定度基准电压分成若干个步进砝码电压 U_N。例如，将 10V 的基准电压分成 8V、

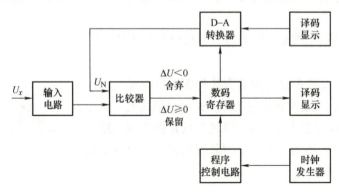

图 5-15　逐次逼近比较式 DVM 原理框图

4V、2V、1V、0.8V、0.4V、0.2V、…、0.008V、0.004V、0.002V、0.001V；U_N 与 U_x 在比较器中进行逐次比较，获得差值电压 $\Delta U = U_x - U_N$。当 $\Delta U \geq 0$ 时，比较器输出脉冲信号，使数码寄存器保留该 U_N；而当 $\Delta U < 0$ 时，则舍去该 U_N。最后，当数码寄存器中的 U_N 累积总和与被测电压 U_x 相等时，以上比较过程停止，显示器显示数码寄存器中的 U_N 累加总和值。控制电路控制全部工作过程。

例 5.3 用以上电压表测 $U_x = 3.501\text{V}$ 的电压，测量过程：测量前，控制电路发出清零信号，使各电路清零，即 $U_N = 0$。

1）当 $U_N = 8\text{V}$ 时，U_N 与 U_x 在比较器中进行比较，因 $U_x < U_N$，比较产生 $\Delta U < 0$ 信号，则舍去该 U_N。

2）当 $U_N = 4\text{V}$ 时，因 $U_x < U_N$，得 $\Delta U < 0$，则舍去该 U_N。

3）当 $U_N = 2\text{V}$ 时，因 $U_x > U_N$，得 $\Delta U > 0$，则将该 U_N 存入数码寄存器，记为 U_{N1}。

4）当 $U_N = U_{N1} + 1\text{V} = 2\text{V} + 1\text{V} = 3\text{V}$ 时，因 $U_x > U_N$，得 $\Delta U > 0$，则存入数码寄存器，记为 U_{N2}。

5）当 $U_N = U_{N2} + 0.8\text{V} = 3\text{V} + 0.8\text{V} = 3.8\text{V}$ 时，因 $U_x < U_N$；则舍去该 U_N，数码寄存器中仍为 U_{N2}。

直到 $U_N = 2\text{V} + 1\text{V} + 0.4\text{V} + 0.1\text{V} + 0.001\text{V} = 3.501\text{V}$ 时，因 $U_x = U_N$，比较过程结束。此时显示器显示 3.501V。

逐次逼近比较式数字电压表的优点是分辨率和准确度均较高，测量速度快；缺点是抗干扰性能差。

2. 双斜积分式 DVM

双斜积分式 DVM 原理框图如图 5-16 所示。此电路的特点：在一个测量周期内，用积分器进行两次积分。首先对被测电压 U_x 在规定时间内进行定时积分，然后切换积分器的输入电压，输入基准电压 U_N，对 U_N 进行反向定值积分。然后通过两次积分的比较，将输入信号 U_x 变换成与之成正比的时间间隔。通过计数器计数，由电子计数器部分经显示器显示被测电压 U_x 值。

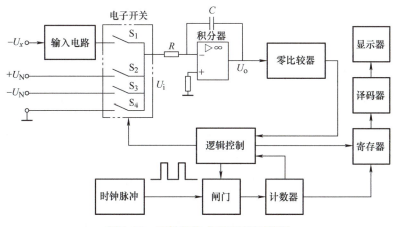

图 5-16 双斜积分式 DVM 原理框图

双斜积分式 DVM 的工作过程分三个阶段，如图 5-17 所示。

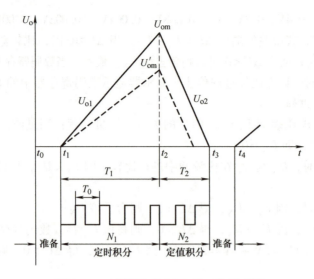

图 5-17 双斜积分式 DVM 的工作原理图

（1）准备阶段（$t_0 \sim t_1$） 由逻辑控制电路将图 5-16 所示的电子开关 S_4 接通（其余断开），使积分器输入电压 $U_i = 0$，则其输出电压 $U_o = 0$，作为初始状态。

（2）定时积分阶段（$t_1 \sim t_2$） 对直流被测信号 U_x 定时积分，设被测电压 $U_x < 0$。

在 t_1 时刻，逻辑控制电路将电子开关 S_4 断开，同时接通 S_1。接入被测电压 U_x，积分器作正向积分，输出电压 u_{o1} 线性增加；同时逻辑控制电路将闸门打开，计数器对时钟脉冲计数。经过预置时间 T_1，即在 t_2 时刻，计数器溢出，清零，进位脉冲使逻辑控制电路将 S_1 断开，S_2 接通，定时积分阶段结束。此时，积分器输出电压为

$$u_{o1} = -\frac{1}{RC}\int_{t_1}^{t_2}(-U_x)\mathrm{d}t$$

在 t_2 时刻，有

$$u_{om} = \frac{T_1}{RC}U_x$$

可见，积分器输出电压 u_{o1} 正比于被测电压 U_x。

因为 $t_1 \sim t_2$ 区间是定时积分，T_1 是预先设定的。u_{o1} 的斜率由 U_x 决定（U_x 越大，斜度越陡，u_{om} 值则越高）。当 U_x（绝对值）减小时，其顶点为 u'_{om}，如图 5-17 所示的虚线。

（3）定值积分阶段（$t_2 \sim t_3$） 对基准电压 U_N 进行定值积分阶段。

当 S_1 断开，S_2 接通后，标准电压 U_N 被接入积分器，并使积分器作反向积分，其输出电压 u_{o2} 从 u_{om} 开始线性下降。同时，计数器清零，闸门开启，重新计数，并送入寄存器。此时，S_2 断开，S_3、S_4 接通，积分器恢复到初始状态，C 放电，进入休止阶段（$t_3 \sim t_4$），为下一次测量周期做准备。

到 t_3 时，积分器输出电压 $u_{o2} = 0$，获得时间间隔 T_2，在此期间输出电压

$$u_{o2} = U_{om} + \left[-\frac{1}{RC}\int_{t_2}^{t_3}(+U_N)\mathrm{d}t\right]$$

在 t_3 时刻，有

$$u_{o2} = U_{om} - \frac{T_2}{RC}U_N = 0$$

则有

$$\frac{T_2}{RC}U_N = U_{om} = \frac{T_1}{RC}U_x$$

整理得

$$U_x = \frac{U_N}{T_1}T_2$$

式中，U_N、T_1 均为常数，则被测电压 U_x 正比于时间间隔 T_2。

若在 T_1 时间内计数器计数结果为 N_1，即 $T_1 = N_1 T_0$；在 T_2 时间内计数结果为 N_2，即 $T_2 = N_2 T_0$；式中 T_0 为计数器的计数脉冲周期，则

$$U_x = \frac{U_N}{N_1}N_2$$

因此，被测电压 U_x 正比于 T_2 期间计数器所计入的时钟脉冲个数 N_2。

（4）显示阶段　计数器输出脉冲存在寄存器中，经译码，在显示器中显示出被测电压 U_x 值。

综上所述，双斜积分式 DVM 的准确度取决于标准电压 U_N 的准确度和稳定性，而 U_N 的准确度可以做得很高，因而该表准确度高，抗干扰能力强，应用广泛。

5.3.2　多用型 DVM 的工作原理

前述均为直流 DVM 的原理，为了实现交流电压、直流电流、直流电阻等参数的测量，以测直流电压的 DVM 为基础，通过各种转换器将这些量值转换成直流电压，再进行测量，从而可以组成多用型 DVM（也称为数字万用表），如图 5-18 所示。

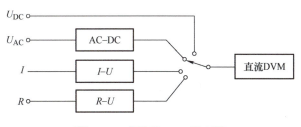

图 5-18　多用型 DVM 原理图

下面简介几种参数转换器的基本原理。

1. 交流电压-直流电压（AC-DC）转换器

5.2 节中介绍过模拟式电子电压表利用二极管构成的平均值和峰值检波器，驱动直流微安表指针偏转，这种检波器是非线性的。而直流 DVM 则是线性显示的仪器，同直流 DVM 配接的转换器则必须将被测电压的有效值线性地转换成直流电压，一般称它为线性检波器。5.2.3 节曾叙述过的直接用公式方均根运算的有效值转换过程可实现交流-直流线性检波。

2. 直流电流-直流电压（I-U）转换器

如图 5-19 所示，最常用的直流电流-直流电压转换是利用欧姆定律，使被测直流电流 I_x 通过标准电阻 R_s（采样电阻），以 R_s 上的直流压降 U_x 表示 I_x 的大小，即

$$U_x = I_x R_s$$

此电压正比于 I_x，用直流 DVM 测得电阻上的电压，即可实现对未知直流电流的测量。

图 5-20 所示为多用型 DVM 采用直流电流-直流电压转换器的一个实例。电路图中的输出端 U_o 连接至 DVM 的输入端，由图可见，输入到 DVM 的电压与 I_x 成正比，因为 $U_o = AU_i = AI_x R_N$（式中的 A 为放大器的放大倍数），可见 U_o 与 I_x 成正比。用开关 $S_1 \sim S_4$ 切换不同的采样电阻，即可得到不同的电流量程，而输入到 DVM 的电压不变。

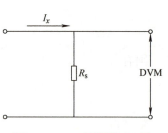

图 5-19　I-U 转换器原理图

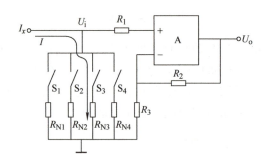

图 5-20　I-U 转换器实例电路图

3. 电阻-电压（R-U）转换器

R-U 转换器电路如图 5-21 所示。图中 I_s 是一个恒流源电流，通过被测电阻 R_x，在 R_x 两端就会产生正比于被测电阻 R_x 的电压，由 DVM 测得这个电压值就可以知道被测电阻 R_x 的大小，即 $R_x = U/I_s$。

图 5-22 所示为 R-U 转换器实例电路。被测电阻 R_x 接在反馈回路上，标准电阻 R_N 接在输入回路中。U_N 是基准电压，电路中的输出端 U_o 接至 DVM 的输入端，由图可知：

$$I = \frac{U_N}{R_N}$$

$$U_o = -IR_x = -\frac{U_N}{R_N}R_x$$

电流 I 由 U_N 和 R_N 决定，它在 R_x 上的压降 $|IR_x|$ 即为输出电压 U_o，显然，U_o 正比于 R_x。从而实现了 R-U 转换。改变 R_N 即得到不同量程。

可见，在 DVM 的基础上，利用交流-直流（AC-DC）转换器、电流-电压（I-U）转换器、电阻-电压（R-U）转换器即可把被测电量转换成直流电压信号，再由 DVM 对转换后的信号进行测量。这样就组成了数字式多用表（也称为万用表）。不同的测量功能和量程由开关转换设定。

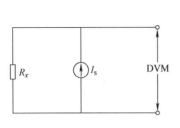

图 5-21 R-U 转换器电路

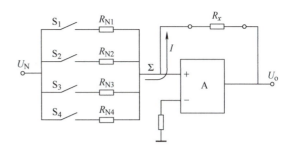

图 5-22 R-U 转换器实例电路

5.3.3 DVM 的主要性能指标与测量误差

表征 DVM 的主要性能指标有测量范围、分辨率、输入阻抗、抗干扰能力、测量速度及测量误差等。掌握它们的正确含义是正确使用 DVM 的前提。

1. 测量范围

DVM 用量程显示位数以及超量程能力来反映它的测量范围。

（1）量程　DVM 的量程是以基本量程（即未经衰减和放大的量程）为基础，借助于步进衰减器和输入放大器向两端扩展来实现。

量程转换有手动和自动两种，自动转换借助于内部逻辑控制电路来实现。

（2）显示位数　DVM 的显示位数是指能显示 0~9 十个数码的完整显示位。因此，最大显示为 9999 和 19999 的 DVM 都为 4 位 DVM。但为了区分其不同，也常把后者称为 $4\frac{1}{2}$ 位 DVM。如果 DVM 最大显示为 59999，则称为 $4\frac{3}{4}$ 位。

（3）超量程能力　DVM 是否具有超量程能力，与基本量程有关。

显示位数全是完整位的 DVM，没有超量程能力。带有 1/2 位的 DVM，如按 2V、20V、200V 分档，也没有超量程能力。

带有 1/2 位并以 1V、10V、100V 分档的 DVM，才具有超量程能力。例如，最大显示 19 99 99V 电压的 DVM，在 10V 量程上，允许有 100% 的超量程。

2. 分辨率

DVM 能够显示被测电压的最小变化值，称为分辨率，即最小量程时显示器末位跳一个单位值所需的最小电压变化量。在不同的量程上，具有不同的分辨率。在最小量程上，具有最高分辨率，这里的分辨率应理解为最小量程上的分辨率。

例如，某 DVM 最小量程为 0.5V，最大显示正常数为 5000，末位一个字为 100μV，即该 DVM 的分辨率为 100μV。

3. 输入阻抗

由于输入有衰减器，所以输入阻抗不是固定值。小电压测量 R_i 可达 500MΩ，大电压测量 R_i 只有 10MΩ。

4. 抗干扰能力

数字电压表的抗干扰能力较强，干扰作用在电压表输入端可用串模干扰抑制比和共模抑制比表示。干扰抑制比越大，抗干扰能力越强。

5. 测量速度

测量速度是在单位时间内以规定的准确度完成的最大测量次数。或者用测量一次所需要的时间（即一个测量周期）来表示。它取决于 A-D 转换器的转换速度。

6. 测量误差

DVM 的固有误差通常用以下两种方式表示：

1) $\Delta U = \pm \alpha\% U_x \pm \beta\% U_m$

2) $\Delta U = \pm \alpha\% U_x \pm n$ 个字

式中　U_x——被测电压读数；

　　　U_m——该量程的满度值；

$\alpha\% U_x$——读数误差；

$\beta\% U_m$——表示满度误差，也可以用 ±n 个字表示，即在该量程上末位跳 n 个单位电压值恰好等于 $\beta\% U_m$。

例 5.4　某 DVM，基本量程 5V 档的固有误差为 ±0.006% U_x ± 0.004% U_m，求满度误差相当于几个字？

解：由已知条件可知，满度误差为 ±0.004% U_m = ±0.004% × 5V = ±0.000 2V。所以 0.000 2V 恰好是末位两个字。

例 5.5　用一台四位 DVM 的 5V 量程分别测量 5V 和 0.1V 电压，已知该仪表的准确度为 ±0.01% U_x ±1 个字，求由于仪表的固有误差引起测量误差的大小。

解：(1) 测量 5V 电压时的绝对误差　因为该电压表是四位，用 5V 量程时，±1 个字相当于 ±0.001V，所以绝对误差

$$\Delta U = \pm 0.01\% \times 5V \pm 0.001V (1 个字)$$
$$= \pm 0.000\ 5V \pm 0.001V = \pm 0.001\ 5V$$

示值相对误差为

$$\gamma_u = \frac{\Delta U}{U_x} \times 100\% = \frac{\pm 0.001\ 5}{5} \times 100\% = \pm 0.03\%$$

(2) 测量 0.1V 电压时的绝对误差

$$\Delta U = \pm 0.01\% \times 0.1V \pm 0.001V (1 个字)$$
$$= \pm 0.000\ 1V \pm 0.001V \approx \pm 0.001V$$

示值相对误差

$$\gamma_u = \frac{\Delta U}{U_x} \times 100\% = \frac{\pm 0.001}{0.1} \times 100\% = \pm 1\%$$

可见，当没有接近满量程显示时，误差是很大的。为此，当测量小电压时，应当用较小的量程。这一点和使用模拟式电子电压表的要求是一样的。

5.4　电子电压表的使用方法

虽然电子电压表的型号很多，但其基本使用方法相同。下面介绍电子电压表在使用时的基本操作注意事项。

1. 准备工作

仪器应垂直放置在水平工作台上。在未接通电源的情况下，模拟式电子电压表应进行机械调零，即调节表头上的机械零位调节旋钮，使表针对准零位。

仪器接通电源，预热 10min（越是精密的仪器预热时间越长），短接两输入接线端。一般在所选的量程上调节零点调整旋钮进行电气调零，使电表指示为零。在使用过程中，当变换量程后还需要重新调零。

2. 选择量程

根据被测信号的大约数值选择适当的量程。在不知被测电压大约数值的情况下，可先选择较大量程进行试测，待了解被测电压大约数值之后，再确定所选量程。

一般选量程时，模拟式电子电压表应符合使电表指针偏转角度达满刻度 2/3 左右的要求；DVM 也要使所选量程接近被测电压，以减小测量误差；选择合适的量程，以获得尽可能多的显示位数。

3. 连接电路

在使用模拟式电子电压表时，被测电路的电压通过连接线接到电压表的输入接线柱，连接电路时，应先连接上地线接线柱，然后接另一个接线柱。测量完毕拆线时，则应先断开不接地的接线柱，然后断开地线接线柱。以避免在较高灵敏档（mV 档）时因人体触及输入接线柱而使表头指针打表。

在实际使用中，为避免出现上述打表现象，在使用高灵敏度档（mV 档）时，习惯上在接（或拆）测量线时，先把量程选择开关置于低灵敏度档（V 档），接好连线后，再把量程选择开关置于测量所需的高灵敏度档。

> **》》 小提示**
>
> 数字万用表内部电压的极性是红表笔为"＋"，黑表笔为"－"，与普通万用表表笔所带的极性恰好相反，用它判断通断时应予注意。

4. 读数

模拟式电子电压表要根据量程选择开关的位置，按相对应的电表刻度线读数；DVM 根据显示器的显示直接读数，当电压表显示"19999"时，表示输入过载，此值不是测量值。

本 章 小 结

电压测量是电子电路测量的一项重要内容。本章介绍了电压测量的主要仪器——电子电压表的原理和使用方法。

1. 电子电路中电压量的特点。了解这些特点对于正确使用电子电压表是有益的。

2. 电子电压表按测量的显示方式可分为两大类：模拟式电子电压表和数字式电子电压表。模拟式电子电压表以指针偏转指示结果的大小，而数字式电子电压表则是以数字直接显示的。交流电压的基本参数有平均值、峰值和有效值，以及它们之间换算的波形系数和波峰系数。

3. 在测量交流电压时，必须对被测交流电压进行交流-直流的转换。

模拟式电子电压表根据检波器的不同，可分为均值型电子电压表、峰值型电子电压表和有效值型电子电压表。放大-检波式检波器的输出电流与输入电压的平均值成正比，所以组成均值型电子电压表；检波-放大式检波器的输出电流与输入电压的峰值成正比，所以组成峰值型电子电压表；热电偶转换和公式计算组成有效值型电子电压表。用均值型电子电压表和峰值型电子电压表测量非正弦波电压会产生波形误差，必要时需要进行换算以提高测量准确度。

数字式电子电压表简称 DVM。DVM 根据其所用 A-D 转换器可分为比较型和积分型两种。比较型 DVM 由逐次逼近式 A-D 转换器为核心构成；积分型 DVM 由双斜积分式A-D转换器为核心构成。以测量直流电压的 DVM 为基础，通过各种转换器将交流电压、电流、电阻等量值转换成直流电压再进行测量，从而组成多用型 DVM。

DVM 的主要性能指标——测量误差的表示方式是反映其测量准确度的基本形式。

4. 正确使用电子电压表。

综 合 实 训

实训一　电子电压表波形响应的研究

1. 实训目的

1）学会使用均值型、峰值型电子电压表的基本操作方法。

2）学会使用电子电压表测量非正弦信号的电压值，并能根据所学的理论知识分析波形响应对测量结果的影响。

2. 实训仪器

1）均值型电子电压表。

2）峰值型电子电压表。

3）电子示波器。

4）函数信号发生器等。

3. 实训内容

分别用均值型电子电压表、峰值型电子电压表去测量一个函数信号发生器输出的正弦波、方波、三角波电压，并对电压表的读数进行解释。

4. 实训过程

1）检查电压表表头的机械零点，并开机预热一段时间（15min 左右）。

2）电压的测量。按图 5-23 所示测试原理接线，分别使函数信号发生器工作于正弦波、方波、三角波工作状态。调节各信号的峰值使其相等（用示波器进行监测），用电压表分别测量。按表 5-2 的要求进行测量记录。

图 5-23　测试原理框图

表 5-2　波形响应数据记录

电子示波器		型号：	编号：	Y 偏转系数：	V/div
		波形高度：	div	电压峰值：	
电压表的选择	响　应	全波均值		峰值	
	型　号				
电压表的读数	正弦波				
	方　波				
	三角波				

5. 实训报告要求

1）列出全部原始测量数据。

2）根据表 5-2 的测量数据分别计算出均值型电子电压表、峰值型电子电压表在测量正弦波、方波、三角波电压时的各种电压参数（有效值、平均值及峰值），并与理论计算值进行比较和分析。

3）写出分析结论。

> **想一想**
> 如果没有函数信号发生器，能否自己连接一个低频的多波形电路？

参考电路如图 5-24 所示。

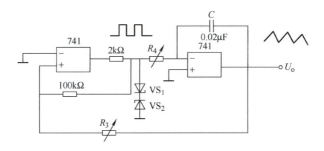

图 5-24　简易函数信号发生器电路图

实训二　变压器电压比及直流稳压电源纹波系数的测量

1. 实训目的

掌握模拟式电子电压表的基本使用方法及在实际测量中的应用。

2. 实训仪器

1）均值型电子电压表或峰值型电子电压表。

2）低频信号发生器。

3）小型输入或输出变压器。

4）直流稳压电源。

5）电阻、电容。

3. 实训过程

1）实训准备。检查仪器上表头的机械零点,并开机预热一段时间。

2）变压器电压比的测量。按图 5-11 所示方法进行接线,图中 U_s 即为低频信号发生器,U_1 和 U_2 为电压表的测试位置。

改变若干次低频信号发生器的输出频率,并使其输出电压为 6V,用均值型电子电压表或峰值型电子电压表测出各次的 U_1 和 U_2 值,将测得数据填入表 5-3 中。

表 5-3 变压器电压比的测量

频 率 值 f	U_1	U_2	$N=\dfrac{U_1}{U_2}$	平均值

3）直流稳压电源纹波系数的测量。按图 5-13 所示进行接线,用万用表的直流电压档和电子电压表分别测出 U 和 u 的值,将测量数据填入表 5-4 中。

表 5-4 纹波系数测量

U	u	$\gamma=\dfrac{u}{U}$	平均值

习 题

1. 交流电压的参数有哪几种表示方法?它们之间有什么样的关系?
2. 为何要求电子电压表的输入阻抗应足够高?
3. 用全波均值型电子电压表对图 5-25 所示的三种波形交流电压进行测量,示值为 1V。求各种波形的峰值、均值及有效值,并将三种电压的波形画于同一坐标上进行比较。
4. 用峰值型电子电压表对图 5-25 所示三种波形电压进行测量,示值为 1V,试分别求出其有效值、平均值、峰值,并将三种电压波形画于同一坐标上加以比较。
5. 用一台 $5\dfrac{1}{2}$ 的 DVM 进行电压测量,已知固有误差为 ±0.003% 读数 ±0.002% 满度。选用直流 1V 量程测量一个标称值为 0.5V 的直流电压,显示值为 0.499876V,问此时的示值相对误差是多少?
6. 用一种 $4\dfrac{1}{2}$ 位 DVM 的 2V 量程测量 1.2V 电压。已知该仪器的固有误差 ΔU = ±0.05% 读数 ±0.01% 满度,求由于固有误差产生的测量误差。它的满度误差相当于几个字?
7. 下面的三种 DVM 分别是几位的?
① 9999   ② 19999   ③ 5999

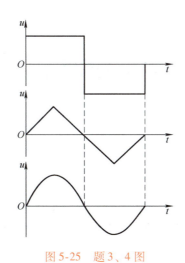

图 5-25 题 3、4 图

8. 某逐次逼近比较式 DVM 内的基准电压分别为 8V、4V、2V、1V、0.8V、0.4V、0.2V、0.1V、0.08V、0.04V、0.02V、0.01V、0.008V、0.004V、0.002V、0.001V，试说明测量 12.532V 直流电压的过程。

9. 试简述双斜积分式 A-D 转换器的工作原理。

10. 使用模拟式电子电压表时，连接测量线和拆去测量线应按什么样的顺序进行？

11. 模拟式万用表和数字式万用表都有红、黑表笔，在使用时需要注意什么？

第6章 时间与频率测量技术

🔍 引　言

本章介绍频率与周期的基本概念和关系；学习几种测量频率的方法；电子计数器的基本原理、电子计数器测频和测周期的方法及测量中测量误差的处理。

🟧 学习目标

应知：电子计数器的组成原理；
　　　电子计数器的主要技术指标；
　　　时基信号的产生及作用；
　　　电子计数器的测量原理；
　　　电子计数器的测频、测周原理；
　　　量化误差的产生；
　　　电子计数器的误差分析；
　　　多周期同步测量法的应用。
应会：电子计数器的使用；
　　　电子计数器测频误差的分析；
　　　电子计数器频周误差的分析；
　　　中界频率的确定及应用。

📝 延伸阅读

第6章
延伸阅读

6.1 概述

时间和频率是电子技术中两个重要的物理量，它们的测量是电子测量中的一项重要内容，时间与频率测量也属于电信基本参数测量。在电子测量中，频率是一个最基本的参数，频率的测量准确度很高。在检测技术中，常常将一些非电量或其他电参量转换成频率进行测量，以提高测量的精度。

6.1.1 时间的概念

1. 时间的定义和标准

时间单位是国际单位制中七个基本物理量单位之一。在国际单位制（SI）中，时间的基本单位是秒，符号为 s。

1967 年召开的第 13 届国际度量衡大会对秒的定义是：铯-133 原子基态的两个超精细能阶间跃迁对应辐射的 9、192、631、770 个周期的持续时间。铯原子必须在绝对零度时是静止的，地面应为零磁场。

1884 年国际天文学家代表会议决定，以经过格林尼治的经线为本初子午线，作为计算地理经度的起点，也是世界标准"时区"的起点。10 月 13 日，格林尼治时间正式被采用为国际标准时间。

除秒之外，短于秒的常用时间单位有毫秒（ms，$1ms = 10^{-3}s$）、微秒（μs，$1μs = 10^{-6}s$）、纳秒（ns，$1ns = 10^{-9}s$）等；较长的时间单位有分（min）、小时（h）、日或天（d）、月（m）、年（y）等。

2. 时刻与时间间隔

时间一般有两层含义。一是指"时刻"，表示某事件或现象何时发生。如图 6-1 所示，脉冲信号在 t_0 时刻产生，在 t_1 时刻消失；时刻是某一时间点。二是指"时间间隔"，表示某事件或现象发生在何时间段内。例如，在图 6-1 中，$\Delta t = t_1 - t_0$ 表示 t_1、t_0 这两个时刻之间的间隔；时间间隔是一段时间。当 $\Delta t = 0$ 时，即为时刻。

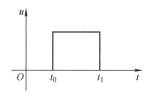

图 6-1　时刻与时间间隔关系图

6.1.2　频率的定义

频率是单位时间内周期性过程重复、循环或振动的次数，频率是描述周期现象的重要物理量，用相应周期的倒数表示，单位为 Hz（赫兹）。

自然界中的周期现象很普遍。例如，地球的自转、电子学中的电磁振荡等。以相同的时间间隔重复发生的任何现象，都称为周期现象。周期过程重复出现一次所需的时间称为周期。

如果单位时间 T 为 1s（即 1 秒），频率是 1s 时间内周期性现象重复出现的次数。如果周期为 1s，频率即为 1Hz。频率和周期是从不同的侧面来描述周期现象的，二者互为倒数，只要测得一个量就可以换算出另一个量。两者之间的关系可表示为

$$f = \frac{1}{T}$$

式中　f——频率（Hz）；

　　　T——周期（s）。

频率的基本单位是赫兹（Hz），简称赫。频率单位还常用千赫（kHz）、兆赫（MHz）、吉赫（GHz）等。其中，1kHz = 1000Hz，1MHz = 1000kHz，1GHz = 1000MHz。

> **》》小常识**
>
> 赫兹（H. Hertz）是德国著名的物理学家，1887 年，他通过实验证实了电磁波的存在。后人为了纪念他，把"赫兹"定为频率的单位。每个物体都有由它本身性质决定的与振幅无关的频率，称为固有频率。频率概念不仅在力学、声学中应用，在电磁学和无线电技术中也常用。

6.2 常用测频方法

测量频率的方法很多。按频率测量原理一般可分为三大类。

1. 无源测频法

利用电路频率响应特性测量频率的方法称为无源测频法。无源测频法又分为谐振法和电桥法两种。

谐振法采用 LC 谐振回路，调节电容器使其谐振频率与被测信号频率相同时，回路电流最大，通过电表指示其频率值。这种方法多用于高频段的测量。

电桥法因调节不便，误差较大，已很少使用。

2. 有源比较测频法

将被测频率与一个标准有源信号相比较的测量方法称为有源比较测频法。常用的有源比较测频法有拍频法、差频法和示波器测量法。

拍频法、差频法这里不作介绍。

示波器测量法分两种：李萨育图形法和测周期法（这两种方法在第 3 章中已做介绍）。前者当频率比较高时，示波器显示的波形难以稳定，所以该方法适用于低频测量，由于调节不便，已很少使用。用宽频带示波器通过测量周期的方法获得被测信号的频率值，虽然误差较大，但对于要求不太高的场合是比较方便的。

3. 计数法

利用电子计数器测量频率的方法称为计数法。实质上，这种方法仍然属于有源比较测频法。计数法中最常用、最广泛使用的测频方法是电子计数器测频法。

电子计数器测频法是利用电子计数器显示单位时间内通过被测信号的周期个数来实现频率的测量。这是目前最好的测频方法，本章重点介绍电子计数器测量频率和周期的方法。

6.3 电子计数器

电子计数器的发展可分为三个阶段：外差式和谐振式阶段、数字式阶段、智能仪器阶段。

20 世纪 30 年代初期，电子计数器应用于原子结构的研究中，用于测量微观粒子数目，20 世纪 40 年代产生了外差式和谐振式频率计。20 世纪 50 年代初期，数字式电子计数器诞生；20 世纪 60 年代末研制了智能化电子计数器。20 世纪 80—90 年代，新型电子计数器也在不断产生。21 世纪以来，新技术和新工艺不断发展，电子计数器向着多功能、智能化和小型化的方向发展。

6.3.1 电子计数器的分类

电子计数器按测量功能可以分为三类。

1. 通用计数器

通用计数器是一种具有多种测量功能、多种用途的电子计数器。它可以测量频率、频率比、周期、时间间隔、计数等。本章重点介绍通用计数器。

2. 频率计数器

频率计数器主要用于测量频率和计数功能，测频范围很广。

3. 计算计数器

计算计数器带有微处理器，不仅具有计数功能，还可以进行数学运算。它是可编程控制器件，能进行测量、计算和显示等工作。

6.3.2 电子计数器的组成

通用电子计数器主要由输入电路、主门电路、计数及显示电路、时基信号产生电路、逻辑控制电路等组成。其组成框图如图 6-2 所示。

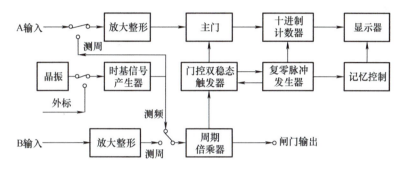

图 6-2 通用电子计数器组成框图

1. 输入电路

输入电路又称为输入通道。其作用是将被测信号放大、整形（包括微分），使其变为标准脉冲信号。输入通道对信号放大、整形、微分的波形变化如图 6-3 所示。

电子计数器的输入电路通常包括 A、B 两个独立的单元电路，A 通道用于传输被计数的信号，B 通道传输闸门信号。

A 通道脉冲在门控信号的作用时间内通过闸门进行计数，这个闸门常被称为"主门"；B 通道脉冲用于控制主门的作用时间。被测信号经放大、整形变为窄脉冲，送主门计数端。

2. 主门电路

在门控电路的控制下，主门打开，对输入的脉冲信号进行计数；主门关闭，停止计数。主门有两路输入信号，一个输入信号是门控双稳态触发器的门控信号；另一个输入信号是计数的脉冲信号。在门控信号作用的时间内，计数脉冲通过主门进入计数器计数。

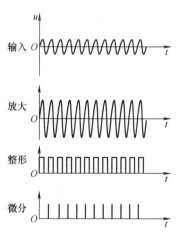

图 6-3 被测信号放大、整形过程示意图

3. 计数及显示电路

计数及显示电路用于对主门输出的脉冲信号以十进制数方式进行计数，并以十进制数形式显示计数结果。

显示器可以是荧光数码管、半导体数码管（LED）或液晶显示器（LCD）等。显示方式有记忆显示和不记忆显示。

4. 时基信号产生电路

时基信号产生电路用于产生各种时基信号和门控信号。时基信号通常由石英晶体振荡器提供,作为电子计数器的内部时间基准。标准时间信号经放大、整形和一系列的分频、倍频后,产生用于计数的时标信号(10MHz、1MHz、100kHz、10kHz、1kHz 等)和控制闸门的时基信号(1ms、10ms、0.1s、1s、10s 等)。测量时,由时基选择电路(通过仪器面板控制按键)选择所需要的时基信号。

5. 逻辑控制电路

逻辑控制电路用于产生各种控制信号,以控制电子计数器各单元电路的工作。逻辑控制电路使仪器的各部分电路按照"准备→计数→显示"的流程工作。逻辑控制电路由若干门电路和触发器组成的时序逻辑电路构成。

6.3.3 电子计数器的主要技术指标

电子计数器的主要技术指标主要包括以下几项。

1. 测试性能

测量性能是指仪器所具备的测试功能,如测量频率、频率比、周期、时间时隔和自校等。

2. 测量范围

仪器在不同功能下的有效测量范围是不同的。如测频时,被测信号的频率范围一般用频率的上、下限值表示;测周时,测量范围常用周期的最大、最小值表示。

3. 输入特性

电子计数器一般有 2~3 个输入通道,测试不同参数时,被测信号要由不同的通道输入,输入特性需要分别指出各个通道的特性。输入特性表明电子计数器与被测信号源相连的一组特性参数,主要包括几种。

(1) 输入耦合方式　输入耦合方式有 AC 和 DC 两种方式,在低频和脉冲信号计数时宜采用 DC 耦合方式。

(2) 输入灵敏度　输入灵敏度是指在仪器正常工作时输入的最小电压。如通用电子计数器 A 输入通道的灵敏度一般为 10~100mV。

(3) 最高输入电压　最高输入电压是指仪器所能允许输入的最高电压。超过最高输入电压后仪器不能正常工作,甚至会损坏。

(4) 输入阻抗　输入阻抗由等效的并联输入电阻和并联输入电容表示。其中,A 输入通道分为高阻(1MΩ/26pF)和低阻(60Ω)两种。

4. 闸门时间和时标

根据测频和测周的范围不同,可提供的闸门时间和时标信号有多种。

5. 显示及工作方式

(1) 显示位数　显示位数是指电子计数器可以显示的数字位数。

(2) 显示时间　显示时间是指两次测量之间显示测量结果的时间,一般是可调的。

(3) 显示方式　显示方式有记忆和非记忆两种方式。记忆显示方式只显示最终计数的结果,不显示计数的过程;非记忆显示方式可以显示正在计数的过程。

6. 输出特性

输出特性是指仪器可输出的时标信号种类、输出数码的编码方式及输出电平。

6.3.4 时基信号的产生与变换单元

时基信号产生电路的作用是产生各种时基信号和门控信号。它主要由石英晶体振荡器、分频器、倍频器和时基选择电路（时标和闸门时间选择）组成。时基信号产生电路示意图如图6-4所示。晶体振荡器产生1MHz的时基信号，经分频、倍频，形成从10MHz～0.1Hz以10为系列递降的一系列不同频率的标准时间信号。

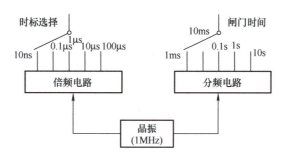

图6-4 时基信号产生电路示意图

时标信号和闸门时间根据测量精度和速度的不同进行选择。闸门时间作为主门控制信号，控制主门开启与关闭，在主门打开的时间内（闸门时间）对计数脉冲进行计数。时标信号可以是10ns、0.1μs、1μs、10μs、100μs等；闸门时间可以是1ms、10ms、0.1s、1s、10s等，即时标信号与闸门时间具有多值性的特点。

闸门时间的产生是由晶体振荡器产生正弦波信号，经过整形变为方波，从而控制闸门的开启与关闭，如图6-5所示，图中 T 为闸门时间。

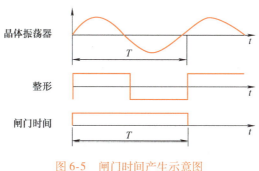

图6-5 闸门时间产生示意图

6.4 电子计数器的测量原理

通用电子计数器可以测量频率、频率比、周期、时间间隔等，下面分别介绍其测量原理及应用。

6.4.1 频率的测量

电子计数器测频率是根据频率的定义进行测量的。频率是周期性信号在单位时间内变化的次数。若信号在单位时间 T 内重复变化的次数为 N，其频率为

$$f_x = \frac{N}{T}$$

式中　f_x——被测频率（Hz）；

　　　T——单位时间（s）。

　　　N——周期性现象的重复次数。

电子计数器测量频率时，把被测频率 f_x 经 A 通道放大整形后输入主门作为计数脉冲。同时，晶体振荡器输出信号经分频器可获得各种时间标准（时标），将闸门时间选择开关所选择的时标信号加至门控双稳电路，经门控双稳电路形成控制主门开或闭作用的闸门时间 T。

在所选择的闸门时间 T 内主门开启，被测信号频率 f_x 通过主门进入计数器计数。若计数器计数值为 N，则 $N = T/T_x$（T_x 为被测信号周期），即被测信号的频率 $f_x = \dfrac{N}{T}$，测频原理框图如图 6-6 所示。

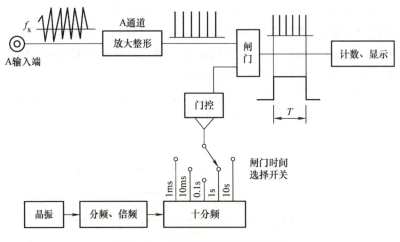

图 6-6　电子计数器测频原理框图

由以上讨论可知，电子计数器的测频原理实质上是以比较法为基础，将 f_x 和时基信号频率相比，两个频率相比的结果以数字形式显示出来。

对同一被测信号，如果选择不同的闸门时间，即选择不同的分频系数 k_f，计数值 N 是不同的。为了便于读数，实际仪器中的分频系数 k_f 都采用十分频的办法。当分频系数 k_f 减小后，计数值 N 也减小，显示器上将小数点所在位置自动移位。例如，$f_x = 1000000\text{Hz}$，闸门时间为 1s 时，可得 $N = 1000000$，若 7 位显示器的单位采用 kHz，则显示 1000.000kHz，如果闸门时间改为 0.1s，则 $N = 100000$，显示 1000.00kHz，7 位显示器的第 1 位（最高位）不显示，只显示 6 位数字，且小数点已右移 1 位。

6.4.2 量化误差

将模拟量转换为数字量（量化）时所产生的误差称为量化误差，也称为 ±1 误差或 ±1 个字误差，它是数字式仪器所特有的误差。电子计数器测频率或时间实质上是一个量化过程。量化误差是由于闸门时间起始时间与被测脉冲列之间相位关系的随机性而引起的。量化的最小单位是计数值的一个字，即量化的结果只能取整数。量化误差示意图如图 6-7 所示。

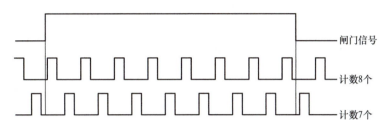

图 6-7　量化误差示意图

在闸门时间不变的情况下，由于通过主门的计数脉冲时刻不同，计数值相差一个字。例如，假设 $f_x = 10$Hz，当 $T = 1$s 时，±1 误差为 1Hz，因 ±1 误差引起的测量误差为 ±10%。而当 $T = 10$s 时，±1 误差为 0.1Hz，因 ±1 误差引起的测量误差为 ±1%。显然，±1 误差的大小与闸门时间 T 有关。T 越大，±1 误差越小。实际上，±1 误差往往是测量误差的主要部分。

6.4.3 周期的测量

当 f_x 较低时，利用计数器直接测频，±1 误差将会大到不可允许的程度。为了提高测量低频信号的准确度，把测频改成测量周期 T_x，再计算频率（$f_x = 1/T_x$）。电子计数器测量周期原理框图如图 6-8 所示。

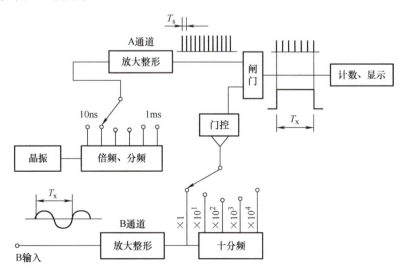

图 6-8　电子计数器测周期原理框图

被测信号经 B 输入通道整形，使其转换成相应的矩形波，加到门控电路，控制主门的启、停，主门导通的时间等于被测信号的周期。晶体振荡器经分频产生的时标信号送至主门的另一输入端，在主门开启的时间内对输入的时标脉冲计数，若计数值为 N，被测信号周期 $T_x(T_x > T_s)$ 为

$$T_x = NT_s$$

式中　T_s——时标信号的周期，由晶体振荡器分频得到。

例如，当 $T_x = 10\mathrm{ms}$ 时，主门开启时间为 10ms；若选择时标信号为 $T_s = 1\mathrm{\mu s}$，计数器计数脉冲 $N = 10000$；若以 ms 为单位，计数显示为 10.000（ms）。

计数器测周期的基本原理恰好与测频相反，即主门由被测信号控制启、停，将时标信号作为计数脉冲，实质上也是比较测量方法。

如果被测周期较短，可以采用多周期测量的方法提高测量精度，即在 B 输入通道和门控双稳电路之间插入十分频器，使被测周期信号得到倍乘，即主门的开启时间得到倍乘。若倍乘开关选择为 10^n，计数器计数值将扩展为 10^n，被测信号的周期为

$$T_x = \frac{NT_0}{10^n}$$

时间间隔的测量原理与测量周期相同。将被测信号整形为脉冲，前一个触发脉冲作为开启主门脉冲，后一个触发脉冲作为主门的停止脉冲，在主门开启的时间内对时标信号进行计数，实现时间间隔的测量。

6.4.4　电子计数器的其他功能

1. 频率比测量

通用电子计数器还可以测量两个被测信号的频率比。测量原理框图如图 6-9 所示。

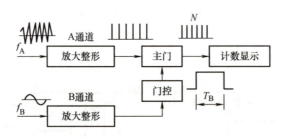

图 6-9　计数器测量频率比原理框图

测量频率比时，两个被测信号（设 $f_A > f_B$）分别加至 A、B 输入通道。频率较高的 f_A 加至 A 通道，经整形后变成与 f_A 频率相等的计数脉冲；频率值较低的信号 f_B 加至 B 通道，经放大、整形后作为门控电路的触发信号控制主门。主门的开启时间 $T_B = 1/f_B$，在该时间内对频率为 f_A 信号进行计数，计数值 N 为

$$N = \frac{T_B}{T_A} = \frac{f_A}{f_B}$$

式中　N——两个信号的频率比。

为了提高测量准确度，可以将信号 f_B 进行分频，使主门的开启时间增长，计数值增大。由于显示时小数点自动移位，显示的比值 N 不变。

2. 累加计数

被计数信号经 A 通道输入，放大整形为计数脉冲加至主门输入端。门控电路改为人工控制，在限定的时间内对输入的计数脉冲进行累加，计数显示结果为计数值。累加计数原理框图如图 6-10 所示。

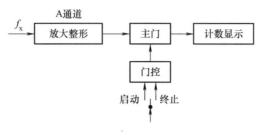

图 6-10　累加计数原理框图

6.5　电子计数器的测量误差

电子计数器在进行测量时存在一定的测量误差。下面介绍电子计数器测量频率、周期时所产生的误差及减小测量误差的方法。

6.5.1　测量误差的分类

1. 量化误差

电子计数器在测量频率和周期时均存在量化误差，量化误差也称为计数误差。量化误差主要是由于门控信号的触发时间与被测脉冲信号之间相位关系的随机性而引起的，测量频率时的量化误差已作分析。测量周期时产生量化误差的原因与测量频率的情况相同，即均是由于计数的时标脉冲与控制主门的被测周期不同步而引起的。

无论计数值 N 有多大，误差 ΔN 的数值都为 ± 1 个字。为减少量化误差对测量结果的影响，适当选择闸门时间，使测量读数值 N 尽量大，以减少相对误差 $\dfrac{\Delta N}{N}$。

2. 触发误差

测量周期时，被测信号经过放大、整形，转换（由施密特电路把被测信号转换为矩形波或方波）为门控信号；测量频率时，被测信号要进行放大、整形，转换为计数脉冲。转换过程中存在着各种干扰和噪声的影响；利用施密特电路进行波形转换时，电路本身的触发电平也可能产生漂移，从而引入触发误差。触发误差也称为转换误差，误差的大小与被测信号的大小和转换电路的信噪比有关。

施密特电路具有上、下两个触发电平，即具有回差特性。被测信号经输入通道放大后，加至施密特触发器，如果不存在干扰和噪声，会在信号的同一相位点上触发，施密特电路输出矩形波，如图 6-11a 所示。

如果被测信号叠加了干扰，且干扰较大，可能在被测信号的一个周期内使信号电平多次在上、下触发电平 E_1、E_2 之间摆动，从而产生宽度不等的多个脉冲输出，即产生了额外触发，如图 6-11b 所示。很显然，这种情况会产生很大的测量误差，这时的测量值应视为坏

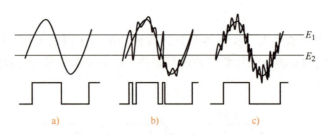

图 6-11 信号叠加干扰对波形转换影响示意图

值,应予避免。

如果叠加了干扰,但是干扰并不大,则会出现如图 6-11c 所示的情况。在信号的一个周期内,仍然只输出一个脉冲。这时,如果仪器用于测量频率,因为被测信号的每个周期仅产生一个计数脉冲,对测量是没有影响的。可见,当用计数器测量频率时,为保证测量准确,应尽量提高信噪比,以减弱干扰的影响。调整仪器时,应尽量不使信号衰减过大。

若图 6-11c 的情况用于周期测量,仍然有影响。因为触发点的信号相位发生了摆动,转换为门控脉冲信号后,其宽度会发生变化,存在触发误差。对于时间测量而言,若被测信号是脉冲信号,测量触发误差比测量正弦信号时要小,误差的大小取决于输入触发信号的波形和信噪比等因素。当信噪比较高时,触发误差可忽略不计。

3. 标准频率误差

电子计数器在测量时,是以晶体振荡器产生的各种时标信号为基准的。如果标准的时标信号不稳定,则会产生标准频率误差。

通常电子计数器中对晶体振荡器采取了较好的稳频措施,稳定度能达到 1×10^{-7},数值很小。与量化误差和触发误差相比,标准频率误差对测量结果的影响要小得多。所以,标准频率误差常常忽略不计。

6.5.2 测量频率的误差分析

1. 误差的计算

正常测量频率时触发误差可以不予考虑,频率测量误差可以认为是由量化误差和晶体振荡器产生的标准频率误差引起的。这两个因素都与计数过程有关,下面分析频率测量误差的计算方法。

频率测量的关系式为 $f_x = \dfrac{N}{T}$,根据误差的合成公式,可求得测频误差为

$$\frac{\Delta f_x}{f_x} = \frac{\Delta N}{N} - \frac{\Delta T}{T}$$

式中 $\Delta N/N$——量化误差,$\Delta N = \pm 1$;

$\Delta T/T$——门控信号宽度不准确所引起的测量误差。

由上式可见,计数值 N 越大,量化误差的影响越小;门控时间越准,测量误差越小。计数值 N 的增大应以计数器不溢出为原则。

由于门控信号是由晶体振荡器分频得到的,与晶体振荡器输出的频率稳定度直接相关。考虑到门控信号宽度 $T = k_f T_s$,$T_s = 1/f$,则上式可改写为

$$\frac{\Delta f_x}{f_x} = \frac{\pm 1}{N} - \frac{-\Delta f_s}{f_s} = \frac{\pm 1}{Tf_x} \pm \left| \frac{\Delta f_s}{f_s} \right|$$

式中　$\Delta f_s/f_s$——标准频率误差，是晶体振荡器输出频率的准确度。

通常，要求标准频率的准确度比量化误差的影响小一个数量级。因此，晶体振荡器输出频率准确度的影响可以忽略掉，即

$$\frac{\Delta f_x}{f_x} = \pm \frac{1}{Tf_x}$$

例 6.1　若被测信号频率 $f_x = 1\text{MHz}$，计算当闸门时间 $T = 1\text{ms}$ 和 1s 时，由 ± 1 误差产生的测频误差。

解：当 $T = 1\text{ms}$ 时，有

$$\frac{\Delta f_x}{f_x} = \pm \frac{1}{Tf_x} = \pm \frac{1}{1 \times 10^{-3} \times 1 \times 10^6} = \pm 10^{-3}$$

$$\Delta f_x = \pm \frac{1}{Tf_x} f_x = \pm \frac{1}{T} = \pm \frac{1}{1 \times 10^{-3}} \text{Hz} = \pm 1\text{kHz}$$

同理，当 $T = 1\text{s}$ 时，有

$$\frac{\Delta f_x}{f_x} = \pm 10^{-6}$$

$$\Delta f_x = \pm 1\text{Hz}$$

2. 减小误差的方法

在测量频率时，绝对误差只与量化单位有关，与被测频率无关。为了减小量化误差，应增加计数时间 T。可通过增加晶振分频系数 k_f 的方法增大计数时间 T。但是，测频的相对误差与被测频率的大小有关，当 T 一定，f_x 越大时，计数值 N 越大，误差就越小。对被测信号频率倍频 m 倍，计数值可增大 m 倍。因此，要提高测频的准确度，应减小量化单位，并增加被测频率的大小。

对 f_x 倍频 m 倍，对晶振分频 k_f 后，计数值 $N = mk_f T_s f_x$，则测量频率的相对误差可写成

$$\frac{\Delta f_x}{f_x} = \frac{\pm 1}{Tf_x} = \pm \frac{1}{mk_f T_s f_x}$$

由上式可见，当门控时间一定时，若被测频率 f_x 较高，或采用倍频（m 倍）的方法，则测频误差较小。当被测频率 f_x 较小时，由 $\Delta N = \pm 1$ 引起的测频误差会加大。

6.5.3　测量周期的误差分析

由测量误差的分类可知，三类误差都会对周期测量产生影响。但是，标准频率误差一般可忽略不计，下面分析当不存在触发误差时，计数器本身产生的测量误差。

被测信号的周期为 $T_x = NT_s$，结合误差合成公式，求得测周的误差为

$$\frac{\Delta T_x}{T_x} = \frac{\Delta N}{N} + \frac{\Delta T_s}{T_s}$$

或

$$\frac{\Delta T_x}{T_x} = \frac{\pm 1}{N} \pm \left| \frac{\Delta f_s}{f_s} \right| = \frac{\pm 1}{T_x f_s} \pm \left| \frac{\Delta f_s}{f_s} \right|$$

上述两种表达式中，$\Delta f_s/f_s$ 为晶体振荡器输出频率不稳定引起的测量误差，$\Delta N/N$ 为量化误差。当不考虑晶体振荡器的影响时，则有

$$\frac{\Delta T_x}{T_x} = \pm \frac{1}{N} = \pm \frac{1}{T_x f_s} = \pm f_x T_s$$

由上式可知，测周误差随被测频率的升高而增大，这与测频误差是相反的。因此，当仅考虑计数器本身的测量误差时，如果 f_x 较低，则应采用测周法；如果 f_x 较高，则应采用测频法。

6.5.4 中界频率的确定

由上述分析可知，对于同一被测频率。直接利用电子计数器测频功能和测周功能分别测量时，均存在量化误差。当频率较高时，宜用测频功能；当频率较低时，宜用测周功能。显然，存在着某一个频率，使测频和测周的误差相等，这个频率称为中界频率，记为 f_z。

在不考虑触发误差的条件下，有

$$\pm \frac{1}{Tf_x} = \pm f_x T_s$$

即

$$f_z = \sqrt{\frac{1}{TT_s}}$$

若将测频时的闸门时间扩大 n 倍，测周时的被测周期扩大 m 倍，表达式为

$$\pm \frac{1}{nTf_x} = \pm \frac{1}{mT_x f_s}$$

即

$$f_z = \sqrt{\frac{m}{nTT_s}}$$

中界频率由周期倍率 m、闸门时间 T 及其扩大的倍数 n 和计数器的最高工作频率决定。由于闸门时间的多值性，计数器有多个中界频率。

6.6 电子计数器的应用

计数器早在 20 世纪 30 年代初期就应用于原子结构的研究中，用来测量微观粒子数目。所以，早期的计数器也称为粒子计数器。这种粒子计数器由两部分组成：一部分把接收到的粒子数转换为电脉冲数；另一部分是测量设备，测量探测器输出的脉冲数。这就是电子计数器的雏形。

电子计数器可以用来测量脉冲数，只要能把其他物理量转换为电脉冲，同样可用电子计数器进行测量。例如，可以用光电检测器检测出电动机的转速，用计数器测量它。

20 世纪 60 年代以来，电子计数器已从测量粒子数的专用设备演变为应用广泛的通用数字仪器。以电子计数器为基础，加上适当的变换装置，把各种电量及非电量变换为脉冲，可以做成各种各样的数字仪器，如测量频率、周期、时间间隔、电压、电流、电阻、相位等的数字仪器。

目前，智能计数器、计算计数器等带有微处理器的通用计数器已广泛应用于各行各业。它不仅包括通用计数器的测时、测频等基本功能，还可以对测量结果进行一定的运算，并可以通过程控方式组成自动测量系统。还有具有特殊功能的电子计数器，如可逆计数器、预置计数器、程序计数器等，主要应用于工业生产自动化、自动控制和自动测量等领域。

总之，由于电子仪器综合化的发展趋势，电子计数器除测频、测时外的其他辅助功能越来越多。

6.6.1 提高测频性能的方法

在电子技术领域，频率是一个最基本的参数，电子计数器测量频率的性能主要受到量化误差（±1 误差）和测量频率上限的限制。提高测量频率性能的方法很多，下面讨论常用的多周期同步测量法。

多周期同步测量法在计数器内部采取措施，提高测量频率的分辨率。多周期同步测量法原理框图如图 6-12 所示。

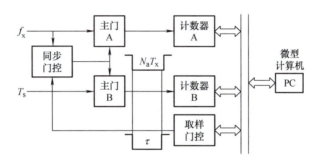

图 6-12　多周期同步测量法原理框图

取样门控时间 τ 是由计算机控制产生的，在其控制下，同时打开主门 A 和主门 B，使计数器 A、B 工作。实际计数的时间由同步门控决定，它是被测信号周期的整数倍。计数器 A 测得被测信号周期为 N_a，计数器 B 测得时标信号周期为 N_b，经计算机运算得到被测频率在采样时间内的平均值，在显示器上显示的结果为

$$f_x = \frac{N_a}{N_b T_s}$$

式中　T_s——时标信号周期。

6.6.2 NFC-1000C-1 型多功能频率计数器

NFC-1000C-1 型多功能频率计数器是一台测量频率范围为 1Hz～1500MHz 的多功能计数器。其主机电路以 AT89C51 单片机芯片为核心，外接部分中小规模集成电路；具有 A 通道测频、B 通道测频、A 通道测周期及 A 通道计数四种测试功能。全部测量采用单片机芯片 AT89C51 进行智能化控制和数据测量处理；采用八位 LED 数码管显示。全频段等精度测量，高稳定性的晶体振荡器保证测量精度和全输入信号的测量。

1. 主要技术指标

NFC-1000C-1 型多功能频率计数器的主要技术指标见表 6-1。

表 6-1　NFC-1000C-1 型多功能频率计数器的主要技术指标

功能	测频、测周、计数
频率测量范围	1Hz～1500MHz
周期测量范围	100ns～1s（A 通道）
灵敏度	1Hz～10Hz 50mVrms；10Hz～100MHz 30mVrms；100MHz～1000MHz 20mVrms；1000MHz～1500MHz 50Vrms
输入阻抗	1MΩ/35pF（A 通道）；50Ω（B 通道）
输入方式	AC 耦合
测量误差	±时基准确度±触发误差×被测频率（或周期）±LSD
闸门时间	10ms；0.1s；1s 或保持
时基的标准频率	10MHz

注：$\text{LSD} = \dfrac{100\text{ns}}{\text{闸门时间}} \times$ 被测频率（或被测周期）

2. 工作原理

NFC-1000C-1 型多功能频率计数器原理框图如图 6-13 所示。

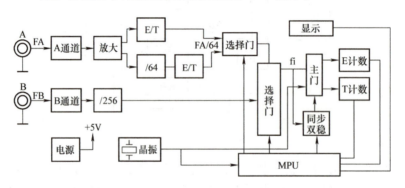

图 6-13　NFC-1000C-1 型多功能频率计数器原理框图

测量的基本电路主要由 A 通道（100MHz 通道）、B 通道（1500MHz 通道）、系统选择控制门、同步双稳电路及 E 计数器、T 计数器、MPU 微处理器单元和电源组成。

该多功能频率计数器采用等精度的测量原理进行频率、周期测量。即在预定的测量时间（闸门时间）内对被测信号的 N_x 个整周期信号进行测量，分别由 E 计数器累计在所选闸门内对应周期的个数，同时 T 计数器累计标准时钟的周期个数，然后由微处理器进行数据处理。

A 输入通道电路为测量不同频率信号的需要，包括了 ×1/×20 衰减电路、低通滤波电路、输入保护电路、高阻抗输入电路和信号放大整形电路等。当输入信号较大时，可以通过 ×20 衰减进行测量；低通滤波电路可以大大提高测量低频信号的准确度和抗干扰能力。

当输入频率大于 100MHz 时，可选择 B 输入通道进行测量。B 通道采用专用的超高频放大、分频集成电路，经过电平转换送至主机进行测量。其灵敏度高，动态范围大。

晶体振荡电路产生 10MHz 标准时钟信号。

整机电源采用将市电（220V/50Hz）经过变压器隔离、降压后整流滤波的 5V 稳压电源，供各单元电路使用。

主机电路以 AT89C51 为核心，外接部分中小规模贴片集成电路。如主门采用 74HC00 芯片，主控同步双稳触发器采用 74HC74 芯片，E/T 计数器采用 74HC393 芯片。

3. NFC-1000C-1 型多功能频率计数器面板

NFC-1000C-1 型多功能频率计数器面板如图 6-14 所示。

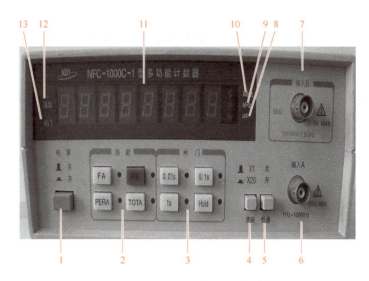

图 6-14　NFC-1000C-1 型多功能频率计数器面板

1—电源开关　2—功能选择模块　3—闸门时间选择模块　4—A 通道输入信号衰减开关　5—低通滤波器开关
6—A 通道输入　7—B 通道输入　8—"μs"显示灯　9—"kHz"显示灯
10—"MHz"显示灯　11—数据显示窗口　12—溢出指示　13—闸门指示

（1）电源开关　按下电源按钮，仪器进入工作状态，再按一下电源按钮关闭整机电源。

（2）功能选择模块　可选择 A 通道测频"F_A"、B 通道测频"F_B"、A 通道测周期"PERA"和计数方式"TOTA"等几种测量方式。按下所选功能键，仪器发出声响，操作有效，相应指示灯亮，选择相应的测量功能。

按下一次"TOTA"键开始计数，闸门指示灯亮，此时 A 通道输入信号将被计数显示。再按一次"TOTA"键计数停止，显示器显示结果。下次测量时，仪器自动清零。

（3）闸门时间选择模块　该选择模块提供四种闸门预选时间（10ms、0.1s、1s 和 Hold）。选择不同的闸门时间将得到不同的分辨率。

"Hold"键的操作：按下该键指示灯亮，仪器进入休眠状态，显示窗口保持当前显示结果。此时，功能选择键、闸门选择键均操作无效。再按下"Hold"键，指示灯灭，仪器进入正常工作状态。

（4）A 通道输入信号衰减开关　按下此键时，输入灵敏度被降低 20 倍。当输入信号幅度大于 300mV 时，应按下衰减开关，降低输入信号幅度，提高测量准确度。

（5）低通滤波器开关　按下此键，输入信号经过低通滤波器进入测量过程。使用该键可提高低频信号测量的准确性和稳定性，从而提高抗干扰性能。

当信号频率小于 100kHz 时，应按下低通滤波器进行测量，以提高测量的准确度。

（6）A 通道输入　若被测信号频率为 1Hz～100MHz，接入此通道进行测量。

（7）B 通道输入　若被测信号频率大于 100MHz 时，接入此通道进行测量。

（8）"μs"显示灯　进行周期测量时，自动点亮。

（9）"kHz"显示灯　进行频率测量时，被测频率小于1MHz时自动点亮。

（10）"MHz"显示灯　进行频率测量时，被测频率大于或等于1MHz时自动点亮。

（11）数据显示窗口　测量结果显示区。

（12）溢出指示　显示超出8位时灯亮。

（13）闸门指示　指示仪器的工作状态，灯亮表示仪器正在测量，灯灭表示测量结束。

4. NFC-1000C-1型多功能频率计数器的使用

（1）开启电源　预热20min以保证晶体振荡器的频率稳定。

（2）选择闸门时间　"0.1s"表示瞬时频率；"1s"表示1s内平均频率；"10s"表示10s内平均频率。

（3）滤波器选择键　当被测频率$f<100$kHz时，可将此键按下；释放时为正常测试。

（4）衰减选择键　"×1"表示不衰减；"×20"表示被测信号衰减20倍。

（5）LED数码显示　8位LED数码管显示测试结果，小数点自动定位。

5. NFC-1000C-1型多功能频率计数器的主要测试功能

（1）频率测量

1）根据被测信号的频率范围选择A通道测频"FA"或B通道测频"FB"测量。

2）"FA"测量输入信号接至A输入通道，将"FA"功能键按下。"FB"测量输入信号接至B输入通道，将"FB"功能键按下。

使用"FA"测量时，应注意以下两点。

① 当输入信号幅度大于300mV时，将衰减开关置于"×20"位置。

② 当输入频率低于100kHz时，低通滤波器应置于"开"位置。

3）根据测量所需分辨率选择适当的闸门预选时间（10ms或0.01s、0.1s、1s）。闸门预选时间越长，分辨率越高。

（2）周期测量

1）功能选择模块选择"PERA"，输入信号接入A输入通道。

2）根据输入信号频率高低和输入信号幅度大小决定低通滤波器和衰减器位置选择，具体操作参考上面频率测量中"FA"测量时的两条注意事项。

3）根据测量所需分辨率选择适当的闸门预选时间（10ms或0.01s、0.1s、1s）。闸门预选时间越长，分辨率越高。

（3）计数测量

1）按功能选择模块中"TOTA"键一次，输入信号接入A输入通道。

2）根据输入信号频率高低和输入信号幅度大小决定低通滤波器和衰减器位置选择，具体操作参考上面频率测量中"FA"测量时的两条注意事项。

3）再按一次"TOTA"键，计数控制门关闭，计数停止。

4）当计数值超过10^8-1时，溢出指示灯亮，显示溢出，而显示的数值为计数器的尾数。

本 章 小 结

1. 在电子技术领域，频率和周期是周期性信号最基本的参数，频率测量的准确度最高。

2. 常用的测频方法有无源测频法、有源测频法和计数测频法。最常用的是计数测频法。

3. 电子计数器的主要技术指标有测试性能、测量范围、输入特性、输入灵敏度、闸门时间和时标等。

4. 电子计数器具有多种测量功能：测频、测周和测频比等。

5. 电子计数器的测量误差有量化误差、触发误差和标准频率误差。减小它们的方法分别是增大计数值、提高信噪比和选用高稳定度的标准频率。使测频和测量误差相等的那个频率称为中界频率。

6. 应用电子计数器测量时，选用合适的测量功能，采用多周期测量法，可以提高测量的精度。

综 合 实 训

实训　电子计数器的应用

1. 实训目的

1）熟悉通用频率计数器面板上各开关旋钮的作用及其基本使用方法。

2）用通用频率计数器观测正弦信号，通过使用通用频率计数器进一步巩固其工作原理及应用方法。

2. 实训器材

1）低频信号发生器两台。

2）通用频率计数器一台。

3. 实训过程

1）将低频信号发生器的输出端与通用频率计数器输入端相连。

2）调节低频信号发生器使其输出一定的频率信号，见表6-2，使用通用频率计数器进行监测。测量低频信号发生器输出信号的频率和周期，把测量数据填写在表6-2中。

表6-2　测量数据

低频信号发生器的输出		60Hz	100Hz	600Hz	1kHz	6kHz	10kHz	600kHz	800kHz	1MHz
通用频率计数器频率测量	闸门时间/s									
	功能选择									
	读数/kHz									
通用频率计数器周期测量	闸门时间/s									
	功能选择									
	读数/s									

4. 实训报告

1）认真分析测量中的数据及测量中存在的异常现象。

2）分析产生误差的主要原因并给出减少误差的方法。

习 题

1. 为什么说电子计数器是一切数字式仪器的基础?

2. 用7位电子计数器测量 $f_x = 5\text{MHz}$ 的信号频率。当闸门时间为1s、0.1s、10ms时,试分别计算由于 $\Delta N = \pm 1$ 误差而引起的测频误差?

3. 某电子计数器晶振频率误差为 1×10^{-9},若利用该计数器将10MHz晶振校准到 10^{-7} 级,问闸门时间应选多少?

4. 用计数器测量频率。已知闸门时间 T 和计数值 N,见表6-3,求各种情况下的 f_x。

表6-3 闸门时间和计数值

T	10s	1s	0.1s	10ms	1ms
N	1000000	100000	10000	1000	100
f_x					

5. 用多周期法测周期。已知被测信号重复周期为 $50\mu\text{s}$ 时,计数值为100000,内部时标信号频率为1MHz。若采用同一周期倍乘和同一时标信号去测量另一未知信号,已知计数值为15000,求未知信号的周期?

6. 欲测量一个标称频率 $f_0 = 1\text{MHz}$ 的石英晶体振荡器,要求测量准确度优于 $\pm 1 \times 10^{-6}$,下列几种方案中哪一种是正确的?为什么?

1)选用通用计数器 ($\Delta f_s/f_s \leq \pm 1 \times 10^{-6}$),将闸门时间置于1s。

2)选用通用计数器 ($\Delta f_s/f_s \leq \pm 1 \times 10^{-7}$),将闸门时间置于1s。

3)选用通用计数器 ($\Delta f_s/f_s \leq \pm 1 \times 10^{-7}$),将闸门时间置于10s。

7. 利用计数器测频,已知内部晶振频率 $f_s = 1\text{MHz}$,$\Delta f_s/f_s \leq \pm 1 \times 10^{-7}$,被测频率 $f_x = 100\text{Hz}$,若要求量化误差(± 1 误差)对测频的影响比标准频率误差低一个数量级(即 $\pm 1 \times 10^{-6}$),则闸门时间应取多大?若被测频率 $f_x = 1\text{MHz}$,且闸门时间保持不变,上述要求能否满足?

第7章 扫频仪、晶体管特性图示仪和数字集成电路测试仪

引　言

本章叙述了扫频仪和晶体管特性图示仪的工作原理和基本结构，介绍了常用扫频仪、晶体管特性图示仪和数字集成电路测试仪的使用方法。在扫频仪的介绍中，对扫频仪的作用、电路的组成和频率标记的产生等内容都做了叙述。晶体管特性图示仪的介绍主要包括其工作原理、基本结构和使用方法。数字集成电路测试仪的介绍主要包括其基本功能及应用实例。

学习目标

应知：频率特性的测试原理；
　　　晶体管特性图示仪的作用；
　　　数字集成电路测试仪的作用。

应会：扫频仪的应用；
　　　晶体管特性图示仪的应用；
　　　数字集成电路测试仪的应用。

延伸阅读

第7章
延伸阅读

7.1　扫频仪

在前面的章节中已经介绍了示波器，它可以用波形来显示信号幅度与时间的关系。而在各种电路测试中，常常还需要对频率特性进行观测，某个网络（或系统）的频率特性一般指幅频特性，即幅度与频率的关系。扫频仪就是用来对频率特性进行观测的仪器。

扫频仪又称为频率特性测试仪，是一种在示波管屏幕上直接显示被测放大器幅频特性曲线的图示测量仪器。扫频信号发生器输出一定频率范围、周期性、频率连续变化的扫频等幅信号，并加至被测系统输入端作为输入信号，在输出负载端并接高阻抗幅度检波器，变换为正比于被测系统幅度频率特性曲线包络形状的电压，将此电压送至显示器的荧光屏显示，可以在荧光屏直观地显示出该系统的幅度频率特性曲线。

扫频仪可以直接显示各种高频和低频放大器、滤波器、鉴频器及各种不同类型电子接收设备的频率特性，也可作为包括电视机图像中频通道频率特性、高频头频率特性和鉴频器特性等在内的各种频率特性调试的指示器。为信号频域分析、网络频带宽度、频率特性的调整、检验及动态快速测量等提供极大的便利。

扫频仪在雷达技术、调频通信、微波中继通信、电视广播和电子教学等方面均得到广泛的应用。

7.1.1 频率特性测试方法

系统频率特性的测量是指在不同频率的正弦信号作用下测量输出电压与输入电压之比（也可测量电流或功率），按照测量方法可分为点频测量法和扫频测量法两种；按照测量手段可分为直接法、比较法等。

1. 点频测量法

点频测量法也称为逐点测量法，就是以信号频率作为横坐标，以电压增益（或幅度）为纵坐标，通过逐点测量一系列规定频率点上的网络增益（或衰减）绘制出平滑曲线，即幅频特性曲线的方法。点频测量法测量原理框图如图 7-1 所示。

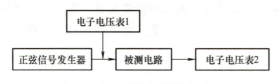

图 7-1　点频测量法测量原理框图

测量时，从被测电路的低频率端开始逐点调高信号发生器的频率，记录相应的输入电压 U_i 和输出电压 U_o，然后以频率 f 为横坐标，以 $A_u = U_o/U_i$（或 $20\lg U_o/U_i$）为纵坐标，就可以在直角坐标系上描绘出所测的幅频特性曲线。

点频测量法存在着诸多缺点，如操作费时费力，绘制曲线不完整，丢失细节信息等。用这种方法绘制的曲线是在系统稳定状态下测试得到的，属于静态频率特性曲线，而实际电路的工作状态往往是动态的，因此常被扫频等其他新技术所取代。

2. 扫频测量法

扫频是指信号输出频率能够自动随时间在一定范围内进行扫描，无须调至一个个频率点逐一测量、记录；也无须通过描点手动绘制曲线，而是以示波器直接显示出频率特性曲线，更加完整、准确、高效。扫频信号源一般均选择正弦信号。

扫频测量法测量原理框图如图 7-2 所示。

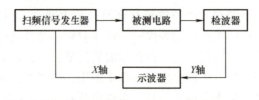

图 7-2　扫频测量法测量原理框图

扫频信号发生器产生的扫频信号为正弦信号，其频率随时间作线性连续变化，幅度不变。将此信号加在被测电路上，其输出信号的幅度将根据被测电路的幅频特性变化，因此进入宽带检波器的信号是一个调幅波，此调幅波信号的包络就是被测电路的幅频特性。将检波器检出的包络信号加载到示波器垂直通道（Y 轴）上，水平通道（X 轴）上加载扫描电压信号锯齿波，即可在荧光屏上显示出被测电路的幅频特性曲线。

由此可见，采用扫频测量法可以对网络的频率特性进行自动或半自动观测，扫频信号连续、快速变化，因此测量曲线细节完整，准确度高，并且测量曲线是动态曲线，在电路动态特性的测量中具有更广泛的用途。

7.1.2 扫频仪的基本概念

1. 频率特性

频率特性包括幅频特性和相频特性，幅频特性是最常用的，一般不特别说明时指的是幅频特性。

2. 频带宽度

信号放大倍数下降为中心频率放大倍数的 0.707 时的频率为截止频率，截止频率的上限与下限之差即为频带宽度。

3. 频偏

频偏是调频波中的瞬时频率与中心频率之差。

4. 调频非线性

调频非线性是指在屏幕显示平面内产生的频率线性误差，表现为扫描信号的频率分布不均匀。

5. 中心频率

中心频率是位于显示频谱宽度中心的频率。

6. 寄生调幅

寄生调幅是等幅调频信号的振幅受到影响而产生的变化。

7.1.3 扫频仪的电路组成及原理

扫频仪一般由扫描信号发生器、扫频信号发生器、频标产生电路、放大器、检波器、示波器等部分组成。其组成框图如图 7-3 所示。

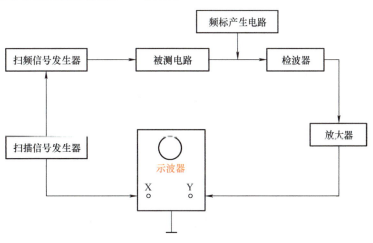

图 7-3　扫频仪的组成框图

1. 扫描信号发生器

扫描信号发生器产生扫频信号发生器所需的调制信号和示波管的水平通道（X 轴）扫

描信号。

2. 扫频信号发生器

扫频信号发生器是扫频仪的核心，它产生高频正弦扫频信号，并由扫描信号发生器产生的调制信号进行调频。在不同频率场合下采用的扫频电路原理不同，如较低频率时可采用磁调制扫频振荡器，频率较高时常使用变容二极管振荡器，在微波及更高频率领域则常采用钇铁石榴石，即 YIG 振荡器等。

（1）变容二极管振荡器　当二极管的 PN 结所加电压发生变化，则结电容也会相应改变，利用这一原理可改变由变容二极管组成的 LC 振荡回路的电容，进而改变振荡频率。采用这一方法组成的振荡器电路较为简单、方便，因此应用广泛。

（2）磁调制扫频振荡器　磁调制扫频利用铁磁材料特性实现扫频，不同材料所产生的频偏也是不同的。磁调制扫频电路能获得较大的扫频宽度和较小的寄生调幅，而且电路简单，因此得到了广泛应用，国产 BT-3 型扫频仪是利用磁调制扫频原理制成的扫频仪。

一个带磁心的电感线圈，其电感量 L_c 与该磁心的有效磁导率 μ_c 之间的关系为

$$L_c = \mu_c L$$

式中　L——空心线圈的电感量。

当磁路中的磁导率 μ_c 随调制电流的变化而变化时，处在磁路中的振荡回路电感 L_c 也将随之变化，振荡频率发生改变。

磁调制扫频结构原理如图 7-4 所示。图中 M 为普通磁性材料，m 为高磁导率、低损耗的高频铁氧体磁心，M 与 m 构成闭合磁路，W_1 为励磁线圈。当线圈内流过直流电流时，将产生磁场，若流过扫描电流，将产生交变磁场，使得磁导率发生变化，电感量也相应发生变化，即振荡电路的谐振频率随扫描电流的规律而变化，从而实现扫频。

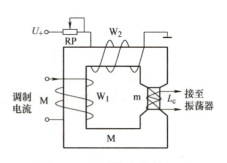

图 7-4　磁调制扫频结构原理

此外，还有石英晶体扫频振荡电路等，虽然产生频率的稳定性高，但只能产生较小的频偏。

（3）YIG 振荡器　YIG 是一种能够产生铁磁谐振的铁氧体材料，这种材料在高频磁场中可产生谐振，用它组成一个谐振回路，当励磁电流改变时，可产生扫频信号，信号范围宽，可达上百吉赫，其稳定性、可靠性高。

3. 频标产生电路

频标是频率标记的简称，是用一定形式的标记对扫频测量得到的曲线的频率值进行定量，即利用频标确定曲线上任意点的频率值。频标包括菱形频标和针形频标，菱形频标适用于高频测量，针形频标适用于低频测量。

频标信号由频标电路产生，频标电路的原理框图如图 7-5 所示。

晶体振荡器产生的信号经谐波发生器产生一系列的谐波分量，这些基波和谐波分量与扫频信号一起进入频标混频器进行混频。当扫频信号的频率正好等于基波或某次谐波的频率时，混频器产生零差频（零拍）；当两者的频率相近时，混频器输出差频，频率随扫频信号的瞬时频偏的变化而变化。差频信号经低通滤波及放大后形成菱形图形，即菱形频标，如

第7章 扫频仪、晶体管特性图示仪和数字集成电路测试仪

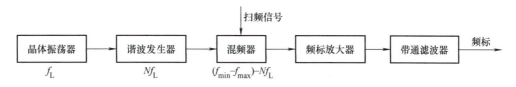

图 7-5 频标电路的原理框图

图 7-6 所示。利用频标可对波形的频率轴进行定量读数，频标上可直接读出曲线频率值，两相邻频标之间的频率则可通过水平间距推算得到。

4. 检波器

检波器一般采用峰值检波，将代表被测电路幅频特性的包络信号检出。

5. 放大器

图 7-6 菱形频标

放大器主要用于将检波器检出的包络信号进行放大。

6. 示波器

示波器用于显示频率特性曲线，常用的显示方法有光点扫描式和光栅增辉式。光点扫描式原理与模拟电子示波器相同，即用 Y 轴上加载的包络信号与 X 轴上加载的扫描电压共同决定光点位置。此方法的缺点是大偏转角度需用偏转电流驱动偏转线圈，因此不适合大屏显示。BT-3 型频率特性测试仪采用的是光点扫描式。光栅增辉式与电视机显示原理类似，是利用光栅特性在不需显示时构成暗光栅，将需要显示的部分以增辉信号进行加亮。这种方式显示信息丰富且可以大屏显示。

7.1.4 BT-3 型频率特性测试仪

1. 电路组成

BT-3 型频率特性测试仪为通用仪器，可广泛应用于 1~300MHz 范围内各种无线电网络接收和发射设备的扫频动态测试，如有源、无源四端网络，滤波器，放大器等传输特性等的测量。其他型号频率特性测试仪（如 BT-8、BT-10 等）的基本原理与 BT-3 型类似。

BT-3 型频率特性测试仪的高频部分采用了表面安装技术，输出衰减器全部为电控衰减并通过数字显示 dB 数值。仪器的频带宽可进行 1~300MHz 全频扫频，也可进行窄带扫频和给出稳定的点频作为信号源之用。

BT-3 型频率特性测试仪主要由扫频信号发生器、频标电路及显示电路组成，其原理框图如图 7-7 所示。

（1）扫频信号发生器 扫描发生器产生与外电网同频的限幅锯齿波及同步方波，限幅锯齿波保证了扫描的线性。锯齿波一路送 X 偏转电路供显示器水平扫描用，另一路及方波送至控制电路进行信号交换、扫频方式选取、频标方式选择，以此来实现扫频宽度控制、标记组合等一系列功能。控制电路是将 0~10V 锯齿波电压送至扫频单元，经二极管网络进行非线性变化再送至扫频振荡器抵消由变容二极管产生的非线性频率变化。

扫频单元是由一个固定频率振荡器和一个扫频振荡器输出的正弦波信号经混频后产生差频信号，并加以放大后送至宽带放大器，放大后的信号一路经衰减器输出至面板输出端口，同时从宽带放大器输出稳幅的扫频信号；另一路送给频标发生器。

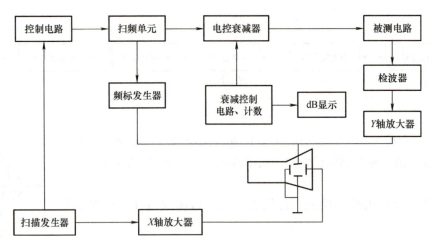

图 7-7 BT-3 型频率特性测试仪原理框图

衰减控制电路对电控衰减器输出的扫频信号幅度进行控制,实现 0～70dB 的衰减控制并以 dB 显示其衰减量。

(2) 频标电路 频标发生器产生 10MHz 和 1MHz 标准正弦信号,经谐波发生器产生等间隔的基波与谐波分量,分别与扫频信号在频标混频器中混频,再经过带通滤波器和放大器送至示波器 Y 轴,与扫频信号叠加,使频率特性曲线上呈现菱形的频率标记。频标信号再与来自 Y 轴放大器放大的被测电路检波信号叠加送至 Y 偏转放大器,从而显示出被测电路的幅频特性曲线。

BT-3 型频率特性测试仪的屏幕上可以显示多个频标,测量时,若 10MHz 和 1MHz 的频标不能满足要求,还可使用外接频标,测量的准确度较高。

(3) 显示电路 显示电路部分包括扫描信号发生器、Y 轴放大器和示波管等几个部分。X 轴锯齿波扫描信号通过电源变压器的 50Hz 交流电压得到,然后加载到示波管的水平偏转板,同时对扫频信号发生器进行调频,使扫描信号与扫频信号同步,则电子束打在示波管荧光屏上的光点位置即代表某一瞬时频率。

检波探测器检波后的电压经垂直放大器放大,然后送至示波管的垂直偏转板,在屏幕上即可显示被测的频率特性曲线。

2. BT-3 型频率特性测试仪面板

BT-3 型频率特性测试仪的面板如图 7-8 所示。

(1) 显示部分

1) 电源、辉度旋钮:电源开关及调节波形亮度,顺时针旋动,可打开电源,并可调节光点亮度。

2) 聚焦旋钮:调节光点集中及图形亮线的粗细,保证图形清晰度。

3) Y 轴位置旋钮:调节光点或波形在屏幕上的垂直位移。

4) Y 轴衰减旋钮:分 1、10、100 三个衰减档位,可根据输入信号大小选择合适的档位。

5) Y 轴增益旋钮:调节显示波形垂直方向的幅度大小,顺时针旋动为幅度增大。

6) Y 轴输入插座:以专用电缆接被测电路输出端,显示信号幅频特性曲线。

第7章 扫频仪、晶体管特性图示仪和数字集成电路测试仪

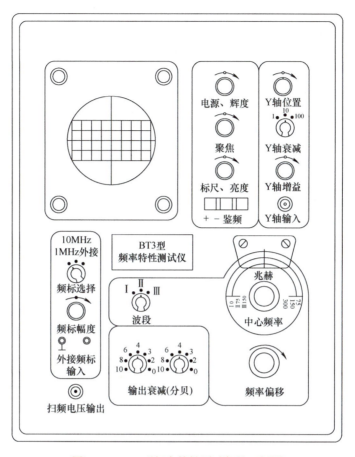

图 7-8　BT-3 型频率特性测试仪的面板图

（2）扫描部分

1）中心频率旋钮：连续调节中心频率，使用时应结合频标来确定中心频率。

2）波段选择开关：将扫频信号中心频率分为三个波段，波段Ⅰ为 1～75MHz；波段Ⅱ为 75～150MHz；波段Ⅲ为 150～300MHz，可根据需要进行选择。

3）输出衰减（分贝）旋钮：根据需要选择扫频信号幅度衰减大小。粗调从 0～60dB，步长为 10dB；细调从 0～10dB，总计 70dB。

4）频率偏移旋钮：可根据被测电路频带宽度调节扫频信号频偏。最大频偏数值可达 7.5MHz 以上，最小数值为 0.5MHz 以下。

（3）频标部分

1）频标选择旋钮：分 10MHz、1MHz 和外接三个档位。观测低频信号时，用 1MHz 频标；观测高频信号时，用 10MHz 频标，也可以采用外接频标。

2）频标幅度旋钮：调节频标信号的幅度大小，顺时针旋动为幅度增大。

3）外接频标输入接线柱：当使用外接频标信号时，须将外部信号发生器所产生的信号作为频标接于此外接频标接线柱。

4）扫频电压输出插座：扫频信号输出端，测试时，可选择阻抗为 75Ω 的匹配电缆连接至被测电路输入端。

3. BT-3 型频率特性测试仪的使用方法

(1) 使用前的检查和准备工作

1) 检查工作电源电压是否正确,是否可靠接地。接线应尽量短,以减少干扰信号影响。

2) 顺时针方向转动电源、辉度开关,接通电源,调节辉度和聚焦,使光点亮度适中且显示清晰,仪器预热 10min 左右。

3) 旋动 Y 轴位置旋钮,使扫描基线能上、下移动出现在荧光屏上。

4) 检查频标。分别选择"频标选择"旋钮中的 10MHz、1MHz 档位,扫描线上应分别呈现出若干个 10MHz 或 1MHz 的频标信号。调节频标幅度可以均匀地调节标记幅度。分别在波段选择开关的三个波段内从零开始顺时针旋动中心频率旋钮,观察显示的频标是否大致呈均匀分布。

5) 检查频率覆盖范围。将输出衰减(分贝)旋钮置于 0dB,频标选择旋钮可选择 10MHz,在三个波段下分别旋动中心频率旋钮,检查频率覆盖范围。将扫频电压输出插座与 Y 轴输入插座用输出匹配探极和检波探极短接,调节 Y 轴位置与 Y 轴增益旋钮,显示屏上将显示检波后的波形,为一矩形曲线,如图 7-9 所示。

6) 检查扫频输出平坦度。将扫频电压输出插座与 Y 轴输入插座用输出探极和检波探极短接。旋动中心频率旋钮,观察显示屏上的长方形曲线,应无较大起伏。

7) 检查扫频寄生调幅系数。将输出衰减(分贝)旋钮置于 0dB,选择频标选择旋钮中的 1MHz 档位,调节频率幅度和频率偏移旋钮,产生相应的频率偏移,记下此时的 A、B 值,如图 7-10 所示,则寄生调幅系数为

$$r = \frac{A-B}{A+B} \times 100\%$$

寄生调幅系数数值应≤7.5%。

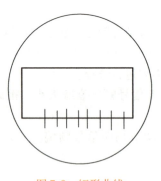

图 7-9 矩形曲线

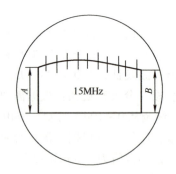

图 7-10 寄生调幅

8) 检查调频非线性系数。将"频标选择"旋钮置于 1MHz 档,频偏调到最大,然后分别在三个波段内测出最低和最高频率与中心频率 f_0 的距离 A、B,如图 7-11 所示,则调频非线性系数为

$$r = \frac{A-B}{A+B} \times 100\%$$

非线性系数值应<20%。

9）零分贝校正。先将输出衰减（分贝）旋钮置于 0dB 处，Y 轴衰减旋钮置于 1 档，再将输出匹配探极和输入检波探极连接在一起，然后调节 Y 轴增益旋钮，使屏幕上的扫描基线和扫频信号线之间的距离为 5 格，如图 7-12 所示。记下此时 Y 轴增益的值，测量电路的增益时，须将屏幕上的幅频特性曲线的幅度也调到 5 格。

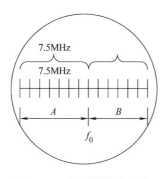

图 7-11　调频非线性系数

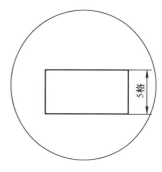

图 7-12　零分贝校正

10）选择合适的探极和电缆。BT-3 型频率特性测试仪有四种探极或电缆：匹配输出电缆（匹配头）、开路输出探极（开路头）、检波输入探极（检波头）、开路输入电缆。探极符号如图 7-13 所示。当被测电路输出端有检波器时，应选择开路输入电缆，否则须选择检波输入探极电缆；当被测电路输入阻抗为 75Ω 时，应选择开路输出探极电缆，若输入为高阻抗，则应选择匹配输出电缆。

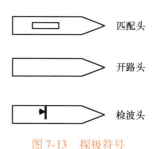

图 7-13　探极符号

BT-3 型频率特性测试仪与被测电路之间阻抗应匹配，否则测量曲线将产生变形或偏差。电缆线阻抗为 75Ω，而有的型号扫频仪输出阻抗为 50Ω，这时应连接相应的阻抗匹配器进行测量。

（2）BT-3 型频率特性测试仪的应用

1）电路幅频特性曲线的测量。在检查和准备工作完成的基础上按照图 7-14 连接被测电路。选择合适的波段及中心频率，即可根据频标读取屏幕显示的幅频特性曲线频率值。频标先选择 10MHz 进行粗测，然后选择 1MHz 进行精测。几种常见电路的幅频特性曲线如图 7-15 所示。

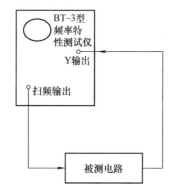

图 7-14　测量幅频特性的电路连接图

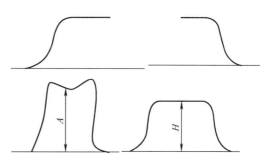

图 7-15　几种常见电路的幅频特性曲线

2）电路参数的测量。BT-3 型频率特性测试仪可用于测量电路中具有调谐回路的高频和中频放大器等，在无线接收机、电视机、收音机等设备的测试中被广泛用于参数的测量。

① 电路增益的测量。将经过零分贝校正的 BT-3 型频率特性测试仪与被测电路连接好，如图 7-14 所示。调节"输出衰减（分贝）"旋钮，使屏幕上显示的幅频特性曲线的幅度恰好为 H，此时，"输出衰减（分贝）"旋钮所指的分贝数（dB）就是被测电路的增益。

例如，一台经过零分贝校正的 BT-3 型频率特性测试仪，调节"输出衰减（分贝）"旋钮使屏幕上显示的曲线高度恰为 H，此时，"输出衰减（分贝）"旋钮所示值为粗调 50dB，细调 4dB；则被测电路的增益为 50dB + 4dB = 54dB。

② 频带宽度的测量。利用频标能方便地测量出屏幕上所显示的幅频特性曲线的频带宽度。观测并记录曲线上的频标个数，然后计算出频带宽度。

7.2　晶体管特性图示仪

晶体管是非线性器件，其技术参数受多方面因素影响。半导体分立器件一般是指二极管、晶体管、场效应晶体管、集成电路、晶闸管及光电管等。在电子产品制作时，半导体器件的性能好坏极其重要。因此，对晶体管各项性能参数的测试就是一项不可缺少的工作。

根据所测量参数类型的不同，半导体分立器件测量仪器主要有直流参数测量仪器、交流参数测量仪器、极限参数测量仪器、晶体管特性图示仪。其中，晶体管特性图示仪是一种广泛应用的电子测量仪器。它能测量各类二极管的正、反向特性；晶体管的输入、输出特性，电流、电压放大特性，各种反向饱和电流、击穿电压；场效应晶体管的漏极、转移特性，夹断电压和跨导等参数。

晶体管特性图示仪是一种能在示波管屏幕上直观测量各种半导体特性曲线的专用示波器。

7.2.1　晶体管特性图示仪的测试原理

下面用逐点测试法测试小功率 NPN 晶体管的共发射极输出特性曲线，其基本测试电路如图 7-16 所示。

输出特性的含义：基极电流 I_b 一定时，集电极与发射极之间的电压 U_{CE} 与集电极电流 I_C 的关系。

调节 E_B 使基极电流为 I_{B1}，逐点改变 E_C 测得一组 U_{CE} 和 I_C 值；再调节 E_B 使基极电流为 I_{B2}，改变 E_C，又可测得一组 U_{CE} 和 I_C 值。重复上述过程，可测得多组 U_{CE} 和 I_C 值。把测量数据在直角坐标纸上标出，即可绘出图 7-17 所示的输出特性曲线。

显然，这种手工描绘曲线的方法比较麻烦，测量时间长，测量过程产生热量积累，容易引起晶体管过热而损坏。

若要将输出特性曲线自动地显示出来，测试仪器应满足以下条件：
1）能提供每一个测试过程所需的基极电流 I_B。
2）对应每一个固定的基极电流 I_B，集电极电源电压 E_C 应相应地改变。
3）能及时取出各组 U_{CE} 和 I_C 值送入显示电路。

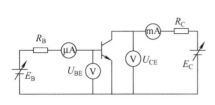

图 7-16　NPN 晶体管共发射极输出特性
曲线的基本测试电路

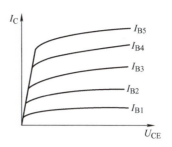

图 7-17　NPN 型晶体管的输出特性曲线

7.2.2　晶体管特性图示仪的组成

晶体管特性图示仪的原理框图如图 7-18 所示。它主要由集电极扫描电压发生器、基极阶梯信号发生器、同步脉冲发生器、X 轴放大器、Y 轴放大器、示波管及控制电路、测试转换开关、电源电路几部分组成。

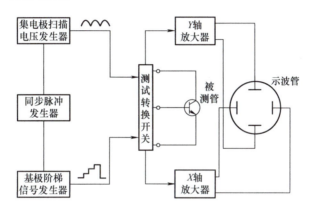

图 7-18　晶体管特性图示仪原理框图

1. 扫描电压发生器

扫描电压发生器可产生集电极扫描电压，如图 7-19 所示。它是由 50Hz 的工频交流电经过全波整流得到 100Hz 的正弦半波电压，幅值可以调节，用于形成水平扫描线。在测试 NPN 型管时，E_c 采用正极性；测试 PNP 型管时，E_c 采用负极性。

2. 阶梯信号发生器

阶梯信号发生器产生基极阶梯电压或电流信号，如图 7-20 所示。阶梯高度可以调节，用于形成多条曲线簇。

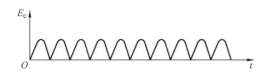

图 7-19　集电极扫描电压

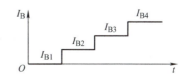

图 7-20　集电极扫描电压和基极阶梯波电流

为保证阶梯电压的起始级为零电平，使其与示波器显示图形的零基线相重合，阶梯信号源内部设有阶梯调零电位器，可予调整。阶梯的级数可通过"级/簇"调整旋钮调节，一般最多可显示 10 级。

3. 同步脉冲发生器

同步脉冲发生器用于产生同步脉冲，使集电极扫描电压和基极阶梯信号达到同步。否则，会导致被显示的特性曲线变形。

4. X 轴放大器、Y 轴放大器、示波管和控制电路

这部分电路及其作用与通用示波器基本相同，用于显示晶体管特性曲线的图形。

5. 测试转换开关

测试转换开关用于切换不同的测试功能。

6. 电源电路

为仪器正常工作提供低压电源和示波管工作所需的高频高压电源等各种工作电源。

7.2.3 XJ4810 型晶体管特性图示仪

1. 面板结构

XJ4810 型晶体管特性图示仪的面板如图 7-21 所示。XJ4810 型晶体管特性图示仪测试台如图 7-22 所示。各开关旋钮功能如下。

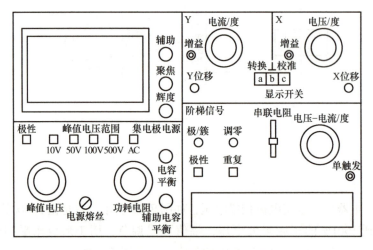

图 7-21 XJ4810 型晶体管特性图示仪面板

（1）示波管控制部分　包括辉度、聚焦和辅助等旋钮。它们的使用方法与示波器的相似。

1）辉度旋钮：用于调节曲线的亮度。

2）聚焦旋钮：用于调节曲线的清晰度。

3）辅助旋钮：用于聚焦的辅助调节。

（2）集电极扫描电压部分

1）极性按键：用于改变集电极扫描电压的极性，极性的选择取决于被测器件。按下此键集电极电源极性为负，弹起时为正。

第 7 章 扫频仪、晶体管特性图示仪和数字集成电路测试仪

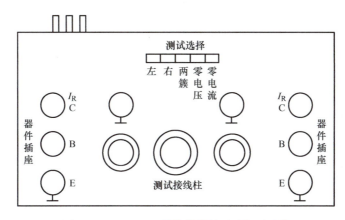

图 7-22　XJ4810 型晶体管特性图示仪测试台

2）峰值电压范围按键：用于选择集电极最大电压值。

3）峰值电压旋钮：使集电极电源在选择的峰值电压范围内连续调节。

4）电源熔丝：为 220V 交流输入的熔丝，容量为 1A。

5）功耗电阻旋钮：用于改变集电极回路电阻的大小，串联在被测晶体管的集电极回路中。测量晶体管正向特性时应置于低电阻档，测量反向特性时应置于高电阻档。

6）电容平衡、辅助电容平衡旋钮：由于集电极电流输出端对地有各种杂散电容存在，会形成电容性电流，造成测量误差。测试前，应调节电容平衡与辅助电容平衡，使容性电流减至最小，使屏幕上的水平线重叠为一条。一般情况下无须调节。

（3）X 轴、Y 轴部分

1）X 选择旋钮：17 档、4 种作用的旋转开关，用于选择不同的水平偏转灵敏度。

2）X 轴增益：X 轴偏转因数，用于连续调节水平幅度。

3）X 位移：用于对显示图像水平方向移动。

4）Y 选择旋钮：22 档、4 种作用的旋转开关，用于选择不同的垂直偏转灵敏度。

5）Y 轴增益：Y 轴偏转因数，用于连续调节垂直幅度。

6）Y 位移：用于对显示图像垂直方向移动。

7）显示开关：一个 3 档按键开关，用于显示方式的选择。

① 转换：使图像在 Ⅰ、Ⅲ 象限内相互转换，以简化测 NPN 管转为测 PNP 管的操作。

② ⊥（接地）：使 X 和 Y 放大器输入端同时接地，以确定零基准点。

③ 校准：用于校准 X 和 Y 放大器的增益。

（4）基极阶梯信号部分

1）极/簇旋钮：用于调节阶梯信号一个周期的级数，可在 1~10 内连续调节。

2）极性按键：用于确定基极阶梯信号的极性，极性的选择取决于被测器件。

3）调零旋钮：用于调节阶梯信号的零位，测试前应先进行零位校准。

4）重复按键：当按键开关弹起时，阶梯信号重复出现，用作正常测试；当开关按下时，阶梯信号处于待触发状态。

5）串联电阻拨动开关：用于调节基极串联电阻大小，当阶梯信号选择旋钮置于电压/级的位置时，开关才起作用。

6）阶梯信号选择旋钮：它是一个具有 22 档、两种作用的开关。基极电流 17 档，基极源电压 5 档，用于选择基极阶梯信号的阶梯大小。

7）"单触发"：旋钮与"重复"按键配合使用，使预先调好的电压（电流）/级出现一次阶梯信号后即回到待触发位置。

（5）器件测试台部分

1）左、右选择开关：按下时，分别接通左、右两个被测管。

2）两簇选择开关：按下时，自动交替接通左、右两个被测管，可以同时观测到两管的特性曲线，以便进行比对。

3）零电压选择开关：按下时，可进行阶梯信号的零位校准。

4）零电流选择开关：按下时，使被测管的基极处于开路状态，可进行 I_{CEO} 的测量。

5）器件插座：测试时，用于插入被测器件，适用于测试中、小功率晶体管。

6）测试接线柱：可以配合外接插座使用，其内部接线较粗，适合测试大功率晶体管。

2. XJ4810 型晶体管特性图示仪的使用方法

1）开启电源，指示灯亮，预热 15min。

2）调节辉度、聚焦、辅助旋钮，使屏幕上显示清晰的辉点或线条。

3）根据被测晶体管的特性和测试条件的要求，把 X 轴部分、Y 轴部分、基极阶梯信号各部分的开关、旋钮都调到相应的位置上。

4）基极阶梯信号调零的目的是为了保证基极阶梯信号的起始级为零电位，以提高测量准确度。在用于共发射电路测量时，NPN 型管阶梯信号为正，PNP 型管阶梯信号为负。

正极性阶梯信号调零时各旋钮位置如下：

① 集电极扫描信号极性和基极阶梯信号极性：置于"＋"极性位置。

② X 轴作用：集电极电压 1V/度。

③ Y 轴作用：基极电流或基极源电压（或基极电压）0.01V/度。

④ 阶梯信号选择旋钮：基极电压 0.01V/极（或其他 V/级档）。

⑤ 阶梯作用：重复。

⑥ 集电极扫描峰值电压：调节峰值电压为 5～10V 左右，使屏幕上出现满度扫描线。

完成上述操作后，再将 Y 轴作用置"零"，调整 Y 轴位移旋钮，使扫描线位于零线，即 Y 轴放大器的输入为零时输出也为零。调节 Y 轴作用复位，屏幕上由原来的一根基线变为一簇阶梯信号，如图 7-23 所示。再调节阶梯调零旋钮，使阶梯信号的最下面一条线与 Y 轴零线重合，图 7-23b 中的虚线表示未调零的阶梯信号。

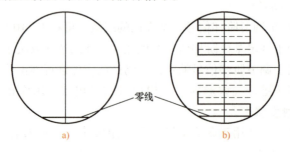

图 7-23　阶梯调零示意图

负极性阶梯信号调零的方法与正极性阶梯信号调零的方法相同，只是极性为负，Y 轴零线以最上面一条为标准。

5) 测试台的操作。根据电路要求进行接地选择，将测试选择开关置于"关"，插上被测器件，再将测试选择开关置于相应位置进行测试。

6) 测试过程。增加峰值电压，显示被测器件曲线。再根据测试需要对 X 轴、Y 轴、阶梯信号及功耗电阻做适当的调整。

7) 测度完毕，关闭电源，将有关旋钮和开关复位。即

① 峰值电压范围：0~10V。

② 峰值电压旋钮：旋至"0"位置。

③ 功耗电阻旋钮：10kΩ 以上。

④ 阶梯作用：关。

⑤ 电流/度：1mA/度。

⑥ 电压/度：1V/度。

以上是测试小功率管时各旋钮的常用位置。

> **小提示**
>
> 测量前，仔细检查各开关、旋钮位置；测试完后，复位。养成良好的职业习惯。

3. 仪器的使用步骤

在使用晶体管特性图示仪前，必须对仪器的使用方法和被测晶体管的规格充分了解。当对被测晶体管参数的极限值不明确时，调整有关旋钮使加到被测晶体管的电压和电流从低量程逐渐增大，直到满足测试条件要求。

1) 接通电源，预热 5min 以上。

2) 调节示波管及控制部分，即调节标尺亮度为橙色标尺；调节辉度、聚焦和辅助旋钮使亮点清晰。

3) 将集电极扫描的峰值电压范围、极性、功耗电阻等按键旋钮调至测量需要的范围，将峰值电压旋钮先置于最小位置，测量过程中慢慢增至需要值。

4) Y 轴作用选择与 X 轴作用选择中的"电流/度"与"电压/度"旋钮置于需要读测的位置。

5) 将基极阶梯信号中的极性、串联电阻、阶梯信号选择等按键旋钮调至需要读测的范围。将阶梯作用置于重复，极/簇一般放置于"200"位置。

6) 将测试台的测试选择开关置于"关"的位置，接地开关置于需要位置，插上被测晶体管，旋转测试选择开关至要测试的一方，即可进行测量。

4. 晶体管特性图示仪的使用注意事项

1) 对阶梯信号选择、功耗电阻、峰值电压三个旋钮的使用应特别注意，若使用不当会损坏被测晶体管。

2) 测试大功率晶体管和极限参数、过载参数时，应采用单簇阶梯信号，以防过载损坏。

3) 测试 MOS 型场效应晶体管时，应注意不要使栅极悬空，以免感应电压过高引起被测

管击穿。

4）测试前，选择与被测管相适应的集电极电压和基极阶梯信号极性。如预先不知道被测器件引脚极性，可先用万用表或图示仪测试二极管或晶体管档判别各引脚的极性。如果对被测器件的参数不了解，测试过程中须从低量程档位逐渐升高加在被测管上的集电极扫描电压及基极阶梯电流，集电极功耗电阻应从大逐渐变小，直至显示特性满足被测管的测试要求或符合所需要的工作条件为止。

5）测试完成后，应立即关闭电源，并使仪器复位，以防下次使用时因疏忽而损坏被测器件。

7.2.4 晶体管特性图示仪应用实例

使用晶体管特性图示仪可测试各种半导体器件，如二极管、晶体管、场效应晶体管、TTL 集成电路等，可以判断被测器件质量好坏、器件参数是否满足要求。

1. 二极管的测试

二极管的主要特性是单向导电性，使用中常需要测试其正、反向特性，测试原理框图如图 7-24 所示。

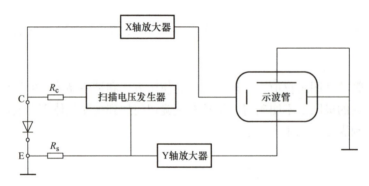

图 7-24 二极管正、反向特性测试原理框图

（1）二极管正向特性曲线的测试　测试前，将 X 轴、Y 轴坐标零点移至左下角。

1）峰值电压范围：0～20V。

2）集电极扫描极性：＋。

3）功耗电阻：200Ω。

4）X 轴作用：0.1V/度。

5）Y 轴作用：10mA/度。

6）重复按键：置于"关"位置。

逐渐调高峰值电压，屏幕上将显示二极管正向特性曲线，如图 7-25 所示。根据被测管额定正向电流 I_F（设某型号二极管 I_F 为 100mA）读取其对应的 X 轴电压就是二极管正向压降 U_F。

（2）二极管反向特性曲线的测试　测试前，将 X 轴、Y 轴坐标零点移至右上角。

1）峰值电压范围：0～200V。

2）集电极扫描极性："－"。

3）功耗电阻：10kΩ。

4) X 轴作用:20V/度。

5) Y 轴作用:0.01mA/度。

6) 阶梯作用:关。

逐渐调高峰值电压,屏幕上将显示如图 7-26 所示的反向特性曲线,曲线拐弯处所对应的 X 轴电压就是二极管反向击穿电压 U_{BR}。二极管的反向工作电压约为反向击穿电压值的 1/2。

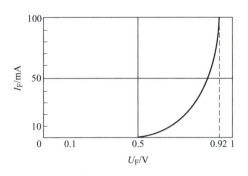

图 7-25 二极管正向特性曲线

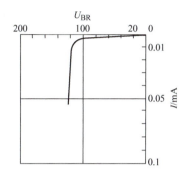

图 7-26 二极管反向特性曲线

2. 晶体管的测试

晶体管特性图示仪主要是测试晶体管的输入和输出特性。晶体管可分为 NPN 型和 PNP 型两大类,两者在测试原理上基本一致。下面以 NPN 型小功率管 3DG7 为例,介绍晶体管相关参数测试。

(1) 输入特性及输入电阻的测试 晶体管共射极电路输入特性曲线的测试原理框图如图 7-27 所示。

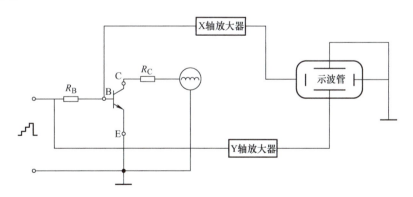

图 7-27 晶体管共射极电路输入特性曲线的测试原理框图

在输入特性曲线中,X 坐标轴为 U_{be},Y 坐标轴为 I_B。将光点移至屏幕的左下角作为坐标原点(零点),然后进行基极阶梯调零。

1) 峰值电压范围:0~20V。

2) 功耗电阻:1kΩ 左右。

3) X 轴作用:0.1V/度(基极电压)。

4) Y 轴作用:基极电流或基极源电压。

5）极/簇：200。

6）"阶梯作用"：重复。

逐渐调高峰值电压，屏幕上将显示如图 7-28 所示的输入特性曲线（$U_{BE} \sim I_B$ 曲线）。对应于图中 B 点的输入电阻求解如下：

$$I_b = 0.08 \text{mA}, \quad U_{be} = 0.75 \text{V}, \quad \Delta I_b = 0.04 \text{mA}, \quad \Delta U_{be} = 0.02 \text{V}, \quad 则$$

$$R_i = U_{be}/I_b = 0.75/0.08 \times 10^3 \Omega \approx 9.38 \text{k}\Omega$$

$$\Delta R_i = \Delta U_{be}/\Delta I_b = 0.02/0.04 \times 10^3 \Omega \approx 500 \Omega$$

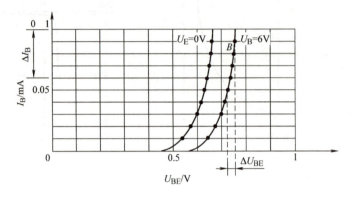

图 7-28　输入特性曲线

（2）输出特性和电流放大特性的测试　晶体管共射极电路输出特性曲线的测试原理框图如图 7-29 所示。

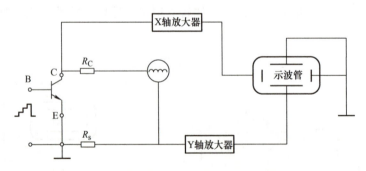

图 7-29　晶体管共射极电路输出特性曲线的测试原理框图

将光点移至屏幕的左下角作为坐标原点（零点），进行基极阶梯信号调零，相关旋钮置于以下位置。

1）峰值电压范围：0~20V。

2）功耗电阻：1kΩ 左右。

3）Y 轴作用：1mA/度（集电极电流），中功率管或大功率管测试条件根据所需工作状态选几十或几百 mA/度。

4）阶梯作用：重复。

5）阶梯信号选择：0.01mA。

6）极/簇：10。

逐渐调高峰值电压，屏幕上显示一簇输出特性曲线（$U_{CE} \sim I_C$ 曲线），如图 7-30 所示，最下面一条对应 $I_B=0$。

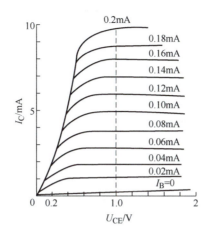

图 7-30　晶体管输出特性曲线

由图 7-30，当 $U_{CE}=1V$ 时读出最上面一条曲线的 I_C 和 I_B 值，则

$$h_{FE} = I_C/I_B = 9.81/0.2 = 49$$

7.3　数字集成电路测试仪

数字集成电路测试仪能够测试 54/74、4000、4500、14000、40000 系列以及 ROM、SRAM、DRAM 等多种类型的数字集成电路芯片。它可以判断芯片是否合格，自动鉴别不知道名称和型号的集成芯片的编号，检查仪器资料库中是否存储该类 IC 芯片资料；快速测试 IC 芯片以及采用反复开闭电源测试 TTL 和 CMOS 电路的稳定性等性能。该测试仪操作方便、快速、准确、效率高，是教学、科研、生产的得力助手。

7.3.1　ICT-33 数字集成电路测试仪介绍

1. ICT-33 测试仪面板

ICT-33 测试仪面板如图 7-31 所示。

（1）电源指示灯　电源指示灯"POWER"灯亮，表示电源已接通。

（2）"PASS"指示灯　PASS 指示灯亮，表示测试的器件合格。

（3）"FAIL"指示灯　FAIL 指示灯亮，表示测试的器件不合格。

（4）显示屏　显示屏用来显示被测 IC 器件的型号及相应参数。

（5）键盘　"0"～"F"键为数字键，用于输入被测器件的型号、引脚数目及编辑状态时输入地址、数据以及相应的功能操作。

（6）锁紧插座和锁紧插座控制棒　ICT-33 使用进口通用锁紧插座，锁紧插座有松开及锁紧两种状态。当操作杆直立时，为松开状态，可取下或放上被测器件；当操作杆平放时，为锁紧状态，可对器件进行测试。当插座处于锁紧状态时，请勿放上或取下被测器件，否则将损坏锁紧插座。

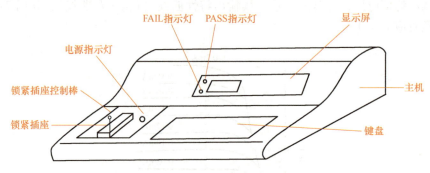

图 7-31 ICT-33 测试仪面板

2. 操作键功能

1)"代换查询"键为功能键。至少输入三位型号数字后,该键才能被仪器接受。

2)"好坏判别/查空"键为复合功能键。若输入的型号为 EPROM 器件型号(即 27 系列),该键的作用是使仪器对被测器件进行查空操作;为其他型号时,该键的作用是使仪器对被测器件进行好坏判别。若第一次按下数字键,则至少要输入型号的三位数字后,该键才能被接受;若在没有输入器件型号时输入该键,则仪器将按前一次输入的器件进行测试,此功能用于测试多只相同型号的器件。

3)"型号判别"键为功能键。在未输入任何数字的前提下输入该键才有效。

4)"编辑/退出"键为功能键。它使仪器进入或退出数据编辑状态。

5)"老化/比较"键为复合功能键。当输入型号为 EPROM、EEPROM 器件型号时,该键的功能是将被测器件内部的数据与仪器内部的数据进行比较;为其他型号时,该键的功能是使仪器对被测器件进行连续老化测试。

3. ICT-33 测试仪的操作步骤

(1)打开电源 接通电源,"POWER"指示灯亮,锁紧插座上不能放有集成块,否则将会损坏该集成块,仪器自检将失效。

(2)仪器自检 接通电源后,仪器自动进入自检过程,以检查仪器的状态是否正常。

(3)锁紧被测器件 把被测器件正确插放在插座上,并扳动操作杆锁紧被测器件。

(4)完成相应操作 根据要完成芯片的测试功能进行相应操作。

7.3.2 ICT-33 数字集成电路测试仪应用实例

以 74LS00 测试为例说明 ICT-33 数字集成电路测试仪各种测试功能的使用。

1. 器件好坏判别

1)自检正常后,显示"PLEASE"。

2)输入"7400",显示"7400"。

3)确认无误后,将被测器件 74LS00 插入锁紧插座并锁紧,如图 7-32 所示。

4)按下"好坏判别"键。

① 若显示"PASS",并伴有高音提示,

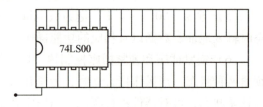

图 7-32 被测器件的锁紧图

表示器件逻辑功能完好，黄色 LED 灯点亮。

② 若显示"FAIL"，并伴有低音提示，表示器件逻辑功能失效，红色 LED 灯点亮。

> **>> 小提示**
>
> 大多数器件测试时间极短，但也有部分器件测试时间较长（如存储器），测试过程中仪器不接受任何命令输入。

2. 器件型号判别

1）将被测器件插入锁紧插座并锁紧，按"型号判别"键，仪器显示"P"，请用户输入被测器件引脚数目，如有 14 只脚，即输入"14"，仪器显示"P14"。

2）然后再按"型号判别"键。

① 若被测器件功能完好，并且其型号在仪器存储以内，此时仪器直接显示被测器件的型号，如 7400。

② 若被测器件已损坏，或其型号不在仪器测试存储以内，仪器将显示"OFF"，并伴有低音提示，随后再显示"PLEASE"。

> **>> 小提示**
>
> 1）进行型号判别时，输入的器件引脚数目必须是两位数，若被测器件只有 8 只引脚，则要输入"08"。
>
> 2）当被测器件是 EPROM、EEPROM 时，不能进行型号判别。
>
> 3）由于仪器是通过被测器件的逻辑功能来判定其型号，因此当各系列中还有其他逻辑功能与被测器件逻辑功能完全相同的其他型号时，仪器显示出的被测器件型号可能与实际型号不一致，这取决于该型号在测试软件中的存放顺序。出现这种现象时，说明仪器显示的型号与被测器件具有相同的逻辑功能。

3. 器件代换查询

先输入原器件的型号，如"7400"，再按"代换查询"键。

1）若在各系列中存在可代换的型号，则仪器将依次显示这些型号，如 7403，以后每按一次"代换查询"键，就换一种型号显示，直至显示"NODEVICE"。

2）若不存在可代换的型号，则直接显示"NODEVICE"。

> **>> 小提示**
>
> 仪器认为那些逻辑功能一致且引脚排列一致的器件为可互相代换的器件，并未考虑器件的其他参数。

4. 器件老化测试

1）输入"7400"，显示"7400"。

2）将 74LS00 插入锁紧插座并锁紧，按"老化/比较"键，仪器即对被测器件进行连续老化测试。此时，键盘退出工作，若用户想退出老化测试状态，只要松开锁紧插座即可，此时，仪器将显示"FAIL"，同时键盘恢复工作。

>> 小提示

对多只相同型号的器件分别进行老化测试时,每换一只器件都要重新输入型号。

在进行好坏判别和老化测试时,第一次按下"好坏判别"或"老化/比较"键后,有可能出现下面三种特殊情况:

1) 显示器显示1—2,并伴有长高音提示,表示应将被测器件退后一格插入锁紧插座,如图7-33所示,锁紧后,再次按下"好坏判别"或"老化/比较"键。

2) 显示器显示UCC—数字,并伴有长高音提示,表示应将被测器件退后一格插入锁紧插座,再用随仪器提供的连接插针将锁紧插座的第40脚与被测器件的某一脚连通(该脚即是显示器显示的数字,例如,显示UCC—5,即表示将锁紧插座的第40脚与被测器件的第5脚连通)。如图7-34所示,锁紧后,再次按下"好坏判别"或"老化/比较"键。

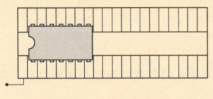
图7-33 "老化"测试之一

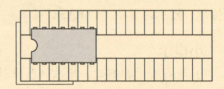
图7-34 "老化"测试之二

3) 显示器显示OU—数字,并伴有长高音提示,表示应将被测器件插入特殊器件测试板(随仪器提供)上进行测试。首先,应将特殊器件测试板插入锁紧插座上,再将被测器件插入测试板中与显示数字对应的插座上,如图7-35所示,放好后再次按下"好坏判别"或"老化/比较"键。

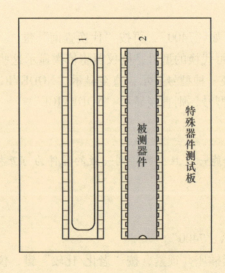
图7-35 "老化"测试之三

第7章 扫频仪、晶体管特性图示仪和数字集成电路测试仪

5. ICT-33 测试仪操作注意事项

1）放置被测器件时，一定要注意其缺口方向和安放位置。

2）可测系列中，仅 CMOS、光耦、数码管系列可选择 9.0V、15V 测试电压，其他系列只能选择 3.3V、5.0V 进行测试。型号判别时仅可选择 5.0V 测试电压。

3）当发现输入错误或误操作时，按清除键，显示"00000000"，即可重新输入。

4）当进行型号判别时，被测器件的型号被判别出后，该型号仅供显示用，并未存入仪器内部。若用户对该器件进行好坏判别或老化测试，仍需重新输入一次型号。

5）在输入型号并按下"好坏判别"键后，若显示"O—E—E"，并伴有低音提示，说明该器件未列入测试范围。

6）进行键盘操作时，若仪器以高音提示，说明操作有效；若以低音提示，说明是误操作，但任何误操作均不会损坏仪器。

7）输入器件型号时，应省去字母及其他标记，只输入数字，由于各种原因，少部分器件需输入的型号与实际型号将不一致，请参见可测器件清单。

8）当测试一批器件结果均为"FAIL"时，请检查拨动开关是否在"OFF"位置，选择的测试电压是否适当。

9）部分仪器开机时直接显示"PASS""FAIL"或其他数字，需再次开机才能正常工作。仪器关机后，必须等 5s 以上才能再次开机，否则仪器有可能不能复位。

6. 可测器件清单

（1）CMOS40 系列

4000	4001	4002	4006	4007	4008	4009
4010	4011	4012	4013	4014	4015	4016
4017	4018	4019	4020	4021	4022	4023
4024	4025	4026	4027	4028	4029	4030
4031	4032	4033	4034	4035	4038	4039
4040	4041	4042	4043	4044	4045	4047
4048	4049	4050	4051	4052	4053	4054
4055	4056	4060	4061	4063	4066	4067
4068	4069	4070	4071	4072	4073	4075
4076	4077	4078	4081	4082	4083	4085
4086	4089	4093	4094	4095	4096	4097
4098	4099	40100	40101	40102	40103	40104
40105	40106	40107	40108	40109	40110	40147
40160	40161	40162	40163	40164	40174	40175
40176	40192	40193	40194	40195		

（2）CMOSMC140 系列　MC140 系列只需输入与 40 系列相对应的型号，如 MC14013 为 4013，MC140195 为 40195，其余以此类推。

4001	4002	4003	4004	4006	4007	4008
4009	4010	4011	4012	4013	4014	4015

4016	4017	4018	4019	4020	4021	4022	
4023	4024	4025	4026	4027	4028	4029	
4030	4031	4032	4033	4034	4035	4036	

（3）CMOSMC145 系列　MC145 系列只需输入与 45 系列相对应的型号，如 MC14513 为 4513，MC145195 为 45195，其余以此类推。

（4）光电耦合器系列（括号内的数值是实际输入的型号）

011	017	026	027	034	036	066
068	074	075	111	112	113	114
115	116	117	118	119	210	212
231	255	270	723	271	272	273
274	275	276	277	503	504	505
507	508	509	515	519	525	531
532	535	551	570	571	613	614
617	618	621	622	624	627	631
632	637	703	713	714	715	716
725	733	810	812	815	817	818
825	827	829	830	831	835	836
837	845	847	849	850	855	860
865	880	885	890	2008	2009	2018
2019	3111	5072	5073	5112	5121	521-1
521-2	521-3	521-4	4N45（445）		4N46（446）	
4N36（436）		4N37（437）		4N25（425）		4N26（426）
4N27（427）		4N29（429）		4N30（430）		4N31（431）
4N32（432）		4N33（433）		4N38（438）		4N32（432）
4N33（433）		4N38（438）		4N28（428）		4N35（435）

（5）TTL74/54 系列

74/5400～74/54675

（6）TTL75/55 系列

75/5506	75/55113	75/55121	75/55122	75/55123	75/55124
125	127	128	129	136	138
140	141	142	143	151	153
157	158	159	160	163	172
173	174	175	176	177	178
183	189	270	369	401	402
403	404	411	412	413	414
416	417	418	419	430	431
432	433	434	437	446	447
448	449	450	451	452	453

第7章 扫频仪、晶体管特性图示仪和数字集成电路测试仪

454	460	461	462	463	464
466	467	468	469	470	471
472	473	474	476	477	478
479	494	497	498		

（7）数码管系列

0.5in（1in = 2.54cm）共阳［001］、共阴［002］；0.3in 共阳［003］、共阴［004］；0.7in 共阳［005］、共阴［006］。

（8）常用 RAM 系列

2112　2114　2016　6116　6264　62256　60256　628128

（9）EEPROM 系列

2816　2817　2864　28256　28040　29101

（10）EPROM 系列

2716　2732　2764　27128　27256　27512

（11）微机外围电路系列

6520　6810　6820　6821　6840　6880　6887
6888　6889　8155　8156　8205　8212　8216
8226　8251　8243　8253　8254　8255　8259
8279　8282　8283　8286　8287　8708　8718
8728　8816　Z80CTC（802）

（12）常用单片机系列

8031　8032　8051　8052　8048　8039　8035　8049　8751　8752

（13）其他系列

2002　2003　2004　3486　3487　3459　2631　2632　2633　1831
1908　339　192　293　393　555　556　324　22100　2802
2803　2804　9637　9638　7831　7832　8831　8832　3446
MC1413（2003）　MC1416（2004）　MC14160（40160）DG201　MC14161（40161）
MC14162（40162）MC14163（40163）
TIL308　MC14189（75189）　902（324）　8T26（826）　AD7506

本 章 小 结

本章主要介绍了扫频仪和晶体管特性图示仪的组成、工作原理及应用等方面的内容。

1. 扫频仪是一种能直接观测电路幅频特性曲线的仪器，还可以测量被测电路的带宽、品质因数等参数。

2. 扫频仪是由扫频信号发生器和示波器结合的仪器，一般由扫描信号源、扫频信号源、频标电路和示波器等部分构成。扫频仪与示波器的区别在于扫频仪屏幕的横坐标为频率轴，纵坐标为电平值，而且在显示图形上叠加有频率标记。

3. 频率标记简称频标，用于频率标度，分为菱形频标和针形频标两种，分别适用于高频和低频测量。

4. 晶体管特性图示仪是一种利用图示法来测量各种半导体器件参数和显示元器件特性曲线的多功能仪器，具有直观、方便、用途广泛等特点。

5. 晶体管特性图示仪一般由阶梯信号发生器、集电极扫描电路、测试变换电路、示波管等部分构成。

6. 使用晶体管特性图示仪时，应特别注意被测器件的测试条件或工作条件。

7. 熟悉常见晶体管的测试过程及其测量结果的处理。

8. 数字集成电路测试仪是能对多种 IC 芯片进行测试的仪器，使用它可以实现对器件型号、器件的老化、器件的替代、器件的好坏判别等功能操作，是电子产品生产、维护维修、科研中常用的电子测量设备。

9. 熟悉数字集成电路测试仪对各种芯片的测试应用。

综 合 实 训

实训一　BT-3 型频率特性测试仪的使用练习

1. 实训目的

熟悉 BT-3 型频率特性测试仪面板上各开关旋钮的作用，掌握频率特性测试仪的使用方法。

2. 实训器材

BT-3 型频率特性测试仪及其附件。

3. 实训步骤

1）显示系统的检查。

2）扫频信号的检查。

3）频标的检查。

4）寄生调幅系数的检查。

5）非线性系数的检查。

6）零分贝校正。

4. 实训要求

1）写出各步骤的操作过程。

2）记录各操作步骤中屏幕上显示的图像。

实训二　用 BT-3 型频率特性测试仪测试高频头

1. 实训目的

掌握用频率特性测试仪测量幅频特性曲线。

2. 实训器材

BT-3 型频率特性测试仪、高频头、直流稳压源、75Ω 电阻。

3. 实训步骤

1）按照要求调节 BT-3 型频率特性测试仪，对各系统进行检查。

2）连接好测量电路。

4. 实训要求

1）写出各操作步骤，画出连线图。

2）记录高频头总曲线。

实训三　二极管的测量

1. 实训目的

掌握用晶体管特性图示仪测量二极管的方法。

2. 实训器材

晶体管特性图示仪、各类二极管若干。

3. 实训步骤

1）按要求调试晶体管特性图示仪。

2）把二极管正向插入测试台，观测显示屏上的波形，并把测量过程和结果填入表 7-1。

表 7-1　二极管的测量

测试要求	正向特性	反向特性
接线图		
操作步骤		
波形图		
测量结果	$U_F =$	$U_{BR} =$

4. 实训要求

1）写出测量二极管正向特性和反向特性的操作步骤，并画出接线图。

2）记录二极管正向特性和反向特性的波形图。

3）记录正向导能电压 U_F、反向击穿电压 U_{BR} 值。

实训四　晶体管的测量

1. 实训目的

掌握用晶体管特性图示仪测量晶体管的方法。

2. 实训器材

晶体管特性图示仪、各类晶体管若干。

3. 实训步骤

1）按要求调试晶体管特性图示仪。
2）阶梯调零（正极性调零，负极性调零）。
3）把晶体管插入测试台。

4. 实训要求

1）写出实训各操作步骤，并画出接线图。
2）记录晶体管的输入和输出特性曲线。
3）根据波形分析晶体管的输入电阻、电流放大倍数。

实训五　数字集成电路测试仪的应用

1. 实训目的

掌握用数字集成电路测试仪测试 IC 芯片的方法。

2. 实训器材

数字集成电路测试仪、各类 IC 芯片。

3. 实训步骤

1）按要求调试数字集成电路测试仪，使其处于正常测试状态。
2）将 IC 芯片正确插入测试台并锁紧。
3）测试 IC 芯片的型号、老化情况、器件替代查询、器件好坏判别，并填入表 7-2。

表 7-2　各类 IC 芯片测试表

器件名称	型　号	替代芯片	器件好坏判别	是否老化

4. 实训要求

1）写出实训各操作步骤。
2）记录 IC 芯片的相关测试信息。

习　题

1. 简述点频测量法的基本原理。
2. 简述扫频测量法的基本原理。
3. 简述点频测量法和扫频测量法的主要区别。
4. 简述磁调制扫频的基本原理。
5. BT-3 型频率特性测试仪扫频使用前要做哪些准备工作？

第 7 章 扫频仪、晶体管特性图示仪和数字集成电路测试仪

6. 一台经过零分贝校正的 BT-3 型频率特性测试仪，调节"输出衰减（分贝）"旋钮，使屏幕上显示的曲线高度恰为 5 格；此时，"输出衰减（分贝）"旋钮所示值分别为粗调 30dB、细调 7dB；则被测电路的增益为多少？

7. 简述晶体管特性图示仪的组成和工作原理。

8. 使用晶体管特性图示仪应注意哪些问题？

9. 如何用晶体管特性图示仪显示二极管正、反向特性曲线？

10. 如何用晶体管特性图示仪显示晶体管输入、输出特性曲线？

11. 数字集成电路测试仪自检的目的是什么？

12. 数字集成电路测试仪的主要功能是什么？

第8章 计算机仿真测量技术

引 言

本章介绍虚拟"电子工作台"Multisim 的工作界面、仿真电路的绘制方法、虚拟电子仪器的使用方法。

学习目标

应知：Multisim 软件的界面与工具栏；
　　　Multisim 软件的基本操作方法；
　　　Multisim 软件中各虚拟仪器的作用；
　　　Multisim 软件中常用虚拟仪器的操作方法。

应会：使用 Multisim 绘制电子电路图；
　　　Multisim 中虚拟仪器的使用；
　　　使用 Multisim 对常见电子电路进行仿真测试。

延伸阅读

第8章
延伸阅读

8.1 概述

随着计算机技术的发展，应用计算机仿真技术进行电子技术课程的辅助教学与实验已成为许多学校的基本要求。计算机仿真软件的应用将实验台"搬到"了计算机屏幕上，通过鼠标或键盘调用元器件、选择测量仪器和连接电路，电路的各种参数易于调整，并可直接显示或打印输出实验结果，与传统的电子技术实验相比较，具有快速、安全、省材等特点，大大提高了工作效率。

Multisim 虚拟"电子工作台"是由美国 National Instruments 公司推出的一款优秀的专门用于电子电路设计与仿真的软件，与其他电路仿真软件相比，具有界面直观、操作方便等优点，而且除一般电子电路的虚拟仿真外，在 LabVIEW 虚拟采样、单片机仿真等方面都有更多的创新和提高。创建电路、选用元器件和测试仪器等均可直接从器件库和仪器库中选取。所用测试仪器的操作面板和操作方法与实验室内实际仪器相差无几，使电子工作者操作起来得心应手。

8.2 Multisim10.0 的工作界面

8.2.1 Multisim10.0 的主窗口

启动 Multisim10.0 后，可以看到其主窗口，如图 8-1 所示，Multisim 模仿了一个实际的电子工作台。

界面介绍

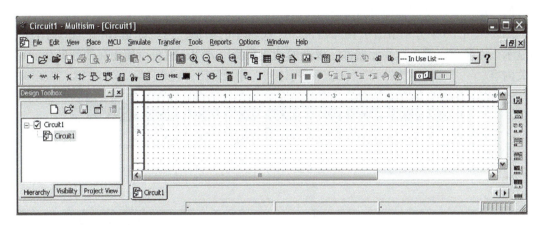

图 8-1 Multisim10.0 的主窗口

在打开的 Multisim 主窗口中，最上方是标题栏，显示建立的文件名称，其下分别为菜单栏和常用工具栏。从菜单栏中可以选择电路创建与测试的各种命令。常用工具栏包含了各类操作命令按钮，如标准工具栏、元器件工具栏、仪器工具栏及仿真工具栏等，用户可以自行选择显示所需的工具栏。标准工具栏包含常用操作命令按钮，元器件工具栏及仪器工具栏包含了电路仿真测试所需的各种模拟和数字元器件以及测试仪器。通过操作鼠标即可方便地使用各种命令和设备。按下"启动/停止"开关或"暂停"按钮，即可进行电路仿真。

中文界面如图 8-2 所示。

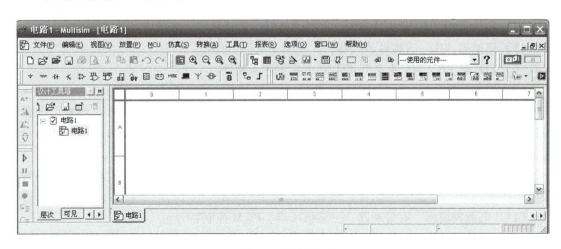

图 8-2 中文界面

8.2.2 Multisim 的常用工具栏

1. Multisim 的标准工具栏

Multisim 的标准工具栏包含新建、打开文件、打开设计范例、保存、打印、打印预览、剪切、复制、粘贴、撤销、重做等常用编辑按钮。其操作方法和功能与一般的软件相同。

2. Multisim 的元器件库和仪器库

Multisim 提供了丰富的元器件库及各种常用测试仪器，为电路的创建与虚拟仿真带来极大方便。单击某一个图标即可打开该库。

图 8-3、图 8-4 分别给出了各元器件库、仪器库的图标，当鼠标指针指到相应图标时，即显示该库名称。关于这些元器件、仪器的功能和使用方法，用户可使用在线帮助功能查阅有关内容。

图 8-3 Multisim 的元器件库栏

图 8-4 Multisim 的仪器库栏

为方便初学者快速查找使用，现将各元器件库所包含元器件从左到右依次简单介绍如下：

（1）信号源库 有各种各样的交直流电源，如接地、电池、直流电流源、交流电压源、交流电流源、直流电压源等。

（2）基本元器件库 有电阻器、电容器、电感器、变压器、继电器、开关等。

（3）二极管库 有二极管、稳压二极管、发光二极管、全波桥式整流器等。

（4）晶体管库 有 NPN 晶体管、PNP 晶体管、达林顿管、场效应晶体管等。

（5）模拟器件库 有运算放大器、比较器、宽带运放等。

（6）TTL 器件库 有 74 系列 TTL 数字集成逻辑器件。

（7）CMOS 器件库 有 74HC 系列和 4×× 系列等 CMOS 数字集成逻辑器件。

（8）其他数字元器件库 有 TIL 按照功能存放的数字元件、FPGA 现场可编程门电路、PLD 可编程逻辑器件、CPLD 复杂可编程逻辑器件、VHDL 编程器件等。

（9）混合器件库 有定时器、模数-数模转换器、模拟开关等。

（10）指示器件库 有电压表、电流表、探测器、蜂鸣器、白炽灯、七段显示数码管、条形光柱等。

（11）电源模块库 有熔断器、三端稳压器、PWM 控制器等。

（12）其他器件库 有晶振、开关电源升/减压转换器、有损传输线、无损传输线、滤波器、网络等。

(13) 外围设备库 有数字键盘、LCD 显示器、终端等。

(14) 射频元器件库 有射频电容器、射频电感器、射频 NPN/PNP 晶体管、射频 MOS 场效应晶体管、传输线等。

(15) 机电器件库 有感测开关、瞬间开关、联动开关、定时接触器、线圈与继电器、线性变压器、保护装置、输出设备等。

(16) 微处理器库 有 805X 系列、PIC、ROM、RAM 等。

此外还有层次块和总线的放置按钮。

仪器库包含 18 台虚拟仪器、4 台 LabVIEW 测试仪器和 2 种探针，具体说明见"8.3.2 仪器的操作"。

8.3 Multisim 的操作方法

8.3.1 电路的创建

电路是由元器件和导线组成的，要创建一个电路，必须掌握元器件的操作和导线的连接方法。

1. 元器件的操作

(1) 元器件的选用 选用元器件时，首先在元器件工具栏中单击包含该元器件的图标，打开该元器件库，选择该元器件，按"确定"或双击该器件，然后将该元器件放置于电路工作区合适的位置，最后关闭元器件库。

(2) 选中元器件 在连接电路时，常常要对元器件进行必要的操作，即移动、旋转、删除、设置参数等，这就需要选中该元器件。要选中某个元器件，用鼠标单击该元器件图标即可。如果要一次选中多个元器件时，可使用 Shift + 鼠标单击选中这些元器件。被选中的元器件外部以虚线框显示，便于识别。如果要同时选中一组相邻的元器件，可在电路工作区的适当位置拖拽出一个矩形区域，包含在该区域内的元器件则被同时选中。

要取消某一个元器件的选中状态，可以使用 Shift + 鼠标单击即可；要取消所有被选中元器件的选中状态，只需单击电路工作区的空白部分即可。

(3) 元器件的移动 要移动一个元器件，只要选中并拖拽该元器件即可。要移动一组元器件，先选中这些元器件，然后按住鼠标左键拖拽其中任意一个元器件，则选中部分就会同时移动。元器件移动后，与其相连的导线会自动重新排列。

(4) 元器件的旋转与翻转 为了使电路便于连接、布局合理，常常需要对元器件进行旋转或翻转操作。可选中该元器件，然后选择"编辑"/"方向"/"垂直镜像""水平镜像""顺时针旋转 90 度"" 逆时针旋转 90 度"等命令。

(5) 元器件的复制、删除 对选中的元器件，可直接在标准工具栏中选择相应按钮，也可用"编辑"/"剪切""编辑"/"复制"和"编辑"/"粘贴"等菜单命令进行相应操作，或在元器件上右击，选择弹出菜单中的命令。删除操作可对选中的元件用 Delete 键，或在右键菜单中选择"删除"命令。

(6) 元器件的属性 双击元器件，或右击选择弹出菜单中的"属性"命令，会弹出相关的对话框，如图 8-5 所示。元器件属性对话框中具有多个选项卡供选择。

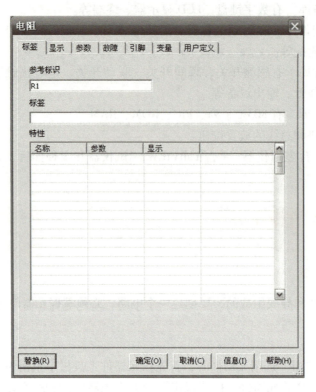

元件选择与删除

属性修改

图8-5 元器件属性对话框

在"参数"选项卡中，可设置元器件的数值。在"故障"选项卡中可供人为设置元器件的隐含故障，提供了无故障、打开（开路）、短路、漏电等设置，如图8-6所示。

布局与连线

2. 导线的操作

（1）导线的连接　首先用鼠标指针指向元器件的端点使其出现一个小黑圆点，按下鼠标左键并拖拽出一根导线；拉住导线并指向另一个元器件的端点使其出现小圆点；释放鼠标左键，则导线连接完成。

（2）连线的删除与改动　选中连线，选择"编辑"/"删除"或按 Delete 键，或右击选择"删除"命令，可完成导线删除。也可以将拖拽移开的导线连至另一接点，实现连线的改动。

（3）向电路中插入元器件　将元器件直接拖拽至导线上，然后释放即可插入电路中。

（4）从电路中删除元器件　选中该元器件，按下 Delete 键即可，或在该元器件

图8-6 "故障"选项卡

的右键菜单中选择"删除"命令。

（5）连接点的使用　选择"放置"/"节点"，可将连接点放置于合适位置。一个连接点最多可以连接来自四个方向的导线。

8.3.2　仪器的操作

Multisim10.0仪器库中有18台虚拟仪器，分别是万用表、函数信号发生器、功率表、示波器、四踪示波器、波特图示仪、频率计、字信号发生器、逻辑分析仪、逻辑转换器、IV分析仪、失真分析仪、频谱分析仪、网络分析仪、安捷伦信号发生器、安捷伦万用表、安捷伦示波器、泰克示波器；4台LabVIEW测试仪器，分别是送话器、播放器、信号分析仪和信号发生器；还有动态测量探针和电流测量探针。在连接电路时，仪器以图标形式存在。这些虚拟仪器可以完成对电路的电压、电流、电阻及波形等物理量的测量，使用灵活，不用维护。需要观察测试数据与波形或者需要设置仪器参数时，可以双击仪器图标打开仪器面板。

选用仪器可以从仪器库中将相应的仪器图标拖拽至电路工作区中。仪器图标上有连接端口，用于将仪器连入电路，拖拽仪器图标可以移动仪器的位置。

1. 万用表（Multimeter）

万用表图标与面板如图8-7所示，它是一种自动调整量程的数字万用表，可以用来测量电阻、交直流电流和电压以及电路中两个节点间的电压分贝值。其电压档和电流档的内阻、电阻档的电流值和分贝档的标准电压值都可以任意设定。按面板上的"设置"按钮时，就会弹出图8-8所示的对话框，可以设置万用表的内部参数。

万用表量程规定如下：

（1）电气设置　电流表内阻（R）：1nΩ~999Ω，电压表内阻（R）：1Ω~1000TΩ，电阻表电流（I）：1nA~999.999kA，相对分贝值（V）：1nV~999.999kV。

（2）显示设置　电流表过量程：1fA~1000TA，电压表过量程：1fV~1000TV，电阻表过量程：1fΩ~1000TΩ。虚拟数字万用表与实际数字万用表的使用方法基本相同。

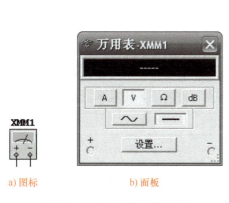

a）图标　　　　　　b）面板

图8-7　万用表的图标与面板

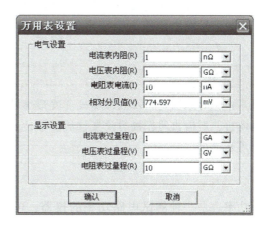

图8-8　万用表内部参数设置

>> 想一想

如果改变电流表或电压表的电气设置，如内阻值，对电路参数的测量准确度是否会产生影响？

此外，Multisim10.0 还提供了虚拟电压表和电流表，如图 8-9 所示，用户可选择引出线的方向，这两种电表存放在指示元器件库中。在显示屏右侧以"V"/"A"表示电压表或电流表，左侧以"+"/"-"表示极性；"DC"为直流模式，"10MΩ"和"1e-009Ω"为电压表/电流表内阻值。默认的"原理图全局设置"即标号和参数等全部显示在图标中，如需更改显示项，可从元器件"属性"对话框的"显示"选项卡中选择设置。

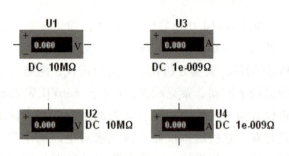

图 8-9 指示元器件库中的电压表和电流表

虚拟电压表是一种交直流两用数字表，在转换直流与交流测量方式时，可双击电压表图标，出现一个对话框，然后单击"模式"按钮，选定直流（DC）或交流（AC）。当设置为交流（AC）模式时，电压表显示交流电压有效值。

虚拟电流表也是一种自动转换量程、交直流两用的数字表。其交直流工作方式的转换与电压表大致相同。

>> 小提示

虚拟电压表和电流表因为非常简单，没有作为仪器放在仪器库中，而是作为指示器放在元器件库中，在查找时应注意。

2. 函数信号发生器（Function Generator）

函数信号发生器是用来产生正弦波、三角波和方波信号的仪器，其图标和面板如图 8-10 所示。占空比参数主要用于三角波和方波波形的调整。"振幅"是指信号波形的峰值。函数信号发生器的 3 个输出端分别为接地端"公共"、正波形端"+"和负波形端"-"。

>> 小提示

信号的振幅是指正波形端或负波形端对接地端输出的幅值，若从正波形端和负波形端输出，则输出的振幅为设置值的 2 倍，此种接法在示波器上不能观察，但可通过数字万用表读出。

3. 功率表（Wattmeter）

功率表是一种测试电路功率的仪器，可以测量交、直流量，其图标及面板如图 8-11 所示。

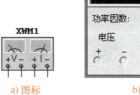

a) 图标　　　　　　b) 面板　　　　　　　　　　a) 图标　　　　　　b) 面板

图 8-10　函数信号发生器的图标和面板　　　　图 8-11　功率表的图标和面板

功率表的图标中有两组接线端，分别为电压输入端和电流输入端，电压输入端应与所测电路并联，电流输入端应与所测电路串联。所测得的功率为平均功率，自动调整单位显示于面板上面的栏内。功率因数亦显示于面板中，数值在 0~1 之间。

4. 示波器（Oscilloscope）

示波器的图标及面板如图 8-12 所示。通过拖拽指示线可以读取波形任意一点的读数或两指针间读数的差值。按下"反向"按钮可以改变示波器屏幕的背景颜色。

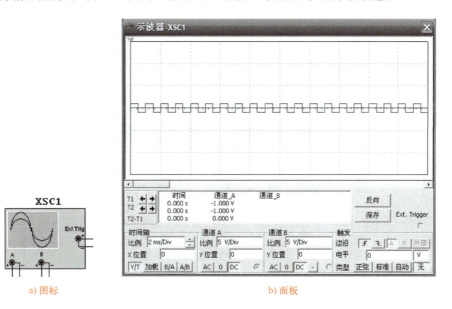

图 8-12　示波器的图标及面板

当示波器上的 X 轴为时间轴时，时基可在一定范围内调整。通道 Y 轴的电压比例范围为 1fV/div~1000TV/div。

此外，还提供可选 4 个通道的四踪示波器，使用方法同示波器类似。

5. 波特图示仪（Bode Plotter）

波特图示仪用来测量电路的幅频特性和相频特性。波特图示仪的图标及面板如图 8-13 所示。波特图示仪有输入和输出两对接线端口，其中输入端口的"+"端接电路输入端的正端，输入端口的"-"端接电路输入端的负端；输出端口的"+"和"-"端分别接电路输出端的正端和负端。此外，使用波特图示仪时，必须在电路的输入端接入 AC（交流）信号源，但对其信号频率的设定并无特殊要求，通过对波特图示仪面板的"水平"坐标字符下面的频率设置对话框来设置频率的初始值 I（Initial）和最终值 F（Final）。如果修改了波特图示仪的参数设置（如坐标范围）及其在电路中的测试点，为了确保曲线显示的完整与准确，建议修改后重新启动电路。

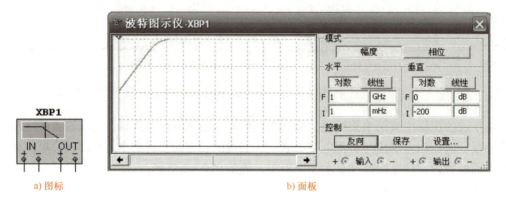

a) 图标　　　　　　　　　　　　　　　　b) 面板

图 8-13　波特图示仪的图标及面板

6. 频率计（Frequency couter）

频率计用于测量信号频率、周期、脉冲信号的上升沿和下降沿等。其图标及面板如图 8-14 所示。

使用时，应注意根据输入信号的幅值调整频率计的灵敏度和触发电平。

a) 图标　　　　　　　　　　　　　　　　b) 面板

图 8-14　频率计的图标及面板

7. 字信号发生器（Word Generator）

字信号发生器实际上是一个多路逻辑信号源，它能够产生 32 位（路）同步数字信号送给数字逻辑电路工作。图 8-15 是字信号发生器的图标及面板。

图标上共有 32 个接线柱，如实际使用时不需要 32 位，则应从最低位开始使用。

通过工作面板可以实现对编码脉冲序列的设置。"控制"区用于设置脉冲的输出方式，

第 8 章 计算机仿真测量技术

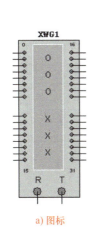
a) 图标

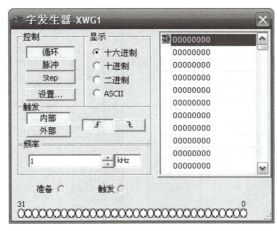
b) 面板

图 8-15 字信号发生器的图标及面板

其中，有"循环"方式、"脉冲"方式（即所有地址中的数据依次输出一遍，不再循环）、"Step"（步进输出，单击一次 Step 按钮，字信号输出一条，这种方式可用于对电路进行单步调试）。按下"设置…"按钮，将弹出图 8-16 所示的对话框。"触发"区用于触发方式的选择，当选择"内部"触发方式时，字信号的输出直接由输出方式按钮（循环、脉冲、Step）启动；当选择"外部"触发方式时，则需接入外触发脉冲信号，并定义"上升沿触发"或"下降沿触发"，然后单击输出方式按钮，待触发脉冲到来时才启动输出。此外，在数据准备好时，输出端还可以得到与输出字信号同步的时钟脉冲输出。

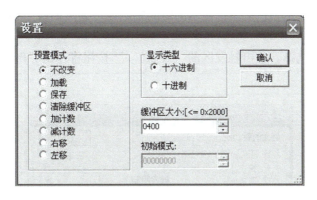

图 8-16 "设置"对话框

图 8-16 中自上而下为 8 种预置模式。图中的后四个选项用于在编辑区生成按一定规律排列的字信号。例如，若选择"加计数"，则按 000 ~ 03FF 排列；若选择"右移"，则按 8000，4000，2000…逐步右移一位的规律排列。

8. 逻辑分析仪（Logic Analyzer）

逻辑分析仪可以同步记录和显示 16 路逻辑信号。它可以用于对数字逻辑信号的高速采集和时序分析，是分析与设计复杂数字系统的有力工具，逻辑分析仪的图标如图 8-17 所示，面板如图 8-18 所示。

201

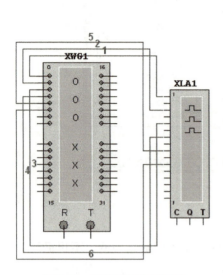

图 8-17 逻辑分析仪的图标

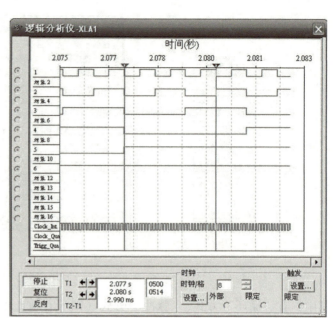

图 8-18 逻辑分析仪的面板

面板左边的 16 个输入端，小圆圈内实时显示各路逻辑信号的当前值。从上到下依次为最低位至最高位。单击"停止"按钮可显示触发前的波形。任何时刻单击"复位"按钮，逻辑分析仪就会复位，显示的波形被清除。

逻辑信号波形显示区以方波形式显示 16 路逻辑信号的波形。通过设置输入导线的颜色可以修改相应波形的显示颜色。波形显示的时间轴刻度可通过面板下边的"时钟/格"予以设置。

触发方式有多种选择。单击触发区的"设置..."按钮将弹出"触发设置"对话框，如图 8-19 所示。

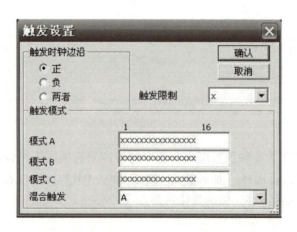

图 8-19 "触发设置"对话框

对话框中可以输入 A、B、C 三个触发模式。三个触发模式的识别方式可通过"混合触发"进行选择，分别有二十一种组合情况。

触发模式的某一位设置为 X 时表示该位为"任意"（0、1 均可）。三个触发模式的默认设置为"XXXXXXXXXXXXXXXX"，表示只要第一个输入信号到达，无论是什么逻辑值，逻辑分析仪均被触发，开始波形的采集，否则必须满足触发模式的组合条件才被触发。"触发限制"对触发有控制作用。若该位设为"X"，则触发控制不起作用，触发完全由触发模式决定；若该位设置为"1"（或 0），则仅当触发控制输入信号为 1（或 0）时，触发模式才起作用；否则即使触发模式组合条件满足也不能触发。

触发前，单击面板时钟区的"设置…"按钮，将弹出时钟对话框，可对逻辑分析仪读取输入信号的时钟进行相关的设置，通过"时钟设置"中关于触发的选项，可以设置预触发和后置触发取样的点数以及阈值电压值。触发后，逻辑分析仪按照设置的点数显示触发前波形和触发后波形，并标出触发的起始点。拖拽读数指针可读取波形数据。

9. 逻辑转换器（Logic Converter）

逻辑转换器是 Multisim 特有的虚拟仪器，实际工作中不存在与之对应的设备。逻辑转换器能完成真值表、逻辑表达式和逻辑电路三者之间的相互转换。其图标和面板如图 8-20 所示。

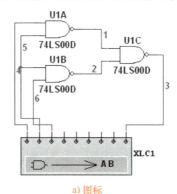

a) 图标

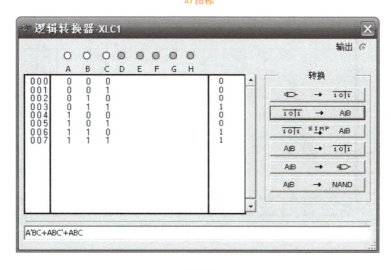

b) 面板

图 8-20 逻辑转换器的图标和面板

由电路导出真值表的方法步骤：首先，画出逻辑电路图，并将其输入端连接至逻辑转换器的输入端，输出端连接至逻辑转换器的输出端。此时，按下"电路→真值表"按钮，在真值表区就出现该电路的真值表。

由真值表也可以导出逻辑表达式。首先，根据输入信号的个数用鼠标单击逻辑转换器面板顶部代表输入端的小圆圈，选定输入信号（由 A 至 H）。此时，真值表区自动出现输入信号的所有组合，而输出列的初值待定，可根据所需要的逻辑关系修改真值表的输出值。然后按下"真值表→表达式"按钮，在面板底部逻辑表达式栏则出现相应的逻辑表达式。如果要简化该表达式或直接由真值表得到简化的逻辑表达式，按下"真值表→简化表达式"即可。表达式中的"'"表示逻辑变量的"非"。

可以直接在逻辑表达式栏输入表达式（"与→或"式及"或→与"式均可），然后按下"表达式→真值表"按钮，则得到相应的真值表；按下"表达式→电路"按钮，则得到相应的逻辑电路图；按下"表达式→与非电路"按钮，则得到由与非门构成的电路。

> **》 小提示**
>
> 在学习数字电路课程时，可以利用逻辑转换器这一虚拟仪器提供便利，如检验表达式的化简、变换等结果，电路图是否正确。

10. IV 分析仪

IV 分析仪即晶体管特性图示仪，用于对二极管、晶体管特性进行测试。其图标及面板如图 8-21 所示。图标上有三个接线端口，所接的引脚如面板图右下角所示。特性曲线将显示于面板中。

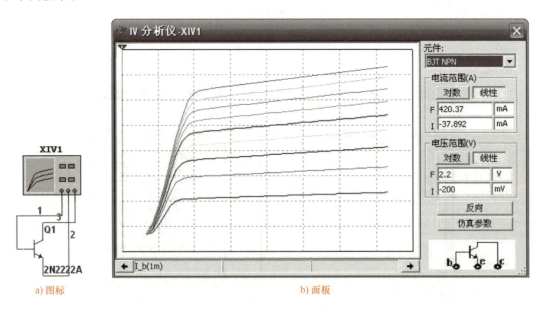

a) 图标 b) 面板

图 8-21　IV 分析仪的图标和面板

11. 失真分析仪（Distortion Analyzer）

失真分析仪主要用于测量低频信号的非线性失真。一正弦波信号经非线性网络系统输出后，其成分除与原频率相同的基波分量外，还存在各种谐波分量。其失真程度用失真系数即失真度表示，为谐波总的功率与基波功率之比的平方根。失真分析仪的图标及面板如图 8-22 所示。

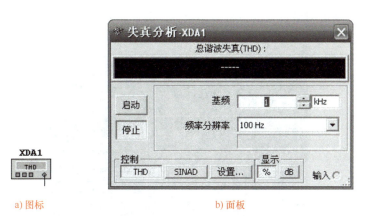

图 8-22 失真分析仪的图标及面板

失真分析仪只有一个连接端口，用于连接电路的输出信号。面板中显示栏可以用百分比或分贝数形式显示总谐波的失真值。"SINAD" 按钮的作用是选择测试信号的信噪比。

开始仿真后，"启动" 按钮将自动开启，一段时间后，显示数值才会达到稳定，此时单击 "停止" 按钮即可读出测试结果。

12. 频谱分析仪（Spectrum Analyzer）

频谱分析仪用于测量信号幅度与频率之间的关系，即频域分析。其图标及面板如图8-23所示。端口 "IN" 接被测信号，"T" 为触发端，频率范围上限为4GHz。

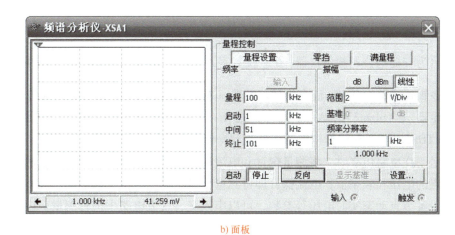

图 8-23 频谱分析仪的图标及面板

"频率" 区可设置量程，即频率范围以及中心频率、起始频率。"振幅" 区 3 个按钮用于选择频谱纵坐标刻度，"范围" 为每格幅值多少；"基准" 确定的是信号频谱中某一幅值所对应的频率范围。"频率分辨率"区用于设置频率分辨率,其值越大,频谱宽度越大,其值越小分析所用时间越长。

13. 网络分析仪(Network Analyzer)

网络分析仪是测量网络参数的一种新型仪器,其图标及面板如图 8-24 所示。

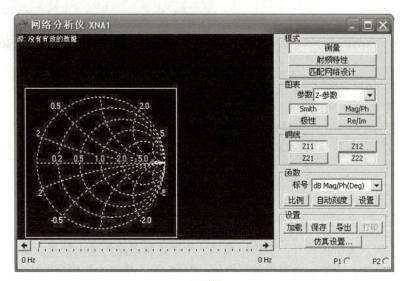

图 8-24 网络分析仪的图标及面板

它能够直接测量单端口/双端口网络的各种参数,如测量衰减器、放大器、混频器、功率分配器等电子电路及元器件的特性。Multisim 提供的网络分析仪可以测量电路的 S 参数并计算出 H、Y、Z 参数。

除以上介绍的一般电子实验室中常用的测量仪器外,还有 4 台虚拟测量仪器,其中有 3 台为安捷伦公司测量仪器:$6\frac{1}{2}$ 位数字万用表(Agilent34401A);具有两个模拟通道和 16 个逻辑通道的 100MHz 混合信号示波器(Agilent54622D);15MHz 宽频带、多用途函数信号发生器(Agilent33120A)。另外,还有一台美国泰克公司的 4 通道数字存储示波器(TDS2040)。这些虚拟仪器从外观到操作方法均与真实仪器完全一样。

在电路仿真时,将测量探针和电流探针连接到电路中的测量点,测量探针即可测量出该点的电压和频率值,电流探针即可测量出该点的电流值。动态测量探针可用于对仿真电路测量各节点动态实时电压等参数,可以串入交、直流电路中进行测量。电流测量探针串入电路中,用连线将它与虚拟示波器直接相连,可从示波器显示屏观察到电流的波形,即相当于一个电流取样电感。

8.3.3 电子电路的仿真操作过程

下面以灯泡亮灭的简单控制与测量电路的建立和仿真为例,介绍电子电路的仿真操作过程。

1. 选择元器件

所需元器件：10V 直流电源 1 个，25Ω 电阻 1 个，单刀单掷开关 1 个和 5V/1W 白炽灯泡 1 个。分别从所在的元器件库找到所有元器件，如图 8-25 所示。

> **想一想**
> 直接找到的电源电压值默认为 12V，如何修改为所需的 10V？

2. 放置元器件并连接

将元器件拖放到合适的位置，用导线进行连接，如图 8-26 所示。

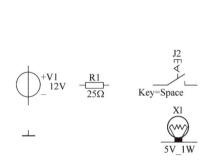

图 8-25　所需元器件

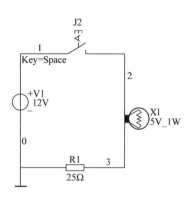

图 8-26　连接好的电路

> **想一想**
> 如何将白炽灯旋转成如图 8-26 所示的样子？

3. 仿真

完成电路后，按下窗口右上角的电源按钮即可进行仿真。
当开关为断开状态时，灯泡状态如图 8-27 所示。
当开关闭合时，灯泡发光，如图 8-28 所示。

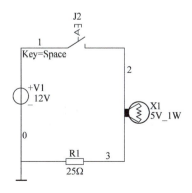

图 8-27　开关断开时灯泡的状态

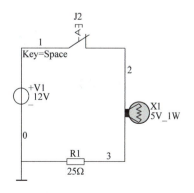

图 8-28　开关闭合时灯泡的状态

4. 测试

用电压表可测出灯泡两端电压。

通过以上操作过程可知，电子电路的仿真通常可按下列步骤进行。

（1）连接电路与仪器　连接仿真电路可按前述的元器件与仪表操作方法进行。

（2）电路文件的存盘与打开　电路创建后可将其存盘，以备调用。方法：选择菜单栏中的"文件"/"保存"命令。在弹出的对话框中选择合适的路径并输入文件名，再按下"确定"按钮，即可完成电路文件的存盘。Multisim 会自动为电路文件添加后缀". ms10"。若需打开电路文件，可选择按钮菜单栏中的"文件"/"打开"命令，在弹出的对话框中选择所需电路文件，单击"打开"按钮，即可打开所选择的电路。保存与打开也可以使用工具栏中的有关按钮。

（3）电路的仿真　双击仪器的图标打开其面板，准备观察波形。单击"启动"/"停止"开关，开始仿真。再次单击"启动"/"停止"开关，仿真结束。仿真过程中如需暂停，可单击"暂停"按钮，再次单击恢复运行。

5. 仿真结果的输出

输出仿真结果的方法有多种，可以存储电路文件或将结果复制粘贴出来，还可以打印输出。

8.4　电路仿真测试举例

8.4.1　电路基础应用举例

1. 直流电路分析——简单串并联电路的电压和电流的测量

串联电路的特点：流过每个串联元器件的电流相等，电路总电压等于各个元器件两端电压之和。并联电路的特点：每个并联元器件两端的电压相等，电路总电流等于各支路电流之和。图 8-29 所示为一串、并联测试电路，读者可改变电路参数，与理论计算结果作比较进一步观察验证。

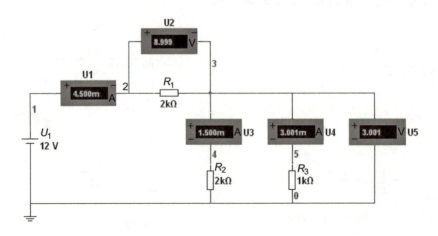

图 8-29　串、并联测试电路

>> 小提示

为了便于对照学习,本书对该软件中的元器件符号采用了与习惯相符的画法,特提请读者注意。

2. 交流电路分析

按图8-30连接电路,将电流表U1和电压表U2置于交流(AC)工作模式,选择输入交流电压的频率为50Hz,电压有效值为10V。电容C的容抗$X_C = 1/(2\pi f C) = 1/(2\pi \times 50 \times 1 \times 10^{-6})\Omega = 3.18\text{k}\Omega$。因为容抗远远大于所串电阻$R$的阻值,因此,该电路可视为纯电容电路。

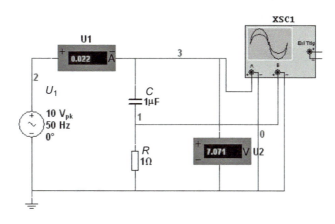

图8-30 电容电路

将电路中输入电压U_1接到示波器A通道,电阻R上的电压接到示波器的B通道。闭合仿真电源后,双击示波器图标可得两电压波形,如图8-31所示。电阻R作为电容电流的采

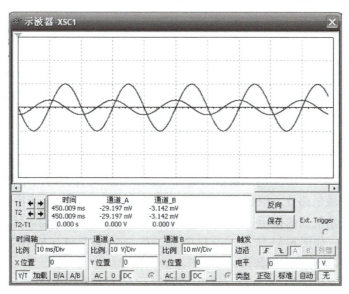

图8-31 电容两端外加交流电压与流过电流的相位关系

样电路，其两端电压验证了流过电容的交流电流超前外加交流电压（U_1）相位 π/2 的基本关系。

8.4.2 模拟电路应用举例

1. 测量静态工作点

图 8-32 所示为单管共射放大电路，我们可以通过电压表、电流表的指示得到放大电路的静态工作电压和电流。

（1）测量静态工作电流　如图 8-32 所示，在晶体管集电极串入直流电流表，在基极、发射极和集电极并上直流电压表。接通电路电源，调节 RP 使 $I_C = 1\text{mA}$，或 $I_C = U_E/R_e = 1\text{mA}$。图中电流表的实测值为 1.004mA，或通过换算 $I_C = I_E = U_E/R_e = 1.004\text{mA}$。

测静态工作点

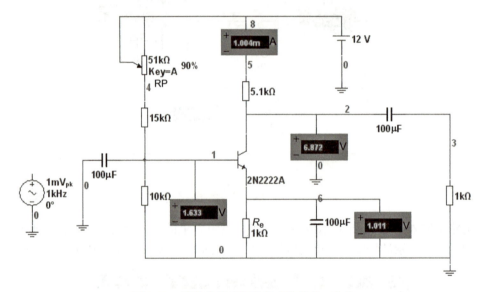

图 8-32　测量单管共射放大电路静态工作点

（2）测量静态工作电压　从图中的电压表可以读出：$U_B = 1.633\text{V}$，$U_E = 1.011\text{V}$，$U_C = 6.872\text{V}$，通过计算可以得出 $U_{BE} = 0.622\text{V}$，$U_{BC} = -5.239\text{V}$，满足放大电路发射结正偏、集电结反偏的条件。

2. 测量放大倍数

如图 8-33 所示，接入负载，输入端加入 1kHz 正弦波，幅度为 1mV，输出端并联交流电压表。接通电路电源，用示波器观察波形有无失真，在无失真的情况下测得电压表电压为 0.020V 即 20mV；故电路放大倍数为 $A_V = 20/1 = 20$。

可以直接通过示波器的指示得到放大器的放大倍数，A 通道为输入信号，B 通道为输出信号。如图 8-34 所示，在 T1 时刻，$U_{A1} = -997.817\mu\text{V}$，$U_{B1} = 27.248\text{mV}$，则放大器的放大倍数为：

$$A_V = U_{B1}/U_{A1} = -27.248/0.997817 = -27.308$$

从图 8-34 中还可知道，输出电压与输入电压是反相的。

放大倍数测量

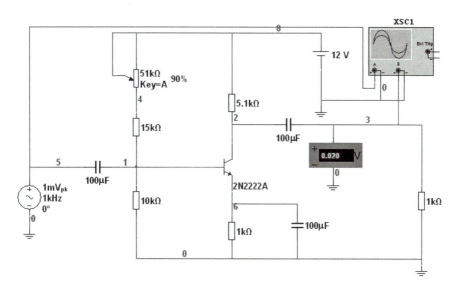

图 8-33　测量共射放大电路的放大倍数

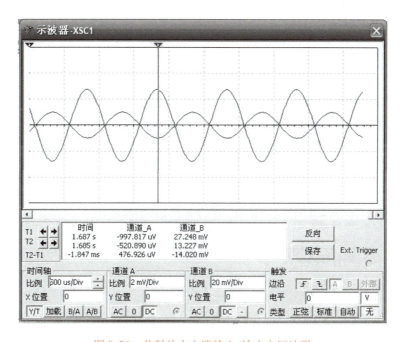

图 8-34　共射放大电路输入/输出电压波形

8.4.3　数字电路应用举例

1. 组合逻辑电路设计

一般组合逻辑电路设计过程可归纳为：分析给定问题列出真值表，由真值表求得简化的逻辑表达式，再根据表达式画出逻辑电路图。这一过程可借助逻辑转换器完成。

例 8.1　试设计一个表决电路，由三人进行表决，当有两人或两人以上同意时决议才算通过。

解： 设三个输入 A、B、C 表示三人，同意为逻辑"1"（接入"+5V"），不同意为逻辑"0"（接入"地"），分别用开关 S1、S2、S3 控制；决议结果用一个输出 Y 表示，用指示灯显示，决议通过为逻辑"1"（灯亮），不通过为逻辑"0"（灯灭）。

1) 打开逻辑转换器面板，在真值表区域单击 A、B、C 三个逻辑变量，建立一个真值表，根据逻辑控制要求在真值表区输出变量列中填入相应的值，如图 8-35 所示。

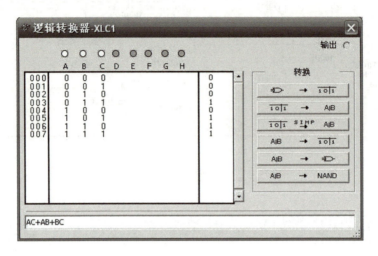

图 8-35　真值表与简化逻辑表达式

2) 单击逻辑转换器面板上"真值表→简化逻辑表达式"按钮 ，求得简化的逻辑表达式，如图 8-35 逻辑转换器面板底部逻辑表达式栏所示。

3) 单击逻辑转换器面板上"表达式→电路"按钮 ，获得逻辑电路如图 8-36 所示。

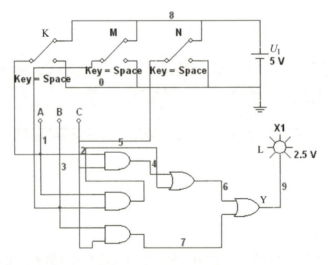

图 8-36　三人表决逻辑电路

4) 逻辑功能测试：在获得的逻辑电路的输入端接入三个开关 [K]、[M]、[N]，用来选择"+5V"或"地",输出端 Y 接指示灯 L,如图 8-36 所示。按图 8-35 中真值表的状态选择不同的开关状态组合,观察指示灯的亮灭是否与真值表相符合。

2. 用"反馈归零"法组成任意进制计数器

在实际工作中,常需要组成 N 进制计数器。要组成 N 进制计数器,只要将计数器第 N 状态中输出为"1"的 Q 端经过"与门"或"与非门"后获取复位信号控制清零端即可。例如,用十进制计数器 74LS160D 构成六进制计数器(74LS160D 清零端为低电平有效),将输出端 QB、QC 通过与非门控制清零端 CLR 即可。输入端接方波电压(频率 1kHz,占空比 50%,幅值 5V)的时钟脉冲源,输出端接显示数码管,将脉冲源及计数器的输出端接逻辑分析仪的输入端以便于观察,所得电路如图 8-37 所示。观察到的工作波形如图 8-38 所示,两个读数指针之间是一个六进制计数周期工作波形。

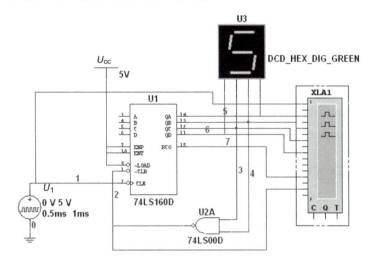

图 8-37 74LS160D 接成六进制计数方式电路

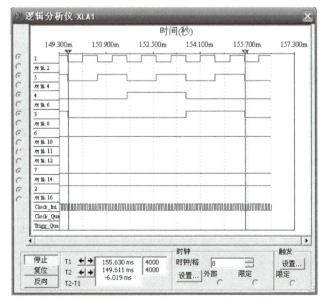

图 8-38 74LS160D 组成的六进制计数器工作波形

本 章 小 结

随着计算机技术的发展,电路仿真系统将实验台"搬到"了计算机屏幕上。与传统的电子技术实验相比较,它具有快速、安全、省材等特点,大大提高了工作效率。它可以进行电路参数设置,模拟电路故障,并可以对电路进行调整和测试,功能齐全。

Multisim10.0 是由美国 National Instruments 公司推出的一款优秀的用于电路设计与虚拟仿真的软件,除了对一般电子电路的虚拟仿真外,还在 LabVIEW 虚拟采样仪器、单片机仿真等方面有着创新与提高。

综 合 实 训

实训 计算机仿真电路测试

1. 实训目的

1)掌握 Multisim 软件的基本操作方法。
2)熟练使用 Multisim 绘制一般电子电路。
3)熟悉 Multisim 中虚拟仪器的使用。
4)能够使用 Multisim 中的虚拟仪器对电路进行测试。

2. 实训器材

安装有 Multisim10.0 软件的计算机一台。

3. 实训过程

1)启动软件,查看工作窗口菜单栏中的各项菜单,熟悉内容,如文件、编辑、视图、放置、仿真等。

2)查看工具栏的工具,并进行操作练习。

3)在窗口的工作区内创建一个二级放大电路,如图 8-39 所示。

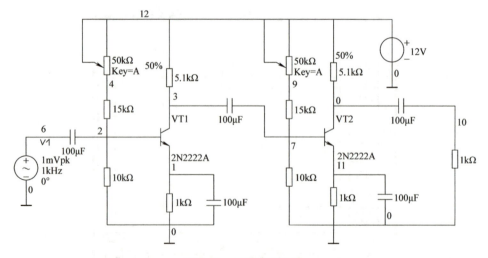

图 8-39 二级放大电路

4)接通电路,用示波器观测波形有无失真,调节各基极可调电阻,在无失真的状态下进行参数测试。

5）测试二级放大电路的放大倍数，记录数据并填入表8-1中。

表8-1 二级放大电路参数记录表

输入信号 U_i	第一级输出 U_{o1}	第一级放大倍数 A_1	第二级输出 U_{o2}	第二级放大倍数 A_2

4. 实训报告

1）认真记录实训数据，并比较与理论值的计算结果是否一致。

2）按照步骤完成实训，并撰写实训报告，总结操作过程中遇到的问题及操作技巧。

习　题

1. Multisim 的元器件库、仪器库有哪些？
2. 试用调幅源产生满足 $u_o = 5\sin 6280t(1+\sin 628t)$ V 表达式的信号，用示波器观察其波形。
3. 试用函数信号发生器产生幅度为 2V、频率为 1kHz 的三角波信号，用示波器观察其波形。
4. 试将字信号发生器设置成递增编码方式，在 0000H ~ 0300H 范围内循环输出，频率为 1kHz。试将如下地址设置为断点：0150H、0160H、0280H。
5. 用逻辑转换器将下列逻辑函数表达式转换成真值表、与非门电路。

1）$Y = \overline{AB} + BC + \overline{AC}$

2）$Y = AB + \overline{A}\,\overline{B}$

3）$Y = ABC + \overline{A}\,\overline{B}C + A\overline{B}\,\overline{C}$

6. 试在 Multisim 中创建一个直流稳压电源电路，并用示波器观察其整流滤波后的波形。

第9章 电子仪器的发展趋势和自动测试系统

引　言

通过本章学习可以了解到电子测量仪器的发展趋势，了解智能仪器的发展、特点及其基本组成结构，认识自动测试系统的概念并了解其发展趋势。

学习目标

应知：智能仪器的特点及发展；
　　　自动测试系统的构成及发展趋势。

延伸阅读

第9章
延伸阅读

9.1　概述

随着生产和科学技术的发展，自动化程度越来越高，这就对测量速度和测量准确度提出了更高的要求。比如，大规模集成电路，每个芯片上有十几万个组成元器件，其电路结构复杂，测试数据多。用人工测量，从有限的引脚上测量为数甚多的元器件，实现极其复杂的功能，几乎是不可能的。并且，在测量速度和测量准确度要求不断提高的情况下，为了满足这些要求，电子测量仪器不得不越来越复杂，对测试人员的要求也越来越严格。即使如此，有些复杂的测试项目只靠人工仍然是难以完成的。因此，测量系统的自动化和测量仪器的智能化势在必行。

电子测量仪器的发展过程与新器件、新技术的出现是密切相关的。电子计算机技术的发展，特别是微处理器的出现使电子测量仪器产生了飞跃。尽管"自动测试"和"智能"的概念早已形成，真正的自动测试系统和智能化仪器是在应用了计算机技术以后才出现的。

目前，与计算机技术紧密结合，实现自动化测量的电子设备主要分为两大类。一是带微处理器的所谓智能仪器。由于微处理器已经具备了相当强的功能，智能仪器可以自动地进行数据采集、处理和显示，并且可以用软件代替硬件逻辑电路和模拟电路，既可以提高仪器的性能、增加功能，又可以简化仪器的结构，降低仪器的成本；二是自动测试系统，是由可程控仪器经通用接口与计算机连接成系统，测试工作由计算机控制按照预先编制的程序自动进行。

第9章 电子仪器的发展趋势和自动测试系统

9.2 智能仪器

9.2.1 智能仪器及其发展

所谓"智能",即人工智能。而所谓智能仪器,顾名思义,是指仪器具有一定的人工智能,即仪器可以代替人的部分脑力劳动。一般说来,智能仪器应具有视觉、听觉、思维等方面的能力,当然这是比较高级的功能。实际上,现在的智能仪器还达不到这种程度,"智能"的说法还比较勉强。究竟什么是智能仪器,至今尚无确切的定义。目前的智能仪器常常是指以微处理器为核心而设计的仪器。

微处理器(Microprocessor),简称 μP,是微电子技术发展的产物,是用大规模集成电路工艺实现的可编程逻辑控制器或微程序控制器。

微处理器应用于电子测量仪器之后,使传统的电子测量仪器发生了巨大变化。智能仪器与传统测量仪器相比有着本质的区别,它可以存储、计算、处理数据,具有记忆、控制和逻辑判断功能,测量准确度大大提高,甚至在某些方面引起了测量原理的变革。

目前,智能仪器的品种、产量正在迅速增加,质量也在不断提高。可以预测,不久的将来,智能仪器将会达到普及的程度。

9.2.2 智能仪器的特点

智能仪器之所以能迅速发展,主要是因为智能仪器与传统的电子测量仪器相比具有以下的特点。

1. 测量的自动化

由于微处理器的应用,可以通过预先编制好的程序进行自动测量。仪器的许多功能可以自动调节,数据的采集和处理也可以自动进行。例如,在带有微处理器的电子计数器中,量程选择、闸门设置、计数及显示等都可按程序功能自动进行。

2. 一机多用

在智能仪器中,利用微处理器的可编程能力和运算能力,可实现一机多用,扩展仪器的功能,提高其性能价格比。

3. 输入、输出多样化

智能仪器可以针对具体情况以不同方式输入数据,以不同方式输出测量结果。

输入方式:可以通过键盘输入任何数据或是通过扫描仪、磁盘等输入数据。

输出方式:也是多种多样的,例如,CRT 的数据显示;打印机的数据打印;LED 数码的显示;磁盘的数据存储等。其数据包括数字、文字、图像和声音等多种形式。

这种方便而又多种多样的输入、输出方式是传统电子测量仪器无法比拟的。

4. 准确度高

由于微处理器具有很强的运算和数据处理功能,在智能仪器中可以充分利用这一特点来消除测量误差,提高测量准确度。

5. 简化电路结构、降低对硬件的要求

在智能仪器中,可以通过软件代替硬件或降低对硬件的要求,这样不仅可以简化仪器的结构，而且可以提高仪器的可靠性，降低仪器的成本。例如，在传统的电子电压表中，为了克服检波器的非线性引起的误差，通常要在检波器中增加线性补偿电路。而在智能仪器中则可以事先测定检波器的非线性误差，并将数据存储在存储器中，在测量时逐点对测量结果进行修正或预先找出非线性失真的数学模型，通过运行程序进行误差修正。

6. 操作简单，维修方便

由于智能仪器自动化程度较高，需要人工控制的工作减少，仪器在使用时非常简单，可以使用非熟练人员，甚至非技术人员操作。在操作有误时，仪器可以自动发出警告，甚至可以显示出操作过程。

对于复杂的传统测量仪器，维修工作历来是一件困难的事情。因为要先查出故障，此时要求对仪器的原理和电路结构十分熟悉。但是，对智能仪器来说则不然，它可以通过"自检"程序自动循回检查各部分电路。若某部分电路有故障，则可以用故障指示灯指示出来或者在显示器上显示出故障代号，这样可以很容易确定故障位置，故障的排除易于完成。

9.2.3 智能仪器的基本结构

智能仪器组成示意图如图 9-1 所示。它主要包括微型计算机（专用的）、测试功能或信号发生器、通用接口母线三部分。

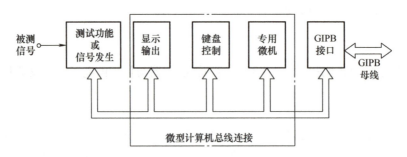

图 9-1 智能仪器的组成示意图

仪器中的键盘控制和显示输出部分，可以看成微机系统的组成部分。微型计算机是整个智能仪器的核心，各种信息的传递和功能电路的控制，是通过微机总线进行的。虽然智能仪器形式上完全是一台仪器，但实质上它和微型计算机系统有很多相似之处。

在智能仪器中，基本上用键盘操作代替了传统仪器面板上的开关和旋钮。从表面上看，键盘的作用与传统测量仪器的开关、旋钮类似。但实际上二者有很大不同，键盘是在微型计算机管理和控制下工作的，通过键盘，使用者可以选择仪器功能和量程。有些仪器还可以通过键盘编程，使测量设备从多方面灵活地满足使用者的需要。

智能仪器的显示和输出部分，也受微型计算机控制。其中，显示器、打印机等与计算机的连接与微型计算机系统中的情况基本类似。智能仪器中常见的发光二极管（LED）显示器，表面看与传统数字仪器毫无区别，但是在传统仪器中要经过计数器、译码器等多硬件电路才能实现。在微型计算机控制的智能仪器中，主要用软件完成。

测试功能或信号发生部分与传统测试仪器或信号发生器有某些相似之处。但是，不应该把它们看成单纯的硬件组合，而应该看成在计算机控制下的功能系统。

首先，智能仪器中微型计算机处理的是数字信号，由智能仪器和标准接口母线组成的自动测试系统也是数字系统。智能仪器中计算机向测试功能发送的信号和后者发送回计算机的信号最终都要变成数字信号，因而智能仪器中要增加一些 A-D 和 D-A 转换电路，使仪器中的各部分都能在微型计算机统一指挥下工作。

此外，在许多情况下还用计算机软件代替传统测量仪器中的硬件。例如，用微型计算机及其软件直接产生仪器中所需要的信号；用软件直接产生或控制 A-D 转换过程等。这不仅降低了仪器的成本、体积和功耗，增加了仪器的可靠性，还可以通过软件的修改，使仪器对用户的需要做出灵活的反应，提高产品的竞争力。

9.3 自动测试系统简介

9.3.1 自动测试系统的基本概念

通常把在最少人工参与的情况下，能自动进行测量、数据处理并以一定方式显示或输出测试结果的系统称为自动测试系统（Automatic Test System，ATS）。

自动测试系统包括以下五部分。

（1）控制器　主要是计算机。如小型机、PC、微处理机、单片机等，它是系统的指挥控制中心。

（2）程控仪器、设备　包括各种程控仪器、程控开关、执行元件、程控伺服系统，以及显示、打印、存储记录等器件，能完成确定的测试、控制任务。

（3）总线与接口电路　它们是连接控制器与各程控仪器、设备的通道，完成数据的传输与交换。

（4）测试软件　为了完成系统测试任务而编制的各种应用软件。例如，测试主程序、驱动程序、I/O 软件等。

（5）被测对象　测试任务的不同，被测对象千差万别。由操作人员采用非标准方式通过电缆、接插件、开关等与程控仪器和设备相连。

9.3.2 自动测试系统的发展趋势

自动测试系统是将检测技术与计算机技术和通信技术有机地结合在一起的产物。自 20 世纪 50 年代初期到现在，它的发展大体经历了三个阶段。

1. 第一代总装阶段

第一代自动测试系统主要用于大量重复性测试、非常快速的测试、较复杂的测试、必须要高度熟练技术人员的测试和环境上对工作人员健康有害或操作人员难于接近的测试情况。

常见的第一代自动测试系统主要有自动数据采集系统、自动分析系统等。这些系统有些现在仍在使用，它们能完成大量的、繁重的数据分析、运算工作，并能快速、准确地给出测试结果。但是设计和组建第一代自动测试系统时还存在不少困难，主要是系统组建者需要自行解决仪器与仪器、仪器和计算机之间的接口问题。当系统比较复杂、需要程控的设备较多时，不但研究工作量大，费用较高，而且这种系统适应性不强，改变测试内容一般需要重新设计电路。因此，很快就发展了采用标准化接口母线的第二代自动测试系统。

2. 第二代接口标准化阶段

第二代自动测试系统的特点是用标准化的接口母线（Interface Bus）把测试系统中各有关设备按积木的形式连接起来，并且给部分设备配以标准化的接口功能电路。这种自动测试系统组建方便，组建者不需要自己设计接口电路，更改、增加测试内容也很灵活。由于这种标准接口母线自动测试系统有许多优点，因此得到了广泛的应用。

目前使用的标准化接口母线系统，有几种不同的类型，但是应用最广泛的是通用接口母线系统。通用接口母线常用符号 GPIB（General Purpose Interface Bus）表示。GPIB 系统可以使世界上不同厂家生产的仪器设备用统一的标准母线连接起来，消除了以往每次组建自动测试系统时都要设计一套专用接口的重复劳动。

近年来，作为系统控制者的微型计算机大幅度降价，同时作为 GPIB 系统的接口电路，已生产出多种大规模集成电路芯片，促使第二代自动测试系统快速得到普及。

图 9-2 所示为一简单自动测试系统的组成。图中的信号源与 DVM 电压表都具有程控功能，它们靠计算机发出程控命令进行电控和电调；打印机同样按计算机的指令打印出需要的内容。在自动测试过程中，计算机要和其他设备不断地进行信息交换。例如，计算机要向信号源发布命令，请它输出一定幅度和一定频率等条件的信号；打印机在用完打印纸后要向计算机请求服务等。同时，各设备之间也要进行信息交换。例如，各电压表要把数据逐个传给打印机，而打印机又要随时向电压表报告是否准备好接收数据和是否接收到数据等信息。以上测试过程中的各种信息交换在自动测试系统中是靠接口母线系统来完成的，它是一条无源多芯电缆线。

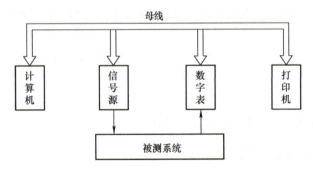

图 9-2　自动测试系统的组成

3. 第三代基于 PC 仪器阶段

第一、二代自动测试系统虽然比人工测试显示出前所未有的优越性，但是在这种系统中，电子计算机并没充分发挥作用，它主要是担任系统的控制及完成一些数据的计算和处理工作。第三代自动测试系统把计算机和测试系统更紧密地结合起来，融合成一体，用强有力的软件代替仪器的硬件功能。特别是用计算机参与激励信号的发生和测量特性的解析。这种以计算机为核心，用较少的硬件就能代替各种各样仪器功能的系统称为第三代自动测试系统。

自动测试系统的发展趋势是虚拟仪器系统。

虚拟仪器系统利用 PC 的显示功能模拟真实仪器的控制面板，以多种形式表达输出检测结果。虚拟仪器系统利用 PC 软件功能实现信号的运算、分析、处理，由 I/O 接口设备完成信号的采集、测量与调整，从而完成各种测试功能的一种计算机仪器系统。

本 章 小 结

现代电子测量仪器的发展趋势是智能仪器、自动测试系统。

1. 智能仪器是以微处理器为核心而设计的仪器。它可以存储、计算、处理数据，具有记忆、控制和逻辑判断功能，测量准确度大大提高。智能仪器与传统仪器相比有很多特点。

智能仪器的基本组成包括微型计算机（专用的）、测试功能或信号发生器、通用接口母线三部分。在智能仪器中计算机软件能代替传统测量仪器中的硬件功能，降低了仪器的成本、体积和功耗，增加了仪器的可靠性。

2. 自动测试系统是能自动进行测量、数据处理并以一定方式显示或输出测试结果的系统。自动测试系统包括五部分：控制器、程控仪器、总线与接口电路、测试软件和被测对象。

自动测试系统的发展经历了三个阶段：总装阶段、接口标准化阶段和基于 PC 仪器阶段。

自动测试系统的发展趋势是虚拟仪器系统。

习 题

1. 现代电子测量仪器的发展趋势是什么？
2. 什么叫智能仪器？它的主要组成部分是什么？
3. 自动测试系统的含义是什么？它是由哪些部分组成的？
4. 简述自动测试系统的三个发展阶段。
5. 自动测试系统的发展趋势是什么？它的特点是什么？

参 考 文 献

[1] 张乃国. 电子测量技术［M］. 北京：人民邮电出版社，1985.
[2] 朱晓斌. 电子测量仪器［M］. 北京：电子工业出版社，1994.
[3] 蒋焕文，孙续. 电子测量［M］. 北京：中国计量出版社，1988.
[4] 李明生，刘伟. 电子测量仪器与应用［M］. 北京：电子工业出版社，2006.
[5] 申业刚. 电子测量［M］. 南京：江苏科学技术出版社，1986.
[6] 郑家祥. 电子测量实验［M］. 北京：国防工业出版社，1985.
[7] 朱文华. 电子测量与仪器［M］. 南京：东南大学出版社，1994.
[8] 刘国林、殷贯西. 电子测量［M］. 北京：机械工业出版社，2003.
[9] 陈梓城. 电子技术实训［M］. 北京：机械工业出版社，1999.
[10] 沙占友、沙占为. 数字万用表的原理、使用与维修［M］. 北京：电子工业出版社，1988.
[11] 马克联、张宏. 万用表实用检测技术［M］. 北京：化学工业出版社，2006.
[12] 孙建京、路而红、陆宏瑶. 常用电子仪器原理、使用、维修［M］. 北京：中国广播电视出版社，1996.
[13] 优利德科技（中国）股份有限公司. UPO7000Z 系列数字荧光示波器用户手册［Z］. 2020.
[14] 优利德科技（中国）股份有限公司. UT8804N 台式数字彩屏万用表使用手册［Z］. 2020.
[15] 优利德科技（中国）股份有限公司. UTG8000D 函数/任意波形发生器使用手册［Z］. 2020.
[16] 王永喜，胡玫. 电子测量技术［M］. 西安：西安电子科技大学出版社，2017.
[17] 王晓元. 扫频仪的原理与维修［M］. 北京：人民邮电出版社，1993.